4

ESO

edebé

Matemáticas

orientadas a las enseñanzas académicas

Bloque II: Geometría. Estadística y probabilidad

El proyecto de **Matemáticas 4** ESO

COMENZAMOS...

Una propuesta de actividades iniciales para introducir en la asignatura al alumnado que se incorpora al curso y actualizar los conocimientos previos.

LAS UNIDADES. ESTRUCTURA

Imagen y texto relacionados con la unidad, acompañados de un índice de contenidos y una rutina de pensamiento.

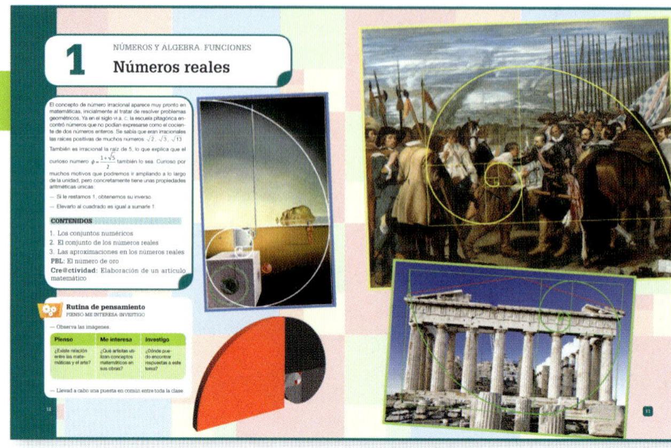

DESARROLLO DE LOS CONTENIDOS

Dobles páginas divididas en apartados y subapartados, con definiciones destacadas y ejemplos resueltos.

RECURSOS Y ACTIVIDADES

Gran cantidad de **contenidos complementarios** de tipología diversa, así como de **actividades** para ejercitar y consolidar los contenidos desarrollados.

HISTORIA Y ACTUALIDAD

Aspectos históricos y actuales de contenidos matemáticos diversos.

EVALUACIÓN DE COMPETENCIAS

Actividades que permiten valorar las competencias adquiridas tras el estudio de un bloque de contenidos.

VAMOS A EMPRENDER

Creatividad, iniciativa, trabajo en equipo... en un proyecto real.

ACTIVIDADES DE SÍNTESIS

Actividades que permiten valorar los conocimientos adquiridos tras el estudio de un bloque de contenidos.

edebé On
proyecto global interactivo

Libro digital interactivo

Incorpora los **recursos digitales** necesarios (vídeos, presentaciones, actividades interactivas, audios, enlaces...) a fin de que el profesorado gestione de manera eficaz el aprendizaje en el **aula digital.**

ACTIVIDADES RESUELTAS

Pautas metodológicas propias de las matemáticas para resolver un problema modelo..

SÍNTESIS Y ACTIVIDADES FINALES

Esquema visual que resume y relaciona los **contenidos clave** de la unidad. Gran cantidad de **actividades** graduadas por nivel de dificultad que permiten atender la diversidad y afianzar los contenidos.

MATEMÁTICAS A TU ALCANCE

Incluye una propuesta de **PBL** (Problem-based learning/Aprendizaje basado en problemas) y las secciones **Cre@ctividad** y **Visión 360°** con el fin de que el alumnado desarrolle habilidades matemáticas de una forma contextualizada y próxima a su entorno.

PON A PRUEBA TUS COMPETENCIAS

Actividades integradas a partir de situaciones cotidianas, para comprobar la asimilación de competencias.

RUTINA DE PENSAMIENTO, para aprender a pensar.

ÁGORA
Un espacio abierto al diálogo y a la reflexión.

PBL
Aprendizaje basado en problemas.

VISIÓN 360°
Experiencias para aprender fuera del aula.

CRE@CTIVIDAD
Herramientas TIC para buscar soluciones creativas.

DESTREZAS DE PENSAMIENTO
Para un pensamiento crítico y creativo.

TÉCNICAS COOPERATIVAS
Para mejorar la responsabilidad individual y las relaciones sociales.

INTELIGENCIAS MÚLTIPLES
Porque hay diferentes maneras de aprender y ser inteligente.

Disponible en **tu espacio personal:** www.edebe.com

Multidispositivo

Cuaderno digital interactivo

Organizado en **secuencias temáticas** para promover el **aprendizaje autónomo** por parte del alumnado (bajo la planificación y el control del docente) en un **formato digital amigable** e intuitivo.

Biblioteca de recursos digitales

Un **espacio** fácilmente **accesible** donde encontraréis recursos para consultar, descubrir y explorar el conocimiento.

Índice

PBL	Cre@ctividad
El número de oro	Elaboración de un artículo matemático
Introducción al pensamiento malthusiano	Interés simple y compuesto
Lanzamiento vertical	Polinomios con GeoGebra
Sistemas mal condicionados	Discusión de sistemas de ecuaciones con hoja de cálculo
Programación lineal	Uso de deslizadores en GeoGebra (I)
La parábola como parte de la familia de las cónicas	Uso de deslizadores en GeoGebra (II)
Las matemáticas de la radiactividad	Las hipérbolas desplazadas

PBL	Cre@ctividad
Métodos de representación de la Tierra	Figuras semejantes con OpenOffice
Lanzamiento parabólico	Construcción de un goniómetro
Las cónicas en el arte y la arquitectura	Puntos notables con GeoGebra
Notícias estadísticas	Diagrama de cajas y bigotes con hoja de cálculo
Combinatoria y NBA	Kahn Academy
Jugando con la probabilidad	Hoja de cálculo de GeoGebra

Vamos a emprender: Periódico matemático (375-380)

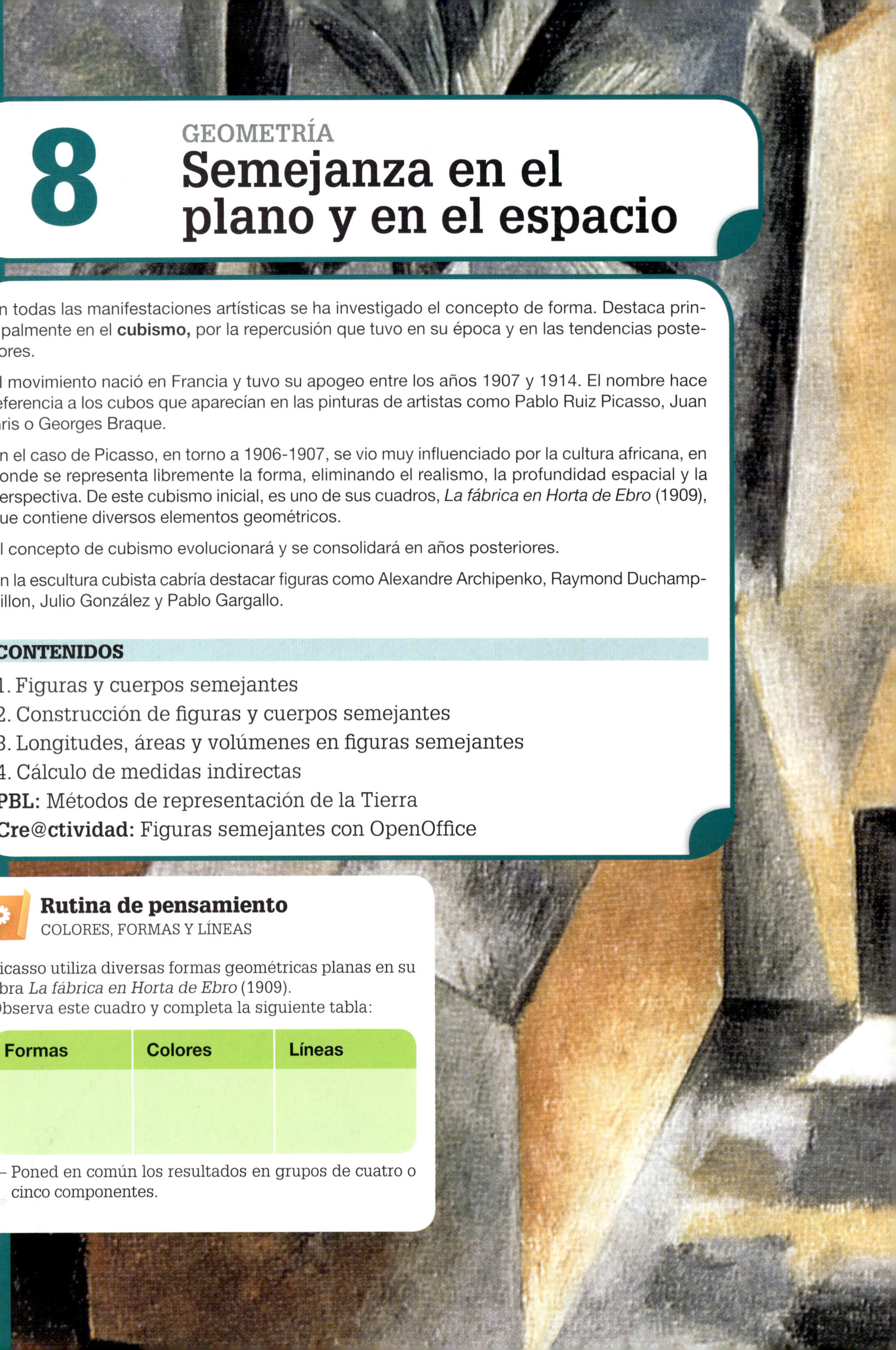

8 GEOMETRÍA
Semejanza en el plano y en el espacio

En todas las manifestaciones artísticas se ha investigado el concepto de forma. Destaca principalmente en el **cubismo,** por la repercusión que tuvo en su época y en las tendencias posteriores.

El movimiento nació en Francia y tuvo su apogeo entre los años 1907 y 1914. El nombre hace referencia a los cubos que aparecían en las pinturas de artistas como Pablo Ruiz Picasso, Juan Gris o Georges Braque.

En el caso de Picasso, en torno a 1906-1907, se vio muy influenciado por la cultura africana, en donde se representa libremente la forma, eliminando el realismo, la profundidad espacial y la perspectiva. De este cubismo inicial, es uno de sus cuadros, *La fábrica en Horta de Ebro* (1909), que contiene diversos elementos geométricos.

El concepto de cubismo evolucionará y se consolidará en años posteriores.

En la escultura cubista cabría destacar figuras como Alexandre Archipenko, Raymond Duchamp-Villon, Julio González y Pablo Gargallo.

CONTENIDOS

1. Figuras y cuerpos semejantes
2. Construcción de figuras y cuerpos semejantes
3. Longitudes, áreas y volúmenes en figuras semejantes
4. Cálculo de medidas indirectas

PBL: Métodos de representación de la Tierra

Cre@ctividad: Figuras semejantes con OpenOffice

Rutina de pensamiento
COLORES, FORMAS Y LÍNEAS

Picasso utiliza diversas formas geométricas planas en su obra *La fábrica en Horta de Ebro* (1909).
Observa este cuadro y completa la siguiente tabla:

Formas	Colores	Líneas

— Poned en común los resultados en grupos de cuatro o cinco componentes.

1. Figuras y cuerpos semejantes

Recuerda

El método de Tales o de radiación nos sirve para construir figuras semejantes.

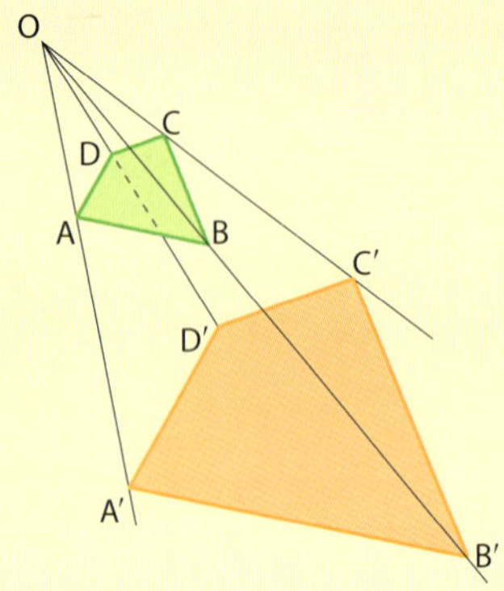

Observa las parejas de cuerpos y figuras que se representan a continuación.

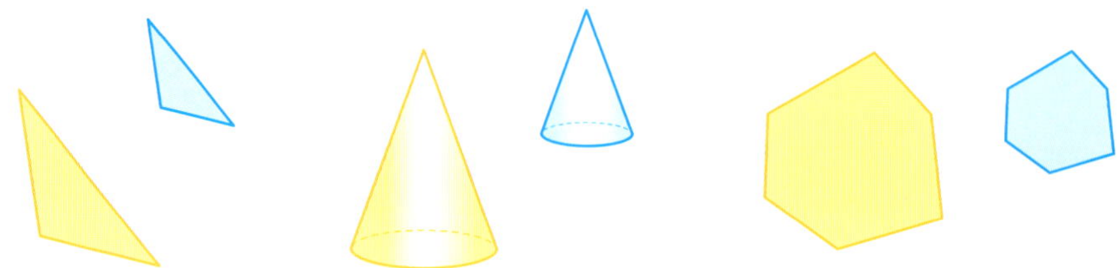

a **b** **c**

Cada pareja está formada por dos figuras o cuerpos que tienen la misma forma, pero distinto tamaño. Diremos entonces que los cuerpos o figuras de cada pareja son **semejantes.**

Si ahora nos fijamos en dos figuras o cuerpos semejantes, es fácil comprobar que la distancia entre dos puntos cualesquiera de una de las figuras y la distancia de sus puntos homólogos en la otra son proporcionales. Esta proporcionalidad se denomina razón de semejanza *k*.

> Se denomina **razón de semejanza, *k*,** de dos cuerpos o figuras, a la razón de proporcionalidad entre sus distancias homólogas.
>
> $$\frac{A'B'}{AB} = \frac{B'C'}{BC} = \frac{C'D'}{CD} = ... = k$$

Ejemplo 1

Dadas las siguientes figuras, calcula su razón de semejanza:

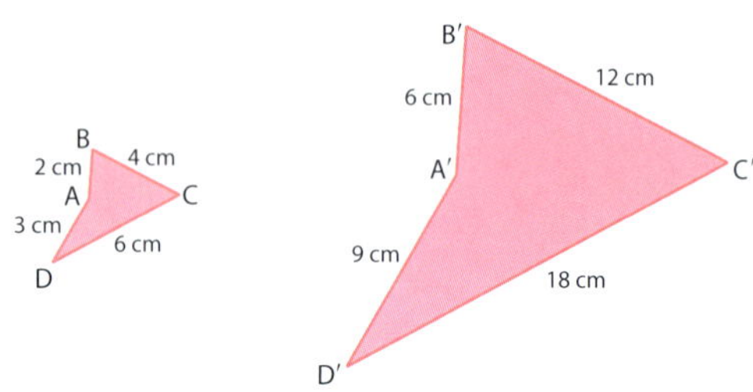

COMPRENSIÓN

Debemos aplicar los conceptos de razón de semejanza, *k,* y lados homólogos.

RESOLUCIÓN

Para calcular la razón de semejanza, tenemos que hallar el cociente entre las medidas de los lados homólogos.

$$k = \frac{A'B'}{AB} = \frac{B'C'}{BC} = \frac{C'D'}{CD} = \frac{D'A'}{DA}$$

$AB = 2$ cm ; $BC = 4$ cm ; $CD = 6$ cm ; $DA = 3$ cm

$A'B' = 6$ cm ; $B'C' = 12$ cm ; $C'D' = 18$ cm; $D'A' = 9$ cm

$$k = \frac{6}{2} = \frac{12}{4} = \frac{18}{6} = \frac{9}{3} = 3$$

Actividades

1. Dibuja un pentágono semejante al de la figura:

a) Mayor, con razón de semejanza: $k = \frac{5}{2}$.

b) Menor, con razón de semejanza $k = \frac{1}{2}$.

— Un pentágono semejante al de la figura con razón $k = 1$, ¿será menor, mayor o igual que él?

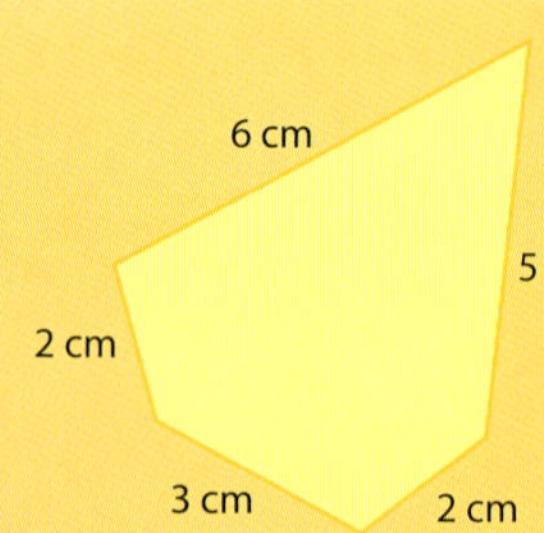

Observa en la siguiente tabla las propiedades de las figuras y los cuerpos semejantes:

Figuras	Dibujo	Propiedades
Polígonos semejantes	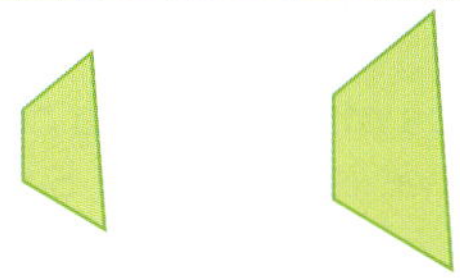	Tienen los lados proporcionales y los ángulos iguales.
Círculos semejantes	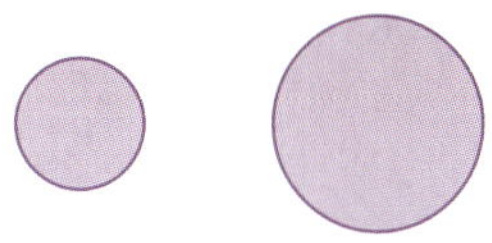	Dos círculos son siempre semejantes.
Poliedros semejantes	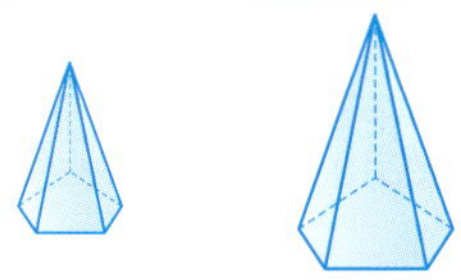	Tienen las aristas proporcionales, las caras semejantes y los ángulos iguales.
Esferas semejantes	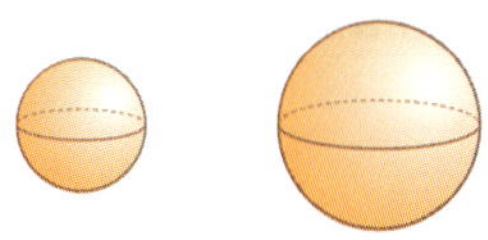	Dos esferas son siempre semejantes.
Conos y cilindros	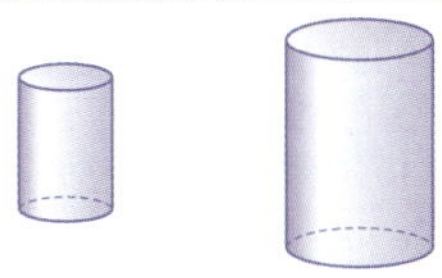	Tienen los radios de las bases y las alturas proporcionales.

@

En el siguiente enlace podrás obtener más información sobre semejanza de triángulos, con animaciones y actividades de aplicación:

http://links.edebe.com/h4f

—Resuelve algunas de las actividades propuestas.

Es muy interesante el caso de los triángulos, en los que podemos ofrecer tres criterios equivalentes para asegurar su semejanza:

Criterios de semejanza de triángulos		
1.er criterio	**2.º criterio**	**3.er criterio**
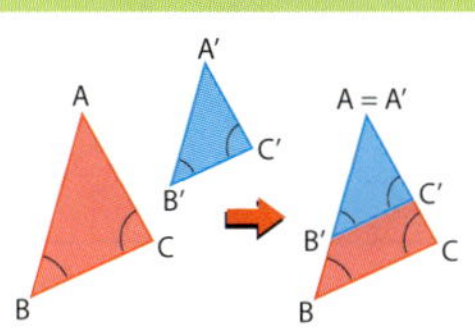 $\hat{B} = \hat{B}'$ y $\hat{C} = \hat{C}'$	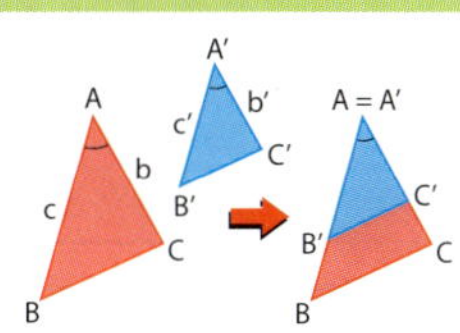 $\hat{A} = \hat{A}'$ y $\frac{b}{b'} = \frac{c}{c'}$	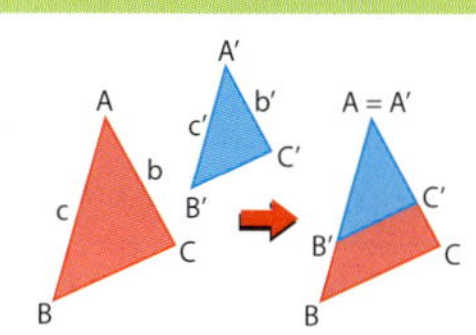 $\frac{a}{a'} = \frac{b}{b'} = \frac{c}{c'}$
Dos triángulos son semejantes si tienen dos pares de ángulos iguales.	Dos triángulos son semejantes si tienen dos pares de lados proporcionales y el par de ángulos comprendidos son iguales.	Dos triángulos son semejantes si tienen los tres pares de lados proporcionales.

Actividades

2. Di si las siguientes afirmaciones son verdaderas o falsas:

a) Dos rectángulos cualesquiera son semejantes.

b) Los polígonos regulares con el mismo número de lados siempre son semejantes.

c) Dos rombos, uno de 6 cm de lado y otro de 4 cm de lado, son semejantes.

d) Los poliedros regulares con el mismo número de caras siempre son semejantes.

3. Construye dos cuadrados cuyos lados midan 8 cm y 5 cm. ¿Son semejantes? ¿Cuál es la razón de semejanza?

— Intenta construir un cuadrado que no sea semejante a los anteriores. ¿Qué conclusión obtienes?

4. El diámetro de la base de un cono mide 8 cm y su altura, 6 cm. Otro cono tiene una base de radio 12 cm y una generatriz que mide 20 cm. ¿Son semejantes ambos conos?

— ¿Qué medidas debería tener el segundo cono para que su razón de semejanza respecto al primero fuera $k = 3$?

2. Construcción de figuras y cuerpos semejantes

A continuación, estudiaremos dos métodos para construir figuras y cuerpos semejantes basados en transformaciones isomórficas. Son la **homotecia** y la **semejanza**.

En ambos casos trabajaremos con GeoGebra y, posteriormente, analizaremos las propiedades de cada transformación.

2.1. Homotecia

Veamos cómo se lleva a cabo la transformación de una figura en otra mediante una homotecia de centro O y razón $k = 1/2$. Trabajaremos en la apariencia de **Álgebra** y **Gráficos** donde, mediante el botón derecho del ratón, podemos eliminar los ejes de coordenadas que no necesitaremos en este caso.

1. Mediante las herramientas **Polígono** y **Punto**, representamos la figura elegida y el centro de homotecia, O.

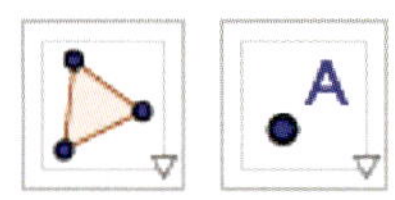

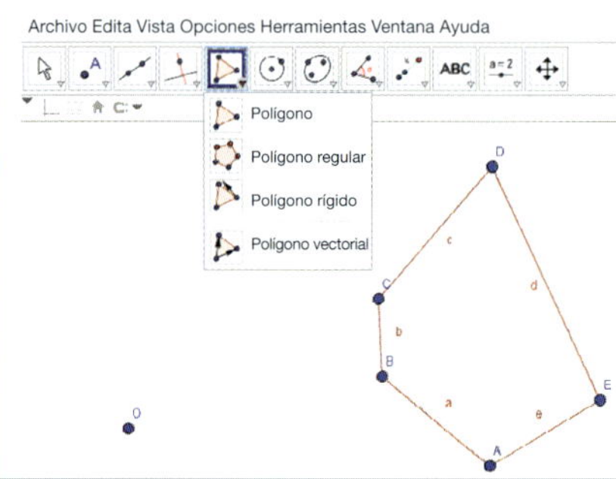

2. Seguidamente, utilizamos la herramienta **Homotecia** y señalamos, en este orden, el objeto que hay que escalar (nuestro polígono), el centro de homotecia (el punto O) y el factor de escala (en nuestro ejemplo, $k = 0.5$).

   Obtenemos así un polígono semejante al inicial con una razón de semejanza ½.

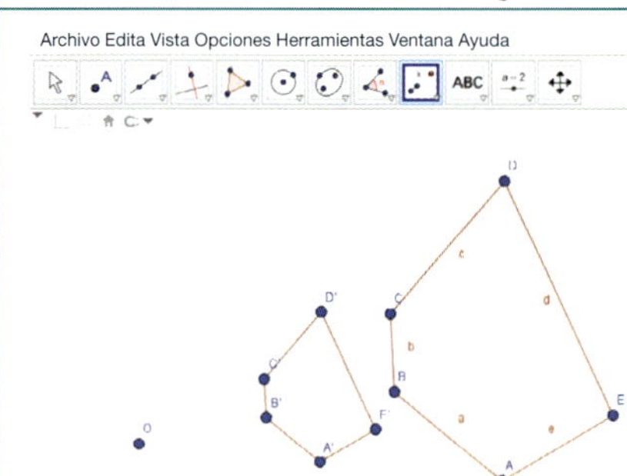

3. Mediante la herramienta **Semirrecta**, comprobamos que los vértices homólogos de ambos polígonos están alineados respecto al centro de homotecia O.

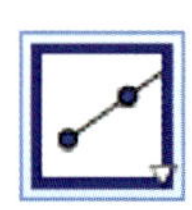

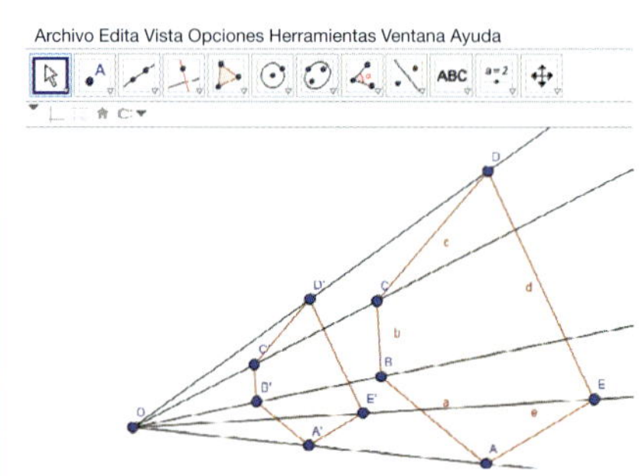

4. Por último, utilizamos la herramienta **Distancia** o **Longitud** para comprobar que se verifica:

$$\frac{OA'}{OA} = \frac{OB'}{OB} = \frac{OC'}{OC} = \frac{OD'}{OD} = \frac{OE'}{OE} = \frac{1}{2}$$

   Y en el polígono:

$$\frac{A'B'}{AB} = \frac{B'C'}{BC} = \frac{C'D'}{CD} = \frac{D'E'}{DE} = \frac{E'A'}{EA} = \frac{1}{2}$$

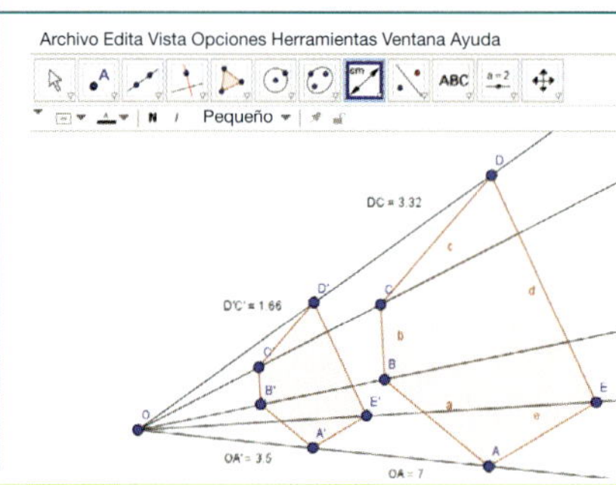

Una **homotecia** de **centro *O*** y razón ***k***, $k \neq 0$, es una transformación geométrica que transforma un punto *A* en otro *A'* alineado con *O* y *A*, de modo que:

$$k = \frac{OA'}{OA}$$

En una homotecia se cumple:

- El único punto invariante en una homotecia es el centro de homotecia.
- Las rectas que pasan por el centro de homotecia son rectas invariantes.
- Las rectas que contienen segmentos homólogos son paralelas, y la razón de dichos segmentos coincide con la razón de homotecia.

Si aplicamos la definición de homotecia a esta figura:

$$k = \frac{OA'}{OA} = \frac{OB'}{OB}$$

Los triángulos *OAB* y *O'A'B'* son semejantes, ya que tienen los lados proporcionales.

Así pues, se cumplirá que la razón entre los segmentos *A' B'* y *AB* es:

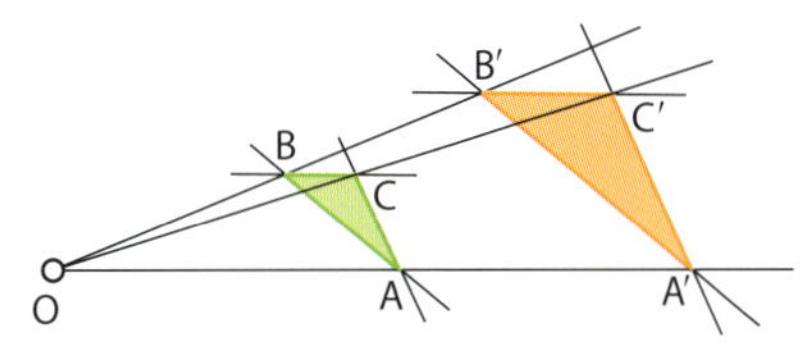

$$k = \frac{A'B'}{AB}$$

- Una homotecia conserva el sentido de las figuras.
- Una homotecia de razón $k = 1$ transforma cada punto en sí mismo. Esta homotecia recibe el nombre de **identidad**.
- Si la razón de una homotecia es $k = -1$, se trata de una **simetría central.**

Fíjate

También podemos aplicar la homotecia para construir cuerpos o figuras semejantes en el espacio.

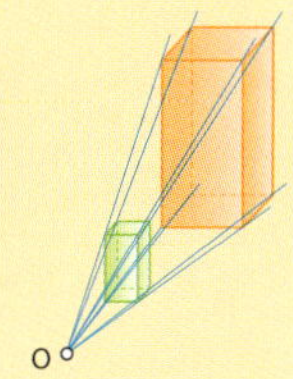

Fíjate

En función del valor de la razón *k*, tendremos los siguientes casos:

- $k > 1$

El tamaño de la figura transformada es mayor que el de la original.

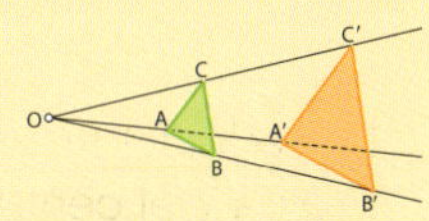

- $0 < k < 1$

El tamaño de la figura transformada es menor que el de la original.

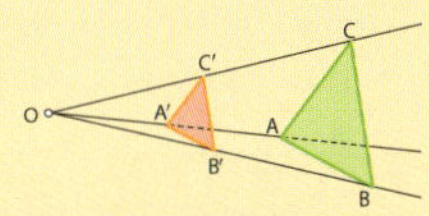

- $-1 < k < 0$

El tamaño de la figura transformada es menor que el de la original.

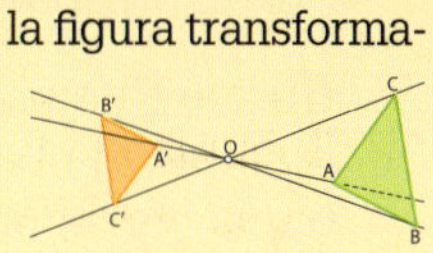

- $k < -1$

El tamaño de la figura transformada es menor que el de la original.

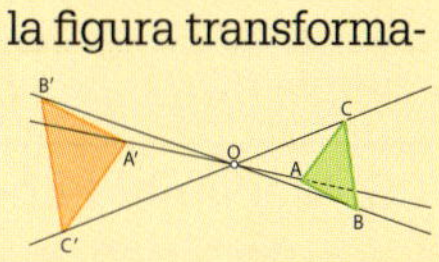

Cuando la razón de la homotecia, *k*, es menor que *0*, la figura semejante queda girada respecto a la original.

Actividades

Construye las siguientes homotecias utilizando el programa GeoGebra:

5. Dibuja un triángulo equilátero de 2 cm de lado. A continuación, aplica una homotecia de centro *O* arbitrario y razón:

a) $k = 3$ b) $k = 5$ c) $k = -2$

6. Aplica una homotecia de centro *O* y razón $k = 2$ al cuadrilátero representado en esta figura:

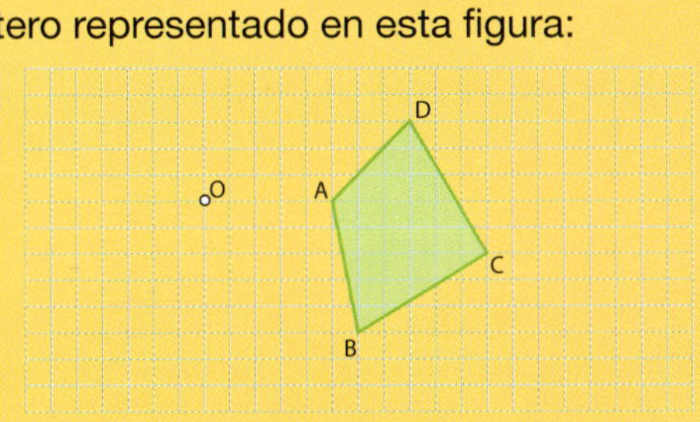

7. Dibuja un cubo de 1 cm de arista. A continuación, aplica una homotecia de centro *O* arbitrario y razón $k = 4$.

8. Halla el centro y la razón de la homotecia que transforma el triángulo *ABC* en el triángulo *A'B'C'*.

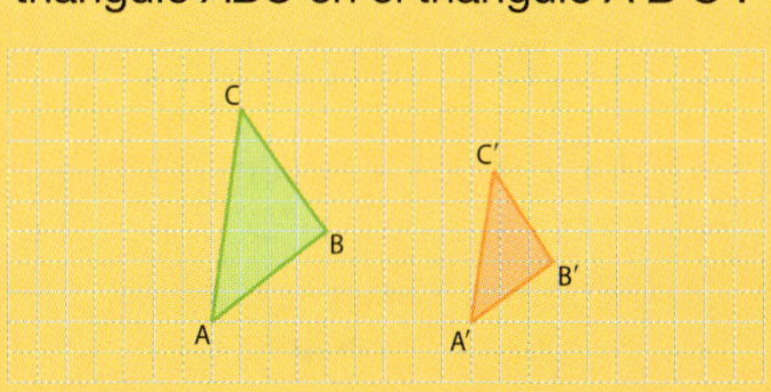

9. Dibuja en unos ejes de coordenadas el cuadrilátero *ABCD* de vértices *A* (–4, 2), *B* (4, 2), *C* (2, 4) *D* (–2, 4), y halla las coordenadas del cuadrilátero que resulta al aplicarle una homotecia de centro *O* (6, 6) y razón $k = -\frac{1}{2}$.

2.2. Semejanza

Otra transformación que nos permite obtener figuras semejantes es la semejanza.

En el primer apartado de la unidad, hemos utilizado el término *semejanza* para definir una relación métrica entre dos figuras. En este apartado, empleamos la misma palabra referida a una transformación isomórfica. No debemos confundir ambos conceptos.

Como ejemplo, trabajaremos con un triángulo al que le aplicaremos una homotecia y una simetría axial para obtener otro triángulo semejante.

1. Aplicamos una homotecia a un triángulo genérico, de razón $k = 2$ y centro O.

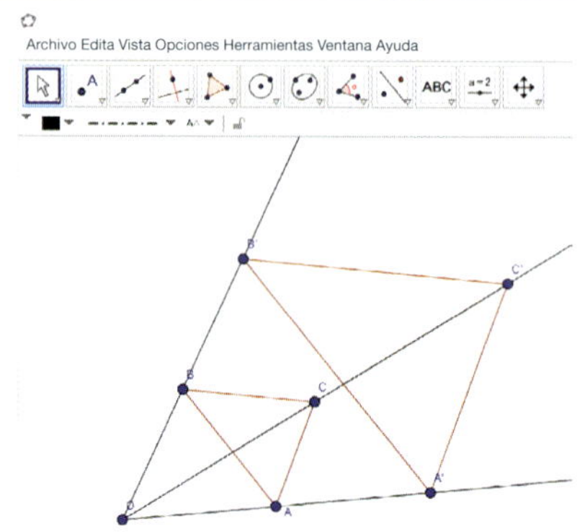

2. Dibujamos el eje respecto al que se va a aplicar la simetría del triángulo $A'B'C'$.

   Utilizaremos la herramienta **Segmento** y le daremos formato en el menú **Opciones,** que se obtiene pulsando sobre él con el botón derecho del ratón.

3. Mediante la herramienta **Simetría Axial** e indicando, en este orden, el objeto que se debe reflejar y el eje de simetría, se obtiene el triángulo $A''B''C''$.

   Podemos representar los segmentos $A'A''$, $B'B''$ y $C'C''$.

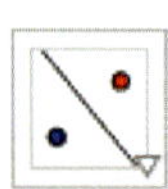

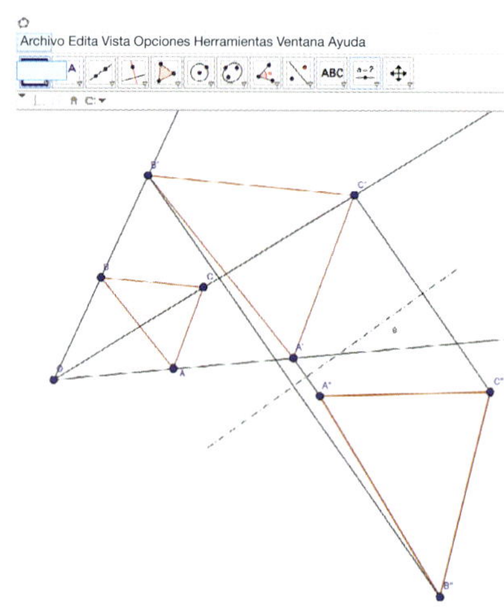

4. Por último, utilizamos la herramienta **Distancia** o **Longitud** para verificar que los triángulos son semejantes:

$$\frac{A''B''}{AB} = \frac{B''C''}{BC} = \frac{C''A''}{CA} = 2$$

   La transformación que nos permite pasar directamente del triángulo ABC al triángulo $A''B''C''$ es una **semejanza**.

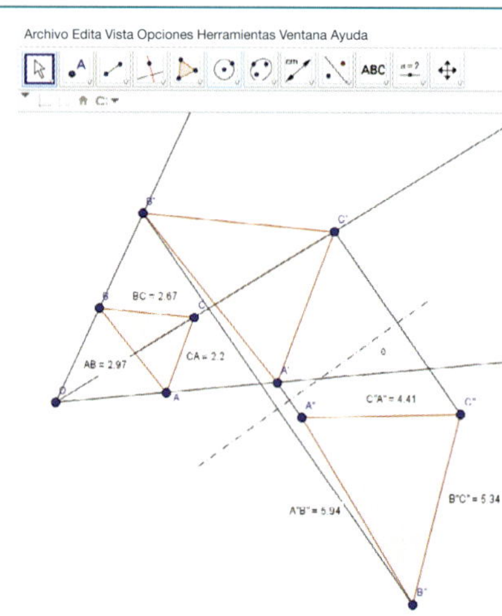

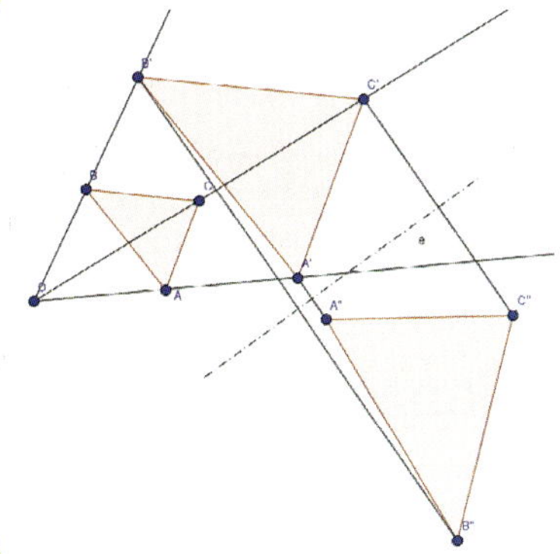

— El triángulo *ABC* se transforma en el triángulo *A′B′C′* por una homotecia de centro *O* y razón $k = 2$.

— El triángulo *A′B′C′* se transforma en el triángulo *A″B″C″* por una simetría axial de *eje e*.

— Comprobamos que los triángulos *ABC* y *A″B″C″* son semejantes.

Una **semejanza** es la transformación geométrica que se obtiene como **composición** de una **homotecia** con un **movimiento**.

En general, diremos que dos figuras que se correspondan en una semejanza son semejantes.

En una semejanza se cumple:

- Los segmentos homólogos son proporcionales y su razón coincide con la razón de homotecia.

  En efecto, hemos visto que la razón entre dos segmentos homotéticos coincide con la razón de homotecia.

  Puesto que los movimientos conservan las longitudes de los segmentos, una semejanza transformará segmentos en segmentos proporcionales y la razón de semejanza coincidirá con la razón de homotecia.

- Los ángulos homólogos son iguales.

  Puesto que las homotecias y los movimientos conservan los ángulos, en una semejanza se tendrá que los ángulos homólogos son iguales.

- Si la razón de homotecia es $k = 1$, esta se reduce a la identidad, y la semejanza considerada es el movimiento que aplicamos.
- Si el movimiento es la identidad, la semejanza considerada se reduce a una homotecia.
- Una semejanza es directa o inversa según el movimiento aplicado. Diremos que una semejanza es *directa* si conserva el sentido de la figura; en caso contrario, es *inversa*.

Fíjate

Una transformación **isométrica**, o **movimiento**, es aquella que conserva las distancias, como indican los términos *iso* ('igual') y *metron* ('medida').

Existen tres movimientos: traslaciones, simetrías y giros.

Por tanto, las semejanzas se pueden llevar a cabo mediante estas composiciones de transformaciones:

Composición de movimiento y homotecia	Composición de homotecia y movimiento
traslación - homotecia 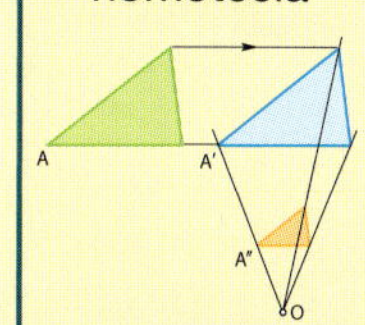	homotecia - traslación 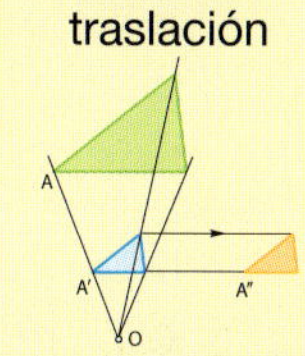
simetría - homotecia 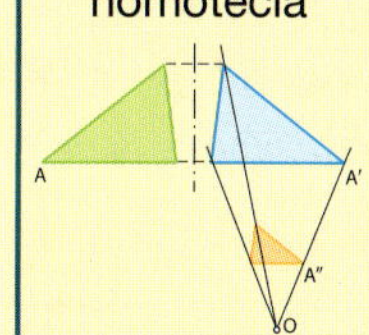	homotecia - simetría 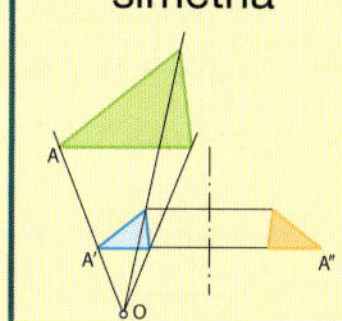
giro - homotecia 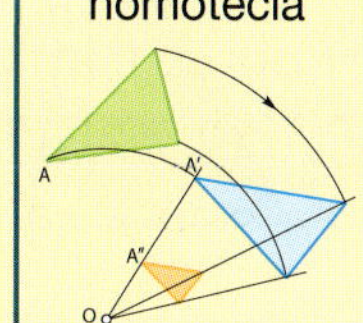	homotecia - giro 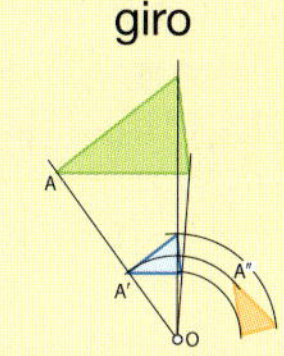

Obtenemos el mismo resultado si aplicamos primero la homotecia y después un movimiento, o al revés.

Actividades

Aplica estas transformaciones utilizando el programa GeoGebra:

10. Aplica a la siguiente figura una traslación de vector $\vec{v}$ y, a continuación, una homotecia de centro *O* y razón $k = \frac{3}{2}$:

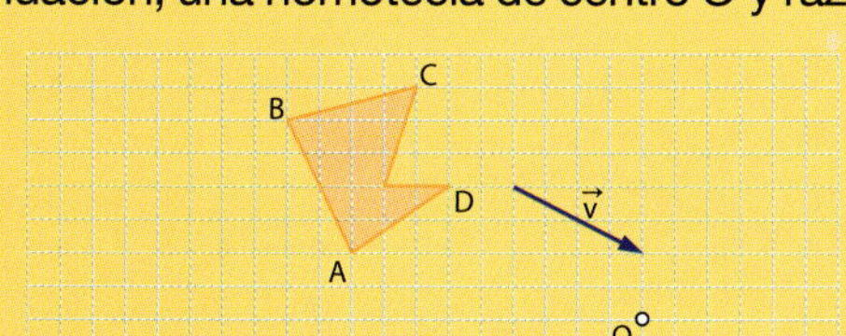

11. Aplica al cuadrilátero *ABCD* un giro en sentido positivo de centro el vértice *B* y ángulo 60° y, a continuación, una homotecia de centro el vértice *A* y razón $k = 2$.

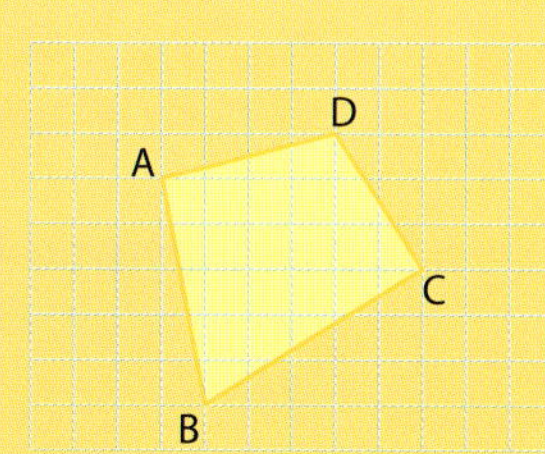

12. Explica cómo obtendrás otra vez la figura original a partir de la que has obtenido en la actividad anterior.

Fíjate

Al hablar de longitudes medidas en una figura, nos referimos a cualquier longitud que podamos medir en una figura. Una de estas longitudes es el perímetro. Así pues, podemos afirmar que la razón entre los perímetros de dos figuras semejantes es igual a su razón de semejanza.

$$\frac{P'}{P} = k$$

3. Longitudes, áreas y volúmenes en figuras semejantes

Conociendo la razón de semejanza de dos figuras o cuerpos semejantes y una longitud, área o volumen en una de las figuras, podremos calcular la longitud, el área o el volumen homólogos en la otra figura.

3.1. Longitudes de figuras semejantes

Observa los polígonos semejantes de la derecha.

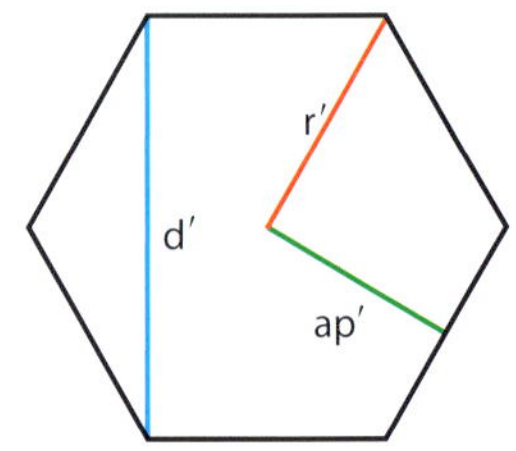

Al ser semejantes, cualquier longitud medida en una de las figuras es proporcional a la longitud homóloga en la otra. Esta proporcionalidad vendrá determinada por la razón de semejanza *k*.

Así pues, se verificará:

$$\frac{ap'}{ap} = \frac{r'}{r} = \frac{d'}{d} = k$$

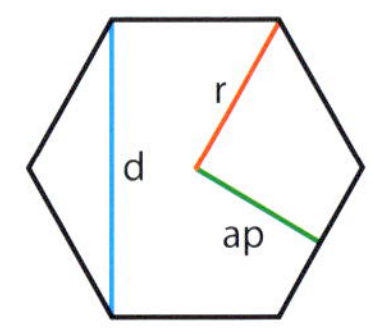

> La **razón** entre dos **longitudes homólogas** de dos **cuerpos o figuras semejantes** es igual a su **razón de semejanza.**

Ejemplo 2

Calcula la longitud del lado de la base, la altura y la apotema de una pirámide semejante a la de la figura, con razón de semejanza k = 3.

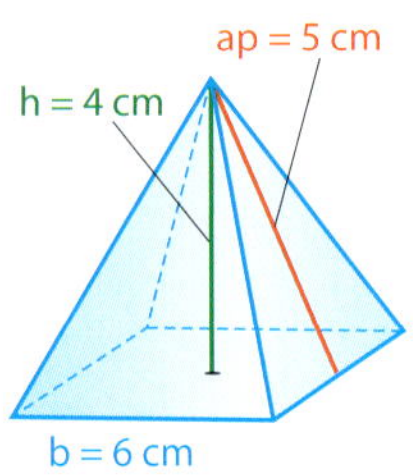

COMPRENSIÓN

A partir de las medidas de longitud de uno de los cuerpos y la razón de semejanza, podemos calcular las longitudes de la otra figura.

RESOLUCIÓN

La razón entre las longitudes características de las dos pirámides semejantes será:

$$\frac{h'}{h} = \frac{b'}{b} = \frac{ap'}{ap} = k$$

Así pues:

$h' = k \cdot h = 3 \cdot 4 = 12$

$b' = k \cdot b = 3 \cdot 6 = 18$

$ap' = k \cdot ap = 3 \cdot 5 = 15$

La pirámide semejante tendrá una base de 18 cm de lado, una altura de 12 cm y una apotema de 15 cm.

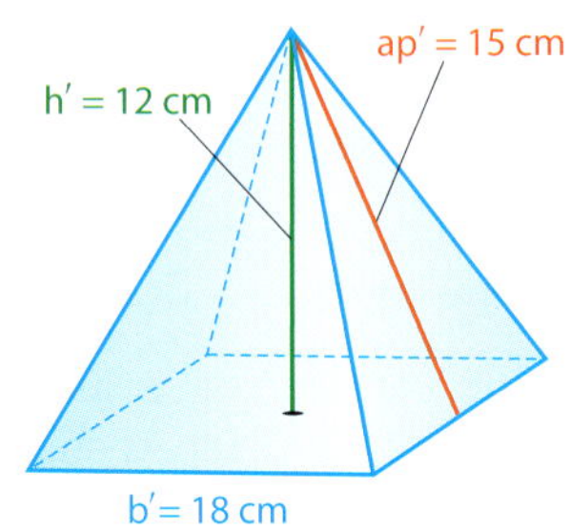

Actividades

13. Dos hexágonos tienen razón de semejanza $k = \frac{1}{3}$.

Si el perímetro del mayor de ellos es de 180 cm, ¿cuánto mide el perímetro del menor? ¿Y los lados de cada hexágono?

14. ¿Cuánto mide el diámetro de una circunferencia semejante a otra cuyo perímetro es 49,98 cm y la razón de semejanza $k = 5$?

15. Halla el radio, la altura y la generatriz de un cono semejante al de la figura, con razón de semejanza $k = \frac{3}{5}$.

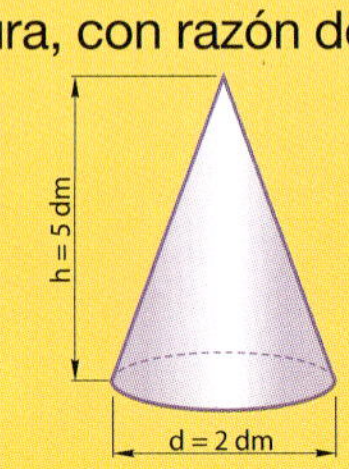

3.2. Áreas de figuras semejantes

Observa los dos pentágonos regulares de la derecha con razón de semejanza *k*.

Al ser semejantes, el perímetro y la apotema son proporcionales, y su razón de proporcionalidad es *k*. Así, podemos escribir:

$$\frac{P'}{P} = k \quad ; \quad \frac{ap'}{ap} = k$$

Calculamos ahora el área de cada una de las figuras y efectuamos la razón entre ellas.

$$A' = \frac{P' \cdot ap'}{2} \quad ; \quad A = \frac{P \cdot ap}{2}$$

$$\frac{A'}{A} = \frac{\dfrac{P' \cdot ap'}{2}}{\dfrac{P \cdot ap}{2}} = \frac{\dfrac{k \cdot \cancel{P} \cdot k \cdot \cancel{ap}}{\cancel{2}}}{\dfrac{\cancel{P} \cdot \cancel{ap}}{\cancel{2}}} = k^2$$

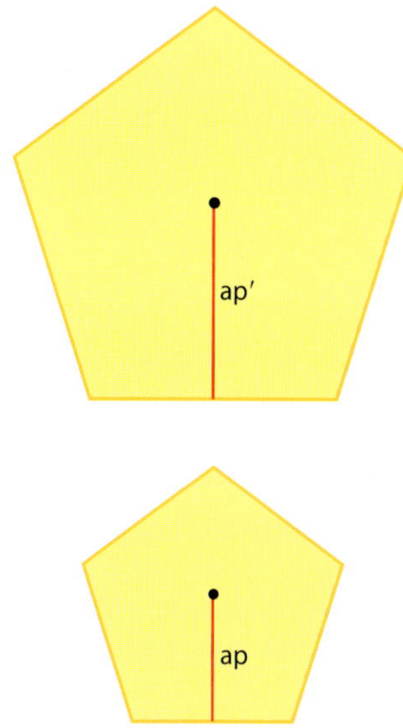

Este resultado es aplicable a cualquier par de cuerpos semejantes.

La **razón** entre las **áreas** de dos **cuerpos o figuras semejantes** es igual al **cuadrado de la razón de semejanza.**

Ejemplo 3

Calcula el área de un círculo semejante a otro, cuyo radio mide 6 cm, siendo la razón de semejanza $k = \frac{5}{3}$.

COMPRENSIÓN

Necesitaremos calcular el área de uno de los círculos. Al tratarse de áreas de figuras semejantes, la razón entre sus valores será el cuadrado de la razón de semejanza.

RESOLUCIÓN

El área del círculo cuyo radio mide 6 cm es:

$$A = \pi \cdot r^2 = \pi \cdot 6^2 = 113{,}1$$

La relación entre las áreas de dos círculos semejantes es:

$$\frac{A'}{A} = k^2 \Rightarrow A' = k^2 \cdot A = \left(\frac{5}{3}\right)^2 \cdot 113{,}1 = 314{,}17$$

El área del círculo semejante será de 314,7 cm^2.

Actividades

16. La razón de las áreas de dos polígonos semejantes es $\frac{49}{144}$. ¿Cuál es la razón de semejanza de los polígonos?

17. Contesta a las siguientes preguntas:

a) Si triplicamos los lados de un trapecio, ¿cuánto aumenta su área?

b) ¿Cuánto tenemos que dividir el radio de una esfera para que su área sea 144 veces menor?

18. Los perímetros de dos polígonos semejantes miden 60 cm y 150 cm. Si el área del menor es de 80 cm^2, ¿cuánto medirá el área del mayor?

19. Calcula el área de una pirámide semejante a la de la figura con razón de semejanza $k = \frac{5}{2}$.

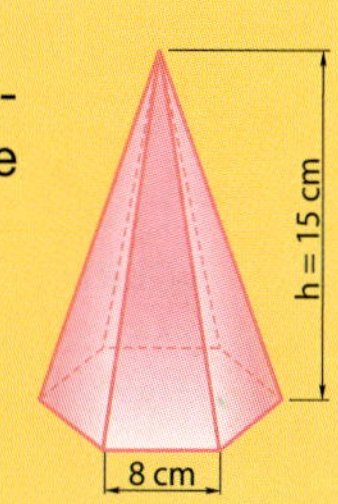

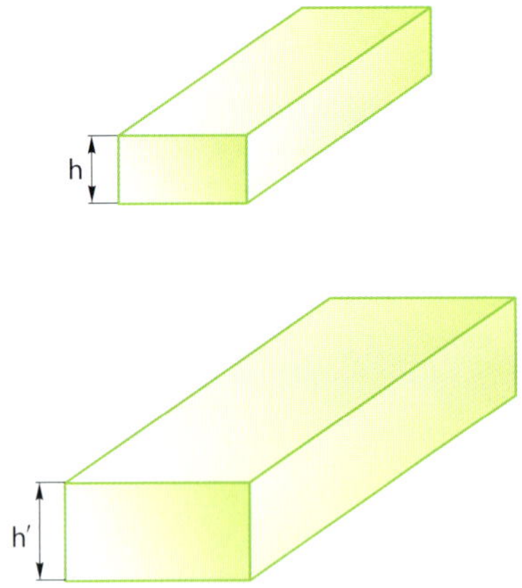

3.3. Volúmenes de cuerpos semejantes

Observa los dos prismas de la izquierda. Ambos son semejantes y su razón de semejanza es k.

Al ser semejantes, dos longitudes homólogas (lados, altura...) son proporcionales y sus bases son polígonos semejantes.

Calculamos sus volúmenes:

$$V = A_{base} \cdot h \quad ; \quad V' = A'_{base} \cdot h'$$

Al ser cuerpos semejantes:

$$\frac{A'_{base}}{A_{base}} = k^2 \quad ; \quad \frac{h'}{h} = k$$

Si ahora calculamos la razón entre sus volúmenes:

$$\frac{V'}{V} = \frac{A'_{base} \cdot h'}{A_{base} \cdot h} = \frac{k^2 \cdot \cancel{A}_{base} \cdot k \cdot \cancel{h}}{\cancel{A}_{base} \cdot \cancel{h}} = k^3$$

La razón entre los volúmenes es k^3 y coincide con el cubo de la razón de semejanza.

> La **razón** entre los **volúmenes** de dos **cuerpos semejantes** es igual al **cubo de la razón de semejanza.**

Observa estos dos cubos semejantes, con $k = 3$.

La razón entre sus volúmenes es $3^3 = 27$. Así, el volumen del cubo mayor ha aumentado 27 veces respecto del volumen del cubo menor.

Ejemplo 4

Halla el volumen de un cilindro semejante a otro, de radio 4 cm, altura 6 cm y con razón de semejanza $k = \frac{1}{2}$.

COMPRENSIÓN

Necesitaremos calcular el volumen de uno de los cilindros. Al tratarse de volúmenes de cuerpos semejantes, la razón entre sus valores será el cubo de la razón de semejanza.

RESOLUCIÓN

Aplicamos la fórmula para calcular el volumen de un cilindro:

$$V = A_{base} \cdot h = \pi \cdot r^2 \cdot h = \pi \cdot 4^2 \cdot 6 = 301{,}6$$

Para calcular el volumen del nuevo cilindro, aplicamos la definición de volúmenes de cuerpos semejantes:

$$\frac{V'}{V} = k^3 \quad \Rightarrow \quad V' = k^3 \cdot V = \left(\frac{1}{2}\right)^3 \cdot 301{,}6 = 37{,}7$$

El volumen del cilindro es de 37,7 cm^3.

Actividades

20. Calcula la razón de semejanza de dos prismas de base pentagonal, uno de los cuales tiene un volumen de 2 324,7 cm^3 y el otro tiene una base cuyos lados miden 6 cm; la apotema, 4,1 cm, y la altura es de 7 cm.

21. El volumen de una esfera es de 904,78 dm^3. Calcula el volumen y el radio de una esfera semejante a esta, con razón de semejanza $k = \frac{7}{6}$.

22. Las medidas de un ortoedro son 3 cm × 5 cm × 8 cm. ¿Qué medidas tendrá un ortoedro semejante a este cuyo volumen sea de 25 920 cm^3?

23. Calcula el volumen de esta pirámide y, a continuación, halla el volumen y las medidas de otra pirámide semejante a esta con razón de semejanza $k = 3$.

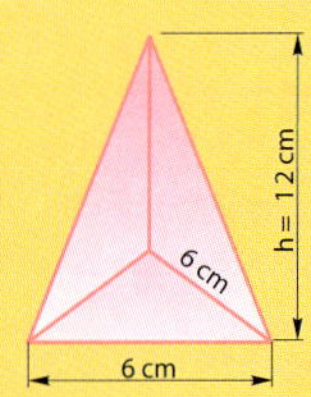

4. Cálculo de medidas indirectas

El segundo libro con más ediciones de la historia es una obra matemática, *Los Elementos,* del sabio griego Euclides. Era el manual de referencia de uno de los más grandes científicos que han existido: Isaac Newton.

La obra recopila gran parte del saber matemático de la época (se escribió en torno al año 300 a. de C. en Alejandría). Dos teoremas de sabios anteriores tienen especial relieve en el texto: el **teorema de Tales** y el **teorema de Pitágoras.**

4.1. Teorema de Tales

Podemos considerar este teorema como el punto angular sobre el que gira el estudio de la proporcionalidad geométrica.

> Los segmentos determinados al cortar dos rectas secantes por una serie de rectas paralelas son proporcionales entre sí.

Si las rectas *a, b* y *c* son paralelas, y cortan a otras dos rectas, *r* y *s,* entonces:

$$\frac{\overline{AB}}{\overline{BC}} = \frac{\overline{A'B'}}{\overline{B'C'}}$$

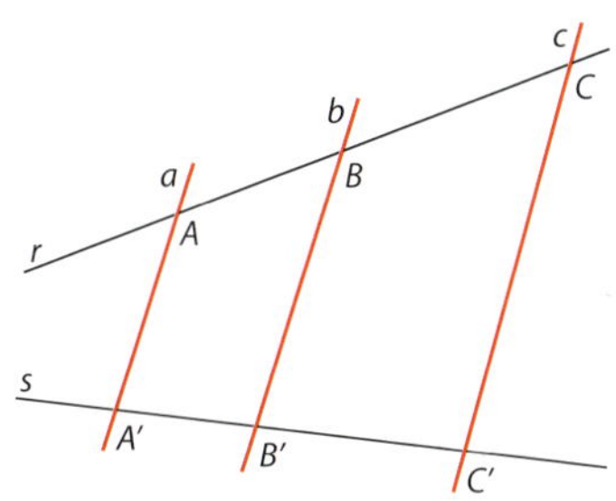

El recíproco también es cierto. Si los segmentos $\overline{AB}$ y $\overline{BC}$ son proporcionales a $\overline{A'B'}$ y $\overline{B'C'}$, y las rectas *a* y *b* son paralelas, entonces la recta *c* también lo es.

A partir de este teorema, se deduce una forma sencilla de obtener triángulos semejantes o comprobar si dos triángulos presentan una relación de semejanza.

Si se traza una recta paralela a un lado cualquiera de un triángulo, se forma otro triángulo cuyos lados son proporcionales al primero. Diremos entonces que los triángulos están en **posición de Tales**, al tener un vértice en común y ser sus lados paralelos o, lo que es equivalente, tener sus lados proporcionales.

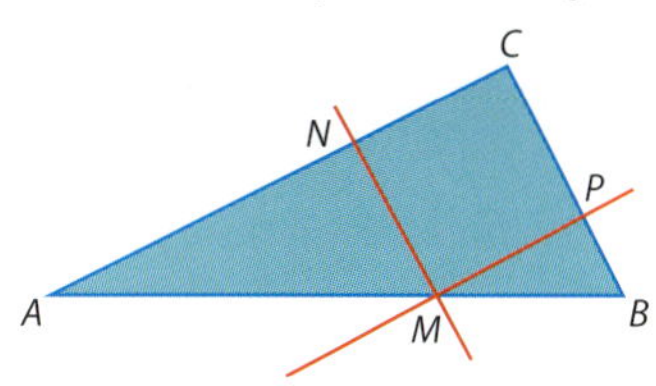

Así, el triángulo *ABC* está en posición de Tales con los triángulos *AMN* y *BMP*.

Ejemplo 5

En la figura:

a) ¿Podemos aplicar el teorema de Tales? ¿Por qué?

b) ¿Cuánto mide el lado $\overline{B'C'} = x$*?*

c) ¿Qué triángulos están en posición de Tales?

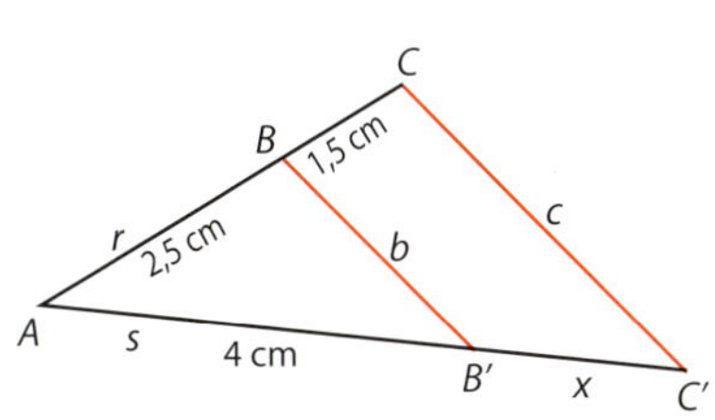

COMPRENSIÓN

Observamos que el triángulo *ACC'* está cortado por la recta *b* paralela a la recta *c*.

RESOLUCIÓN

a) Sí. Podemos aplicar el teorema de Tales al ser las rectas *b* y *c* paralelas.

b) A partir del teorema de Tales:

$$\frac{\overline{AB}}{\overline{BC}} = \frac{\overline{A'B'}}{\overline{B'C'}} \rightarrow \frac{2,5}{1,5} = \frac{4}{x} \rightarrow x = \frac{1,5 \cdot 4}{2,5} = 2,4 \text{ cm}$$

c) Dos triángulos están en posición de Tales si tienen un vértice común y sus lados son paralelos; por tanto, están en posición de Tales los triángulos *ACC'* y *ABB'*.

Ágora

El origen de la ciencia como la conocemos hoy en día está asociado a una serie de sabios griegos. Entre estos, se encuentra Tales de Mileto.

Recibieron el nombre de los **siete sabios de Grecia** y destacaron en ciencia, filosofía y política.

—Formad grupos, buscad información sobre los siete sabios y algunas máximas o sentencias que se les atribuían:

http://links.edebe.com/e9nr

—Elegid entre todos la máxima que más os gusta y justificad vuestra elección.

@

En la Red, procedentes sobre todo de revistas científicas, circulan listas con las ecuaciones más importantes de las matemáticas y la física. Siempre aparece (normalmente en primer lugar, por ser la más antigua de todas) el teorema de Pitágoras.

Esto nos da la medida de la importancia de esta ecuación, en apariencia tan simple.

http://links.edebe.com/fqhu

4.2. Teorema de Pitágoras

A partir de los conceptos de semejanza y del teorema de Tales, podemos deducir otro de los teoremas más importantes de las matemáticas y de la ciencia en general: el **teorema de Pitágoras.**

En los triángulos rectángulos se verifica que:

Dos triángulos rectángulos son semejantes si tienen igual uno de sus ángulos agudos.

A partir de esto, podemos apreciar que en el triángulo rectángulo *ABC:*

- Los triángulos *ABC* y *AMB* son semejantes por compartir el ángulo $\widehat{B}$.

  Se verifica que:

$$\frac{a}{c} = \frac{c}{n} \rightarrow c^2 = a \cdot n$$

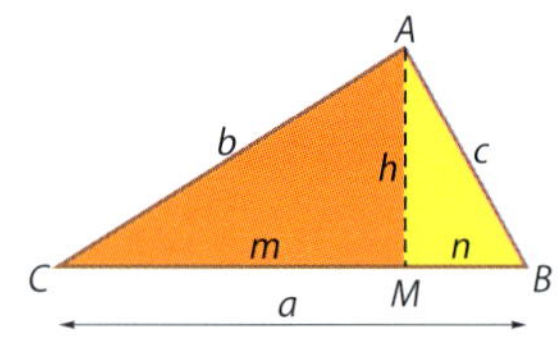

- Los triángulos *ABC* y *AMC* son semejantes por compartir el ángulo $\widehat{C}$.

  Se verifica que:

$$\frac{a}{b} = \frac{b}{m} \rightarrow b^2 = a \cdot m$$

Sumando las dos expresiones anteriores, se deduce que, para el triángulo rectángulo *ABC,* se cumple que:

$$\left.\begin{array}{l} c^2 = a \cdot n \\ b^2 = a \cdot m \end{array}\right\} c^2 + b^2 = a(\overbrace{m+n}^{a}) = a \cdot a = a^2$$

En un triángulo rectángulo (de catetos *b* y *c,* e hipotenusa *a*) se verifica que el cuadrado de la hipotenusa es igual a la suma de los cuadrados de los catetos.

$$a^2 = b^2 + c^2$$

Ejemplo 6

La distancia entre la base de la torre inclinada de Pisa y su parte más alta es de 54,86 m. La torre está desviada 4,88 m de la perpendicularidad. Halla la altura de la torre.

COMPRENSIÓN

La altura de un edificio corresponde a la distancia vertical desde el suelo hasta su punto más elevado. Analizamos si podemos obtener un triángulo rectángulo para poder aplicar el teorema de Pitágoras en la resolución del problema.

RESOLUCIÓN

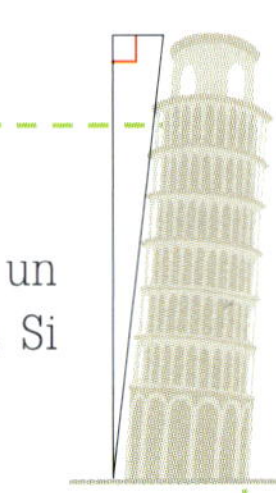

A partir de los datos del problema, podemos obtener un triángulo rectángulo como vemos en la ilustración. Si llamamos *a* a la hipotenusa y *b, c,* a los catetos:

$$c^2 + b^2 = a^2 \rightarrow 4{,}88^2 + b^2 = 54{,}86^2$$

$$b = 54{,}64 \text{ m}$$

La torre tiene una altura de 54,64 m.

Actividades

24. Divide un segmento cualquiera en cinco partes utilizando el teorema de Tales.

25. Sean *OAC* y *OBD* dos triángulos en posición de Tales. El perímetro de *OBD* es 200 cm, y *OA* mide 2 cm; *AC,* 8 cm, y *OC,* 10 cm. Determina las longitudes de los lados de *OBD.*

26. ¿Son rectángulos los triángulos cuyos lados miden 17 m, 11 m, 20 m y 10 m, 24 m y 26 m?

27. La cuerda de una cometa mide 72 m. Si se encuentra volando sobre un árbol que está a 32 m de Jorge, ¿a qué altura sobre el suelo se encuentra la cometa?

4.3. Mapas y planos

El concepto de semejanza se utiliza constantemente para representar sobre un papel objetos demasiado grandes o demasiado pequeños.

Un ejemplo de estas representaciones son los mapas y los planos, representaciones gráficas de un territorio, una ciudad, una red de carreteras, un edificio, circuitos de componentes eléctricos o informáticos...

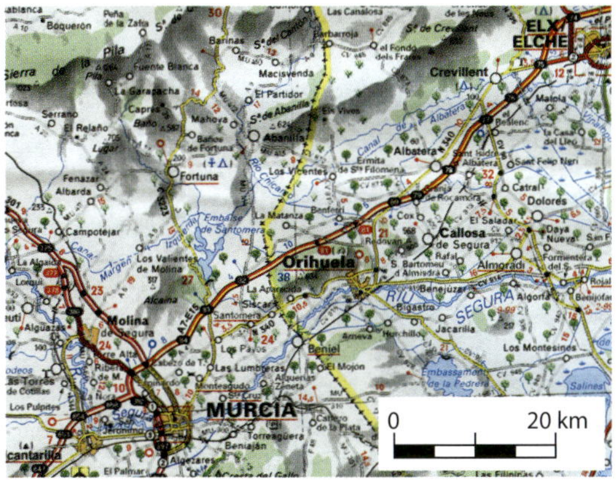

Escala 1:200

Las dimensiones de los mapas y de los planos son proporcionales al territorio u objeto que representan. Así pues, los segmentos que unen dos puntos cualesquiera del mapa y sus correspondientes puntos en la realidad son proporcionales. La constante de proporcionalidad viene definida por la *escala* del mapa.

> La **razón** entre una longitud medida en un plano o un mapa y la longitud homóloga medida sobre el objeto real es la **escala** del mapa o el plano.

La escala a la que se ha reproducido el dibujo se indica al pie del plano o mapa, y se expresa mediante un cociente. Las escalas pueden ser de ampliación o de reducción.

- **Escalas de ampliación.** Se utilizan para representar objetos pequeños, como circuitos electrónicos. Por ejemplo, una escala 25:1 significa que una unidad de longitud en la realidad representa 25 de estas unidades en el dibujo.
- **Escalas de reducción.** Se utilizan para representar elementos grandes, como territorios o edificios. Una escala 1:50 significa que 1 unidad de longitud del dibujo representa 50 de estas mismas unidades en la realidad.

A menudo, en mapas y planos, la escala se indica de forma gráfica tal y como se muestra a la derecha.

En este caso, se indica que un segmento del dibujo de longitud igual a la representada mide en la realidad 500 km.

Actividades

28. La escala de un mapa es 1:250 000.

a) ¿Cuál es la distancia real de dos localidades que en el mapa están separadas 5 cm?

b) ¿A qué distancia estarán en el mapa dos poblaciones que en la realidad distan 15 km?

— ¿Qué escala tendrá un mapa en el que dos ciudades que en la realidad distan 50 km están separadas por 8 cm?

29. Observa el siguiente plano:

a) ¿Cuál es su escala?

b) ¿Cuántos metros cuadrados tiene el piso en total?

c) ¿Cuántos metros cuadrados tiene la habitación *B?*

d) Dibuja la escala gráfica del plano.

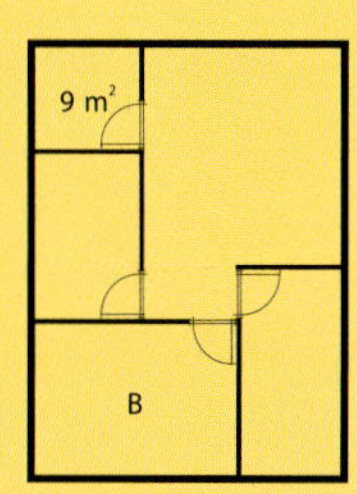

ACTIVIDADES RESUELTAS

Calcula la escala aproximada del plano adjunto.

Comprender

— ¿Tenemos datos?

— ¿Hay suficiente información?

— ¿Es similar este problema a otros que hayas resuelto antes?

El enunciado del problema no contiene datos numéricos. Así pues, tendremos que extraer los datos del plano de una forma aproximada.

Planificar

Para saber la escala, debemos conocer la medida real y en el plano de los objetos representados.

Posteriormente, aplicaremos el mismo factor de escala a todos los demás objetos.

Centraremos la atención en algún objeto del que conozcamos (al menos de forma aproximada) sus medidas reales, por ejemplo, la cama. Una cama real tiene una longitud aproximada de 2 m.

En el plano, la longitud de la cama es de 8 mm.

Ejecutar el plan

Ahora se trata de implementar la estrategia elegida para resolver el problema.

Expresamos los 2 m de la medida real en milímetros y calculamos la escala.

$$\text{Escala} = \frac{\text{longitud del plano}}{\text{longitud real}} = \frac{8\ \text{mm}}{2\,000\ \text{mm}} = \frac{1}{250}$$

Así pues, la escala es 1:250.

Revisar

Podemos comprobar el resultado midiendo las dimensiones de algún objeto del plano y validando que coincida (al menos aproximadamente) con las dimensiones reales.

Si medimos, por ejemplo, la anchura de la puerta en el plano y aplicamos la escala referenciada, obtenemos un resultado coherente con la realidad.

Actividades

30. A partir del siguiente plano:

a) Calcula las dimensiones de la habitación *A*.

b) ¿Cuál es la superficie de la cocina?

31. Tomando como referencia el sofá del plano, que en el papel mide 2 cm y en la realidad 2,5 m, responde a las siguientes preguntas:

a) Determina la escala del plano en metros y, después, en centímetros.

b) Determina la superficie de la cocina y la superficie total del piso.

c) ¿Qué escala debería tener el plano para que ocupara el doble en el papel?

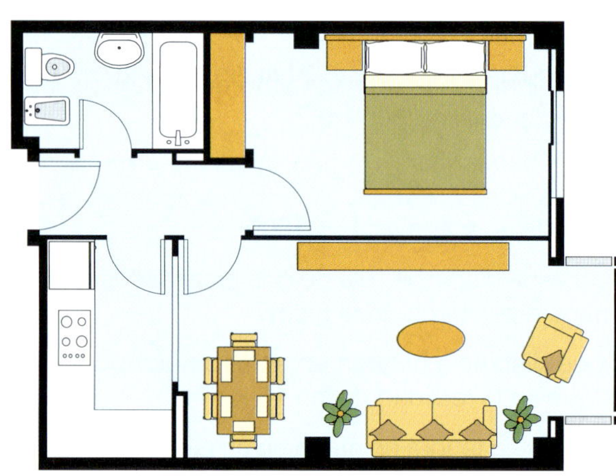

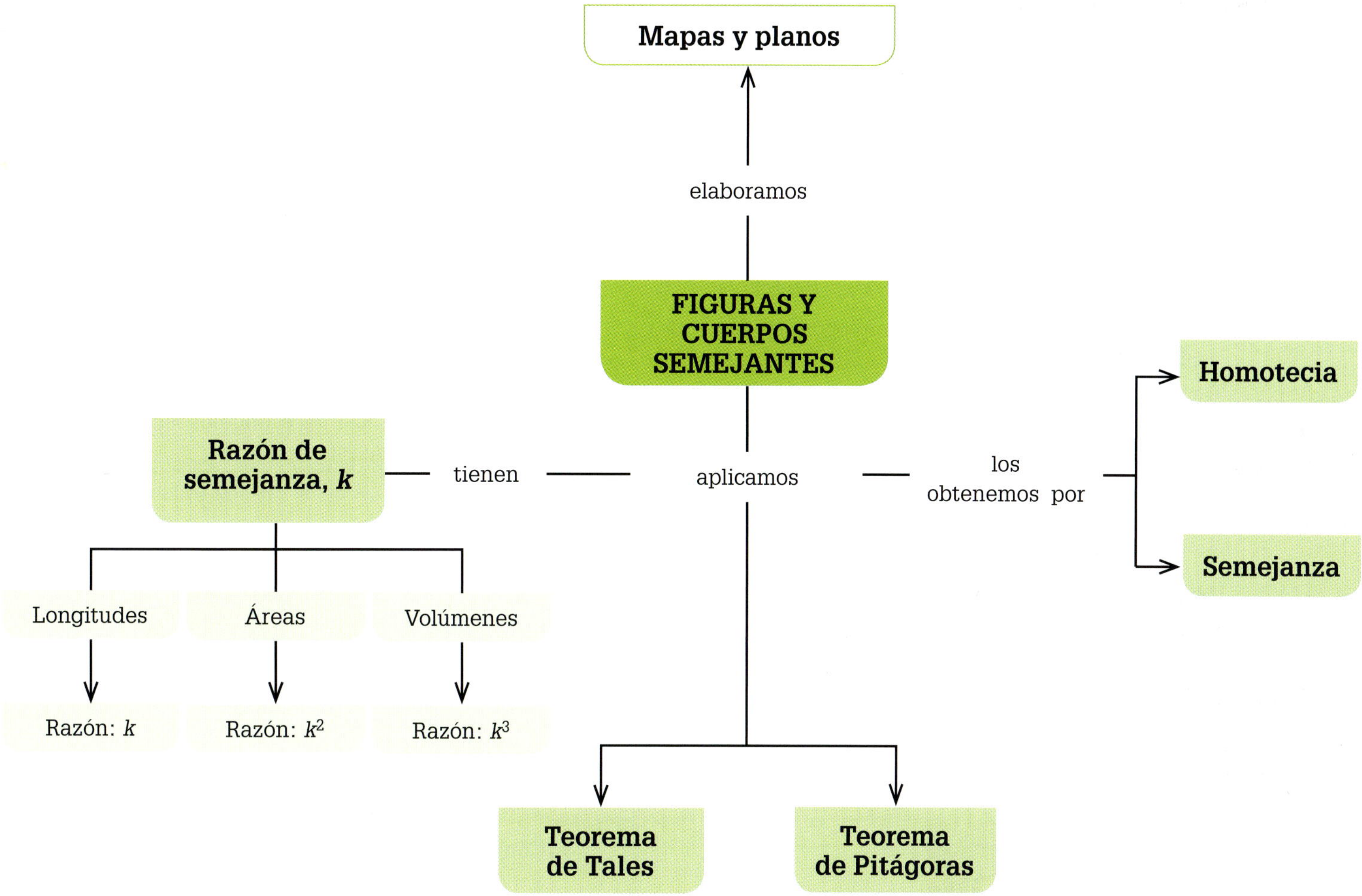

Actividades finales

Figuras y cuerpos semejantes

32. ★☆☆ Un rectángulo mide 13 cm de base y 5 cm de altura. Otro rectángulo mide 39 cm de base y 20 cm de altura. Verifica si son semejantes.

33. ★★☆ Halla la medida representada por x en la siguiente estructura de madera:

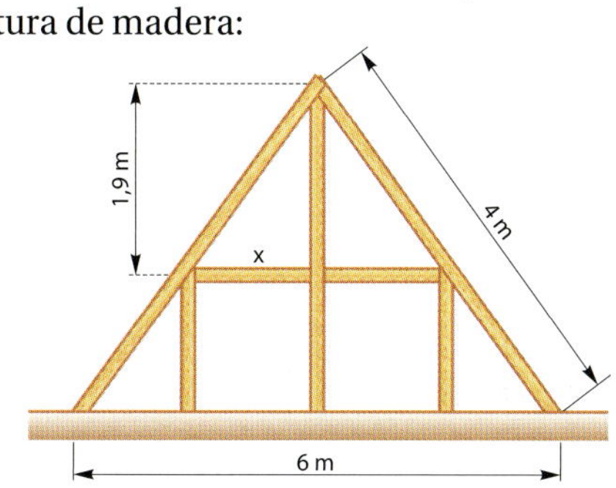

34. ★★☆ Los triángulos ABC y $A'B'C'$ son semejantes.

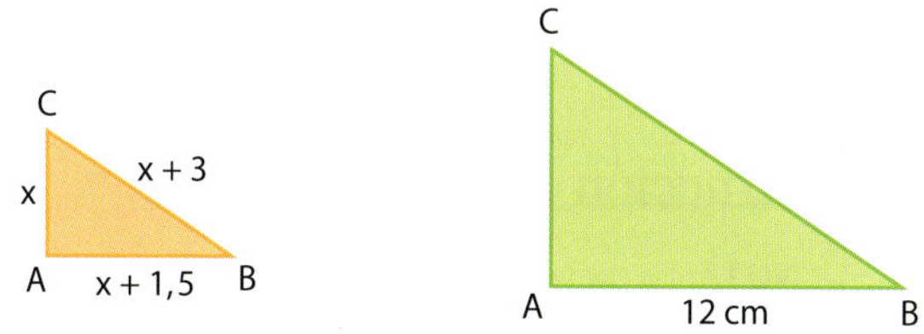

Halla cuánto miden los lados de cada uno de los triángulos si x representa una longitud expresada en centímetros.

35. ★★☆ Un prisma de base un hexágono regular tiene una altura el doble de los lados de la base. Sabiendo que un prisma semejante a este con razón de semejanza $k = \frac{5}{3}$ mide 15 dm de altura, halla las medidas del prisma inicial.

Actividades finales

36. ★★☆ Considera los dos hexágonos regulares representados a continuación:

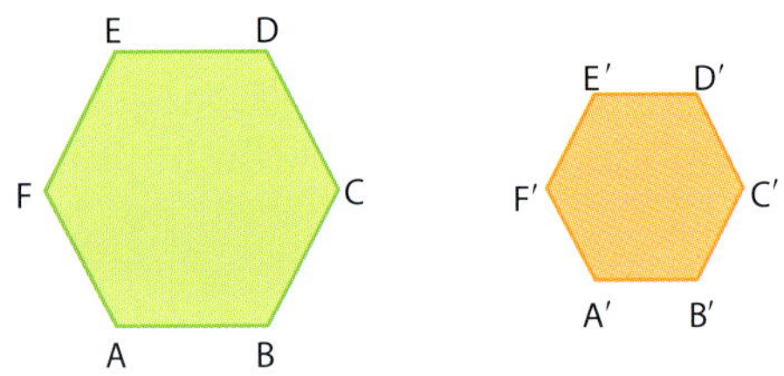

a) ¿Cuánto miden los ángulos de los dos polígonos?

b) Calcula la razón de dos lados homólogos. ¿Obtienes el mismo valor si escoges otro par de lados homólogos?

37. ★★☆ Verifica si estos dos trapecios rectángulos son semejantes sabiendo que el mayor tiene un área de 450 cm^2.

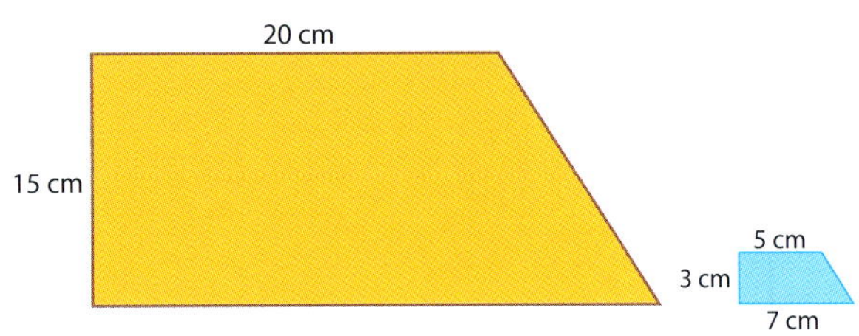

38. ★★☆ Sabiendo que el prisma menor tiene un volumen de 140 cm^3, verifica si los dos primas son semejantes.

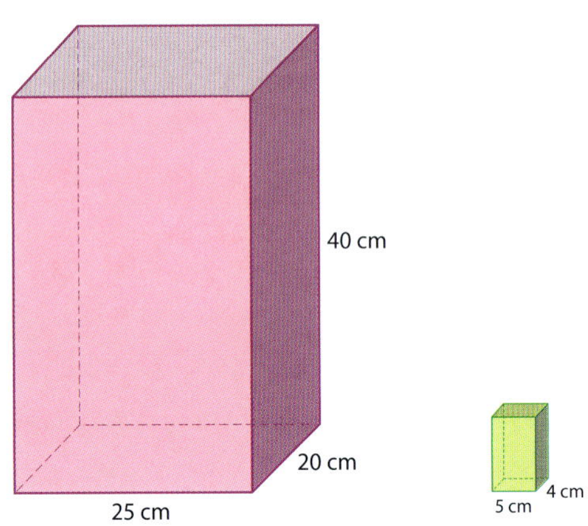

Construcción de figuras y cuerpos semejantes

NOTA: La mayoría de las actividades de este apartado se pueden resolver utilizando GeoGebra.

39. ★☆☆ Dibuja en tu cuaderno un cuadrado de 2 cm de lado. A continuación, efectúa una homotecia de centro *O* arbitrario y razón:

a) $k = 2$

b) $k = 0{,}5$

c) $k = -1$

40. ★★☆ En una homotecia de centro $O(-2, 2)$, el punto $A(1, 2)$ se transforma en el punto $A'(4, 2)$. Halla la razón de homotecia y los transformados de los puntos $B(-2, 0)$ y $C(-2, 3)$.

41. ★★☆ Aplica al triángulo *ABC* una homotecia de centro *O* y razón $k = 2$ y al triángulo obtenido una homotecia de centro O' y razón $k' = -1{,}5$. ¿Qué transformación permite pasar del triángulo inicial al triángulo final?

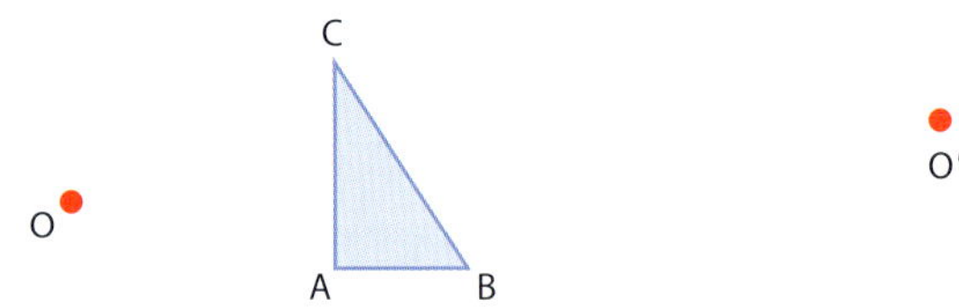

42. ★★☆ ¿Son homotéticos los triángulos rectángulos isósceles *ABC* y *A′B′C′* de esta figura?

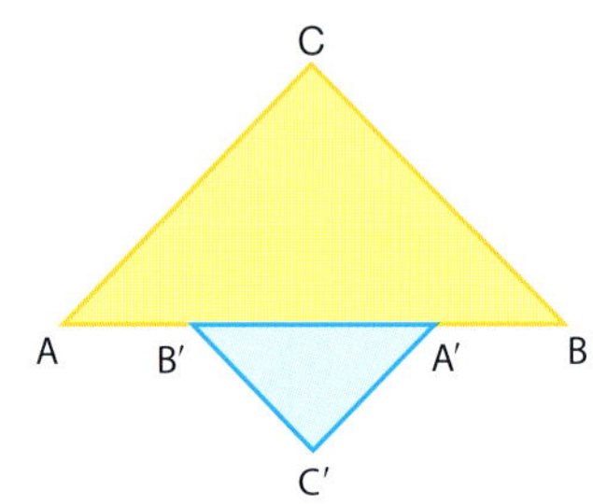

43. ★★☆ Aplica una homotecia de centro *O* y razón $k = 3$ a la siguiente figura:

¿Cómo se llama esta figura plana?

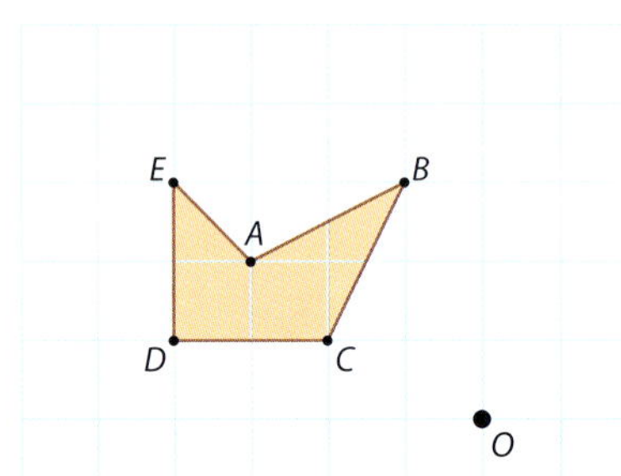

44. ★★☆ Halla el centro y la razón de la homotecia que transforma el hexágono *ABCDEF* en el hexágono *A′B′C′D′E′F′*.

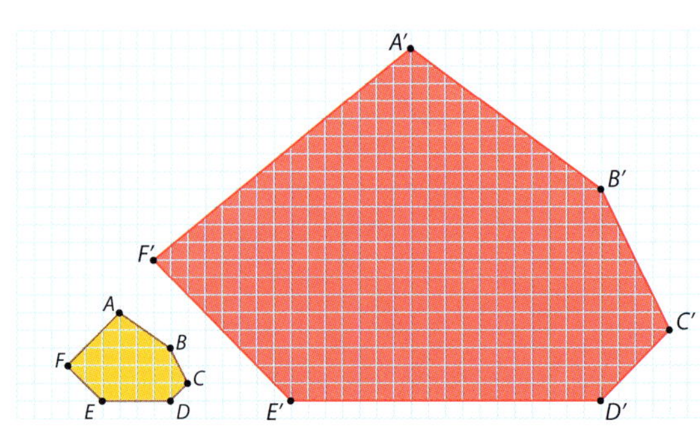

45. ★★☆ Aplica a este rectángulo una simetría de eje *e* y, a continuación, una homotecia de centro *O* y razón $k = 3$.

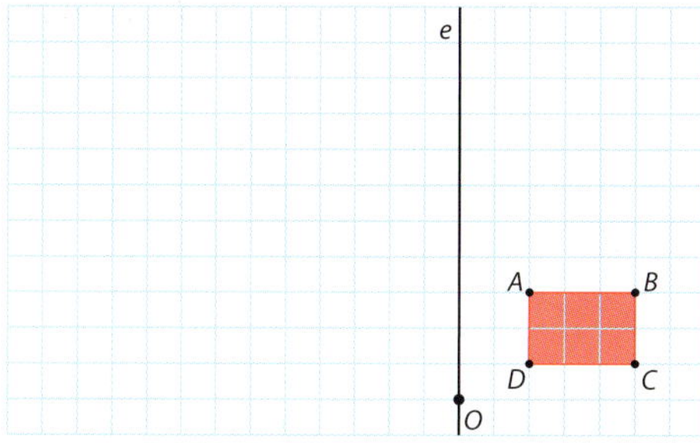

46. ★★☆ Aplica a la siguiente figura una simetría respecto al eje *e* y, a continuación, una homotecia de centro *O* (−1, 0) y razón $k = 3$. ¿Qué nombre recibe esta composición?

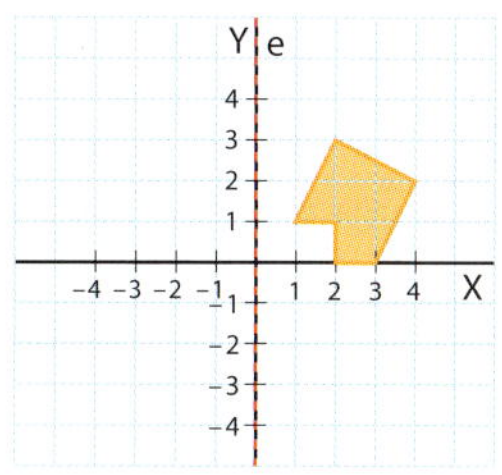

47. ★★☆ Aplica al triángulo *ABC* una homotecia de centro *O* y razón $k = \frac{1}{2}$ y, a continuación, una translación de vector $\vec{v}$.

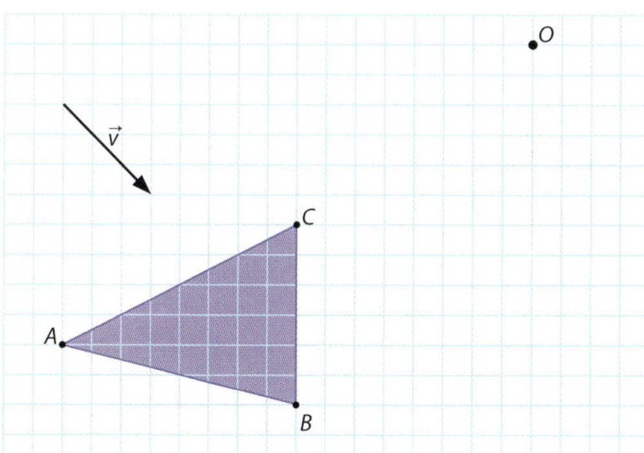

48. ★★☆ Aplica al pentágono irregular una homotecia de centro *O* y razón $k = 2$ y, a continuación, un giro en sentido positivo de centro *F* con un ángulo de giro de 90°.

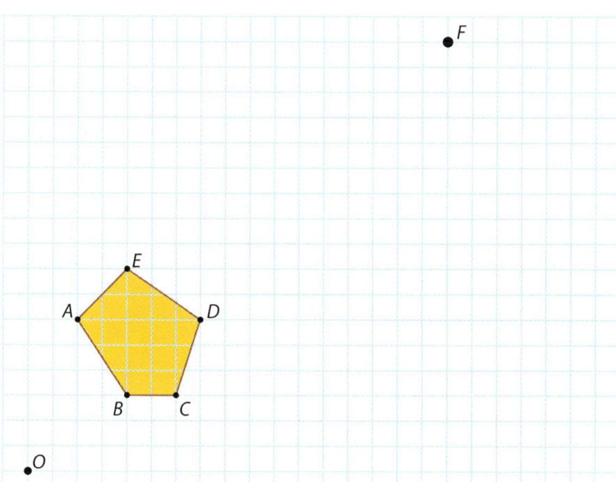

Longitudes, áreas y volúmenes en figuras semejantes

49. ★☆☆ Dos triángulos equiláteros son semejantes con razón de semejanza $k = 2$. Si la altura del triángulo menor es $\frac{5\sqrt{3}}{2}$ cm, ¿cuál es el perímetro del triángulo mayor?

50. ★★☆ Las longitudes de las diagonales de un rombo son 4 cm y 8 cm. Calcula cuánto medirán los lados, el perímetro y el área de un rombo semejante al anterior, con razón de semejanza $k = \frac{7}{2}$.

51. ★★☆ Halla el perímetro de un triángulo rectángulo semejante a este, con razón de semejanza $k = \frac{5}{3}$.

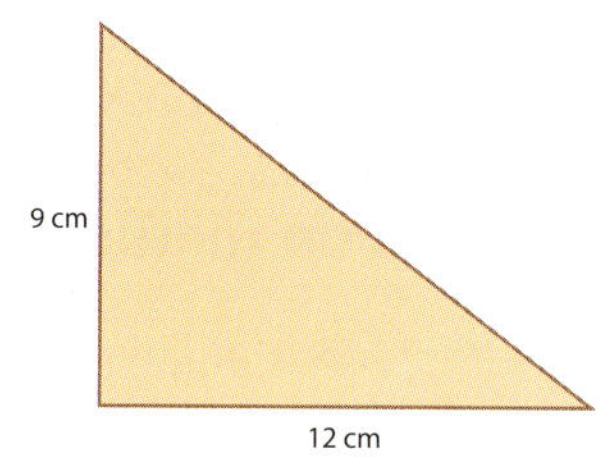

52. ★★☆ La arista de un cubo mide 12 cm. Halla la diagonal de la cara de un cubo semejante al dado con razón de semejanza $k = \frac{2}{3}$. Expresa este valor de forma exacta.

53. ★★☆ Calcula mentalmente para responder a estas preguntas:

a) El perímetro de un pentágono mide 45 cm. ¿Cuál es el perímetro de un pentágono semejante a este con razón de semejanza $k = \frac{1}{5}$?

b) El área de un rectángulo es de 104 cm^2 y el área de otro semejante a este es de 26 cm^2. ¿Cuál es la razón de semejanza entre ambos rectángulos?

54. ★★☆ Dos pirámides de base cuadrangular son semejantes y su razón de semejanza es $k = \frac{12}{9}$.

Calcula sus medidas, sus áreas y sus volúmenes, sabiendo que el área de la base de la pequeña es de 27 cm^2 y la apotema de la grande mide 8,54 cm.

55. ★★☆ Las áreas de dos polígonos semejantes son 36 cm^2 y 441 cm^2. Si el perímetro del polígono mayor es de 91 cm, determina el valor del perímetro del polígono menor.

56. ★★☆ Halla el área de un cilindro semejante a este, con razón de semejanza $k = 0{,}5$. Expresa el resultado sin decimales.

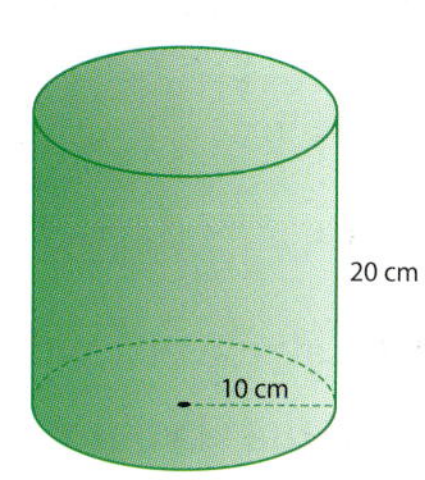

Actividades finales

57. ★★☆ El radio de un cono mide 20 cm y su generatriz, 52 cm. Calcula el volumen de un cono semejante a este, con razón de semejanza $k = \frac{3}{4}$.

58. ★★☆ Las dimensiones de un prisma triangular son estas:

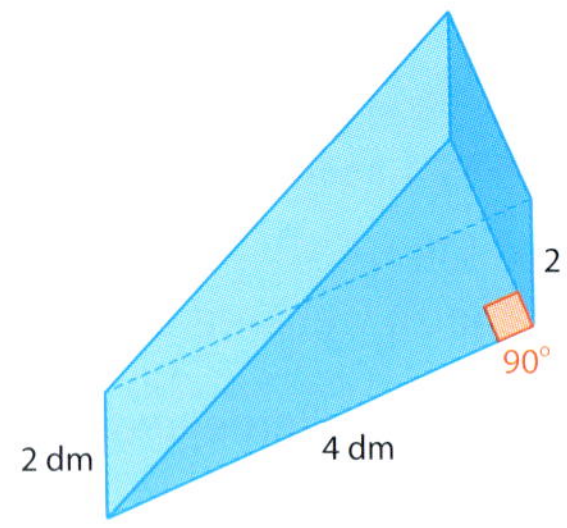

Otro prisma triangular recto, semejante al anterior, tiene el mismo volumen que un cubo de 5 dm de arista. Calcula la razón de semejanza de los dos prismas.

Cálculo de medidas indirectas

59. ★☆☆ Los triángulos ABC y ADE son semejantes, y las longitudes se expresan en centímetros. Determina la longitud del segmento EC.

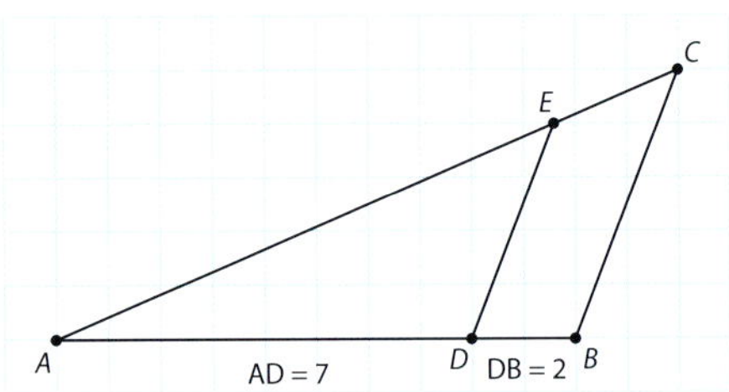

60. ★★☆ Una rampa de saltos de esquí tiene esta forma:

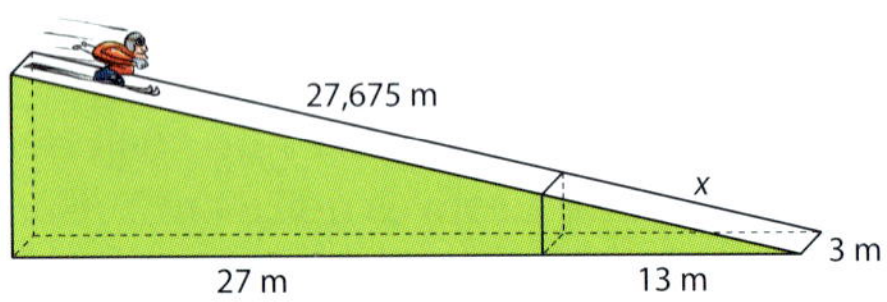

Calcula el área de la pista en que se encuentra el saltador.

61. ★★☆ Una caja de cartón tiene la forma de un cubo, tal y como se muestra en la figura:

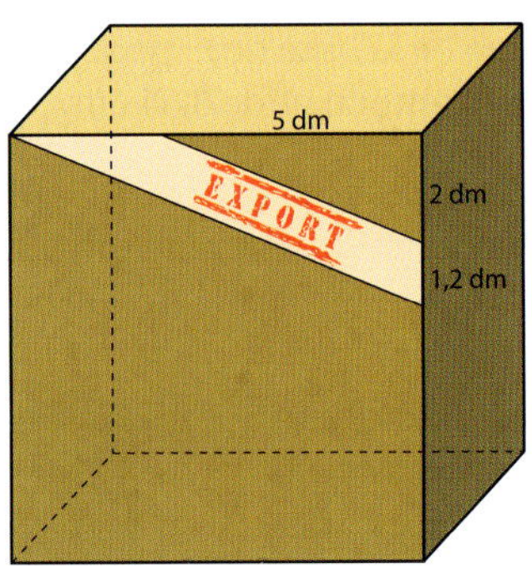

a) Calcula el área de la cinta «EXPORT».

b) Halla el volumen de la caja.

62. ★★☆ Un jarrón tiene la forma que se aprecia en la figura, en la que hay un agujero de un cono invertido:

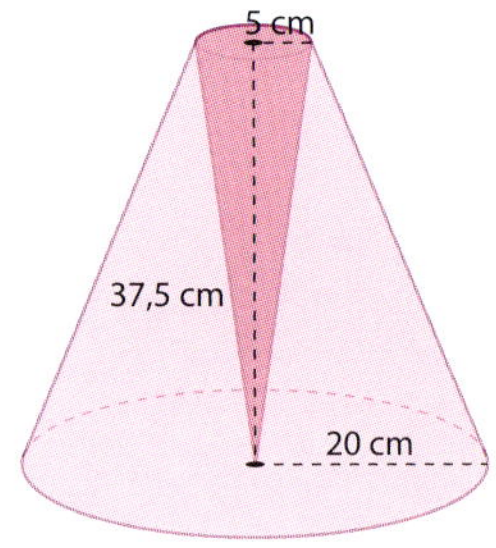

Calcula el volumen del jarrón. Expresa el resultado sin decimales.

63. ★★☆ Un rectángulo tiene una longitud de 15 cm y su diagonal mide 17 cm. Calcula la anchura del rectángulo.

64. ★★☆ Un prisma cuadrangular oblicuo tiene las siguientes dimensiones:

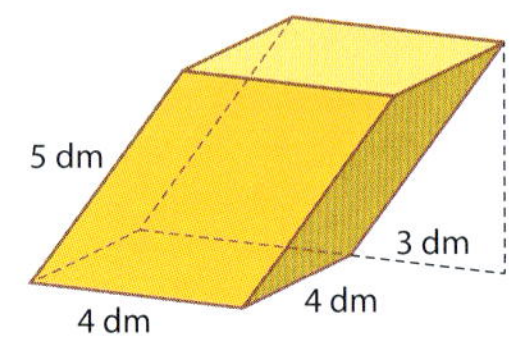

Calcula su volumen.

65. ★★☆ Un cono tiene un diámetro de 7 dm y su generatriz mide 25 dm. Calcula su volumen, expresando el resultado con un decimal.

66. ★★☆ Una pirámide cuadrangular recta tiene las siguientes dimensiones:

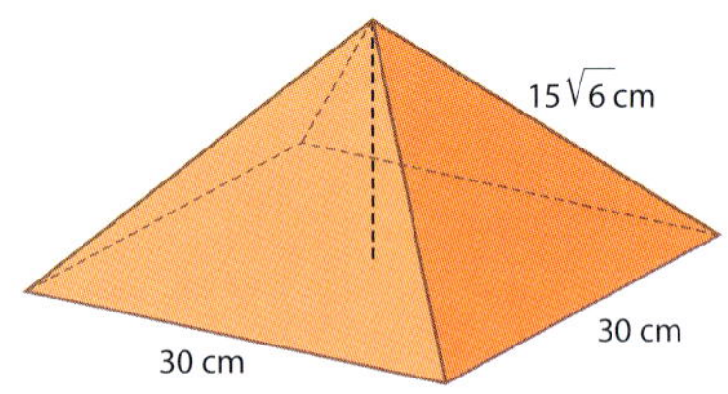

Determina el volumen exacto de la pirámide, expresado en decímetros cúbicos.

67. ★★☆ Sonia ha modificado una fotografía para insertarla en un documento de texto en su ordenador. La fotografía original tenía 3 840 × 2 160 píxeles. Determina la escala del cambio, sabiendo que la fotografía modificada tiene 640 × 360 píxeles.

68. ★★☆ Utilizando un microscopio electrónico con una ampliación de 20 000 000 veces, se ha visualizado un virus de la gripe de 100 nm (1 nm = 10^{-11} cm) de diámetro. ¿Cuál es el diámetro, en centímetros, del virus visto a través del microscopio electrónico?

69. ★★☆ El diámetro de la Luna es de 3 474 km. Se ha creado un modelo en 3D cuyo volumen es de 381,51 cm^3. Calcula la escala utilizada en el modelo. En los cálculos, emplea la aproximación $\pi = 3,14$.

70. ★★☆ Resuelve las siguientes cuestiones:

a) La distancia entre dos ciudades es de 750 km. Si la distancia que hay entre ellas en un mapa es de 15 cm, ¿cuál es la escala del mapa?

b) ¿Cuál es la distancia real que separa dos ciudades si en un mapa a escala 1:1 000 000 la distancia entre ellas es de 8 cm?

c) En un plano a escala 1:100 la superficie de una habitación es de 9 cm^2. ¿Cuál es la superficie real de la habitación?

Problemas

71. ★☆☆ Dos *frisbees* semejantes tienen 20 cm y 25 cm de diámetro. ¿Cuál es la razón entre sus áreas?

72. ★☆☆ Dos gomas de borrar son semejantes, con razón de semejanza $k = \frac{6}{5}$. Si la goma menor tiene un volumen de 6 cm^3, ¿cuál es el volumen de la goma mayor?

73. ★★☆ Un abrevadero para ovejas tiene la forma de un paralelepípedo de 1 m de longitud y 40 cm de anchura. Sabiendo que las longitudes de las diagonales de las caras laterales miden 58 cm, calcula el volumen del abrevadero en litros.

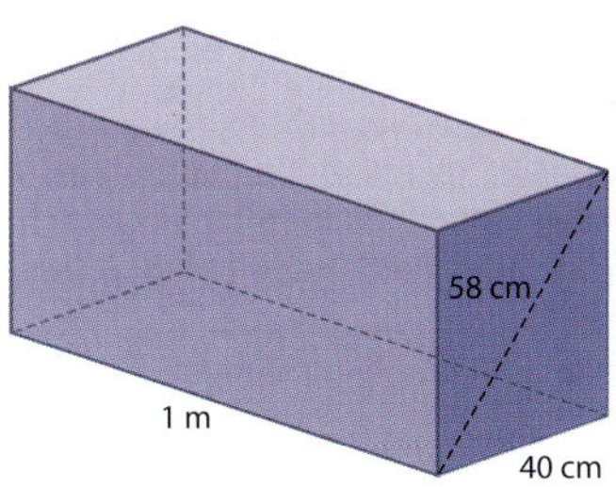

74. ★★☆ Un globo aerostático levanta el vuelo desde un determinado lugar. Halla la altura del globo a 450 m y a 1 200 m de distancia del punto en el que inició su vuelo.

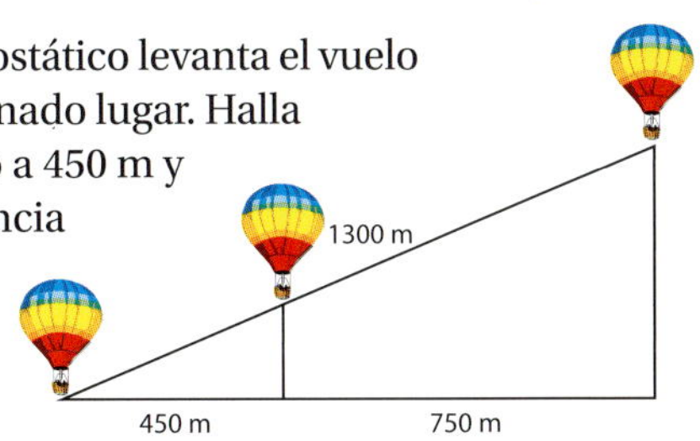

75. ★★☆ Se ha construido el desarrollo plano en papel, a una escala 1:25, de una escultura que tiene forma de paralelepípedo, como se muestra en la figura.

Calcula el volumen de la escultura en metros cúbicos.

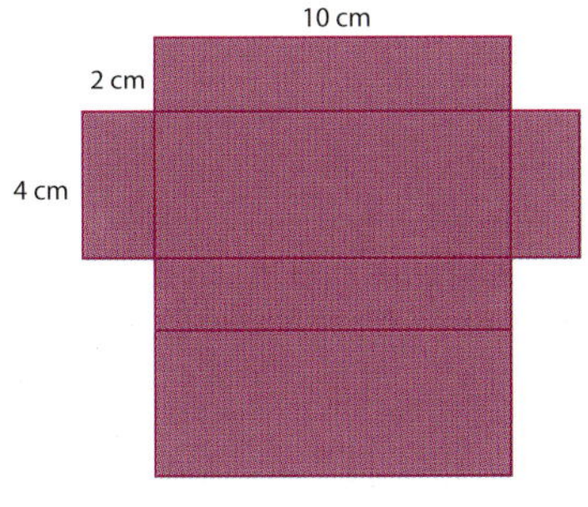

76. ★★☆ El personal de un buque de salvamento ha avistado un náufrago a través de unos prismáticos de 16 aumentos y la distancia percibida es de 135 m. ¿Cuál es la distancia real, en kilómetros, a la que se encuentra el náufrago del buque de salvamento?

77. ★★★ Una escalera está apoyada contra una pared y también toca un vértice de una caja. Sabiendo que el área lateral visible de la caja es de 42,432 cm^2, calcula la longitud, en metros, de la escalera.

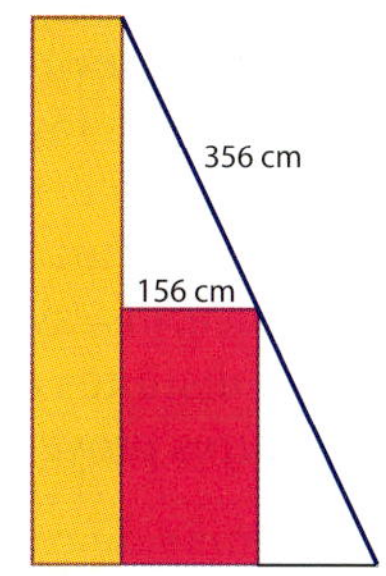

78. ★★★ Ben quiere cambiar de coche. Por ello, se dirige a una tienda de compraventa de automóviles, situada en el punto *A* del mapa de la imagen, con una escala de 1:5 000.

Para probar el coche, efectuó un trayecto saliendo del punto *A* y recorriendo los puntos *B, C* y *D,* hasta llegar nuevamente al punto *A,* donde se encuentra la tienda.

Calcula los kilómetros recorridos. Expresa el resultado con un decimal.

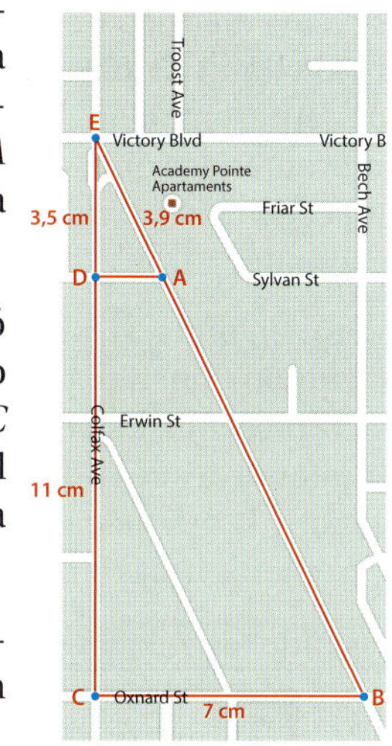

79. ★★★ Tres círculos son semejantes con razón de semejanza entre círculos consecutivos $k = \frac{1}{3}$.
Calcula sus radios sabiendo que, al colocarlos como en la figura, la distancia *AB* mide 78 cm.

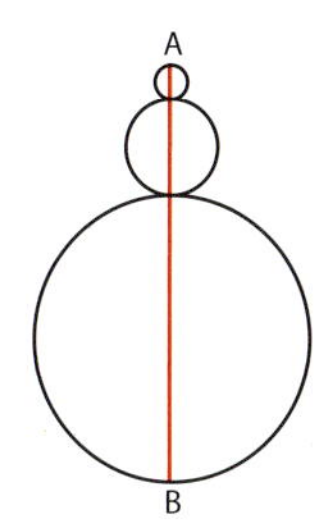

80. ★★☆ En grupos, aplicad la **técnica cooperativa** *El juego de las palabras.*

— El profesor escribe las siguientes palabras sobre la unidad en la pizarra: *semejanza, razón de semejanza, homotecia, simetría, translación, giro, perímetro, área, volumen, Pitágoras, Tales, mapas, planos y escala.* Seleccionad tres palabras que consideréis clave.

— Individualmente, redacta una frase con las palabras propuestas.

— Ponedlas en común en el grupo, valoradlas y redactad una versión consensuada.

MATEMÁTICAS A TU ALCANCE

PBL: Métodos de representación de la Tierra

Las **proyecciones** y los **sistemas de representación** son técnicas para describir las formas de los objetos.

Hay dos tipos de proyección: la cilíndrica y la central o cónica. En la cilíndrica, los rayos de proyección son paralelos entre sí. Pueden ser ortogonales al plano de proyección (cilíndrica ortogonal) o formar con él un ángulo no recto (cilíndrica oblicua). En la central o cónica, los rayos de proyección tienen origen en un punto *V* y forman distintos ángulos con el plano de proyección. Podemos ver estas tres proyecciones en la ilustración de la derecha.

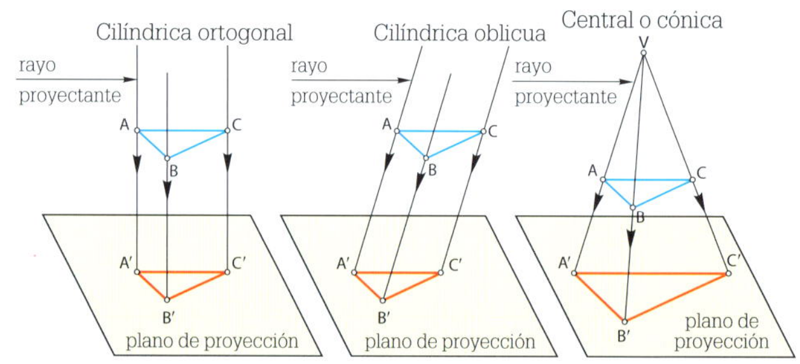

Los sistemas de representación que permiten tomar medidas sobre el dibujo y así obtener las dimensiones del objeto son el sistema diédrico y el sistema acotado. Ambos utilizan la proyección cilíndrica ortogonal en uno o más planos. Otros sistemas de representación, la perspectiva cónica y la axonométrica, representan los objetos tal y como los vería un observador desde una posición particular, pero no permiten tomar medidas sobre el dibujo.

Pero, sin duda, si hay un «objeto» que ha provocado (y sigue haciéndolo) muchos estudios acerca de la manera más idónea para su representación, es la Tierra. Los motivos son evidentes: el ser humano, desde el origen de los tiempos, ha necesitado desplazarse, y la orientación y el conocimiento de los distintos relieves y fronteras físcas o políticas eran fundamentales.

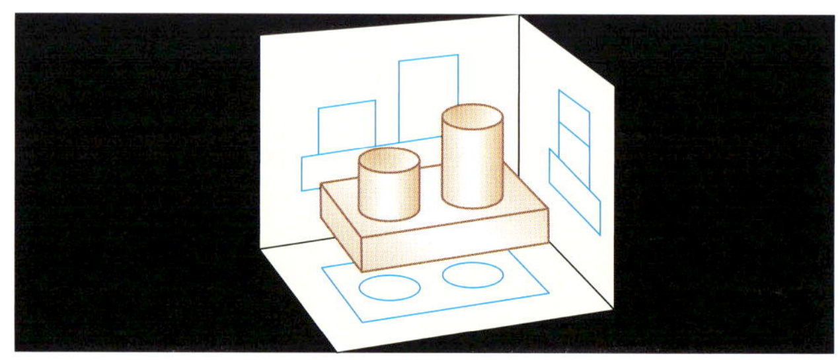

En el diédrico, se representan las proyecciones sobre tres planos ortogonales: el alzado, la planta y el perfil.

Usando los enlaces propuestos (y aquellos que necesites), completa la siguiente tabla:

@ **http://links.edebe.com/jyfbt**

@ **http://links.edebe.com/44i**

@ **http://links.edebe.com/wcttff**

Proyección	Creador	Tipo	Propiedades
Proyección gnomónica			
Proyección estereográfica			
Proyección ortográfica			
Proyección de Mercator			
Proyección conforme de Lambert			
Proyección de Robinson			

A partir de lo que hayas aprendido al cumplimentar la tabla anterior de los distintos tipos de proyecciones de la Tierra, responde:

a) ¿Cuál te resulta más familiar?

b) ¿Cuál consideras más adecuada? ¿Por qué?

Cre@ctividad: Figuras semejantes con OpenOffice

Todos los tipos de *software* que trabajan con imágenes nos permiten obtener figuras semejantes a otras, con una determinada razón de semejanza.

Trabajaremos en este caso con la opción de **Presentación** de **OpenOffice** y veremos cómo podemos copiar cualquier figura para obtener otra semejante (de magnitudes proporcionales y conservando la forma).

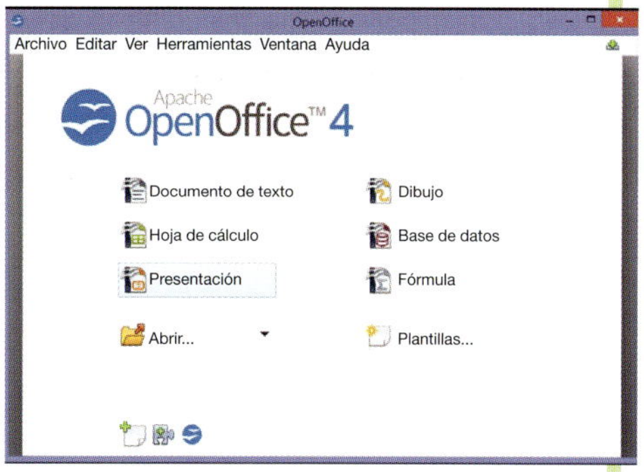

— Elegimos cualquier icono de la barra de herramientas de **Dibujo**. En este ejemplo, hemos seleccionado un emoticono que te resultará conocido.

— Para obtener una copia, la opción más sencilla es pulsar sobre la imagen y, manteniendo pulsada la **tecla Ctrl**, arrastrarla hacia un lado. Así, se genera una copia igual a la primera imagen.

— Ahora, sobre esta segunda imagen, pulsamos con el botón derecho del ratón y nos vamos a la opción **Posición y tamaño.**

- En la opción **Tamaño** marcamos la casilla **Mantener proporciones** para asegurarnos de que la nueva figura sea semejante a la primera.
- Ya podemos cambiar las dimensiones de **Anchura** o **Altura** a nuestro gusto. En este caso, seleccionamos una en la que $k = 2$, de modo que las dimensiones duplican las de la primera figura.

Visión 360º

Obtención práctica de medidas indirectas

En todas las ciudades y pueblos, hay edificios cuyas dimensiones pueden obtenerse de forma indirecta.

— Formad grupos y pasead por vuestra localidad.

— Elegid un edificio (una iglesia, una escuela, un bloque de pisos…) para medir su altura de forma indirecta, utilizando la proporcionalidad.

— Tomad una fotografía del edificio, situando junto a él algún elemento del que conozcáis la altura o la podáis medir (por ejemplo, uno de vosotros).

Debéis hallar la escala a la que habéis tomado la fotografía y, a partir de ella, podréis calcular la altura del edificio.

— Imprimid la fotografía y medidla con una regla, o bien insertadla en el programa GeoGebra.

— Trazad un segmento desde el pie del edificio hasta su punto más alto.

— Trazad otro segmento del miembro del grupo que habéis fotografiado junto al edificio.

— Comparad las longitudes de los segmentos.

Ahora, con la medida real que conocéis, ya podéis calcular la escala y la altura del edificio.

Pon a prueba tus competencias

1. Un molino tiene las dimensiones indicadas en la imagen y expresadas en metros.

a) Calcula el radio de la base del molino.

b) Calcula el perímetro de la base.

c) Sabiendo que las áreas de la puerta y la ventana son 1,6 m^2 y 0,25 m^2, determina la superficie de la pared del molino.

d) Sabiendo que con 1 L de pintura se pintan 10 m^2 de superficie, calcula cuántos litros de pintura se necesitan para pintar la pared del molino.

e) Si cada bote contiene 0,75 L de pintura, ¿cuántos botes se precisan para pintar la pared?

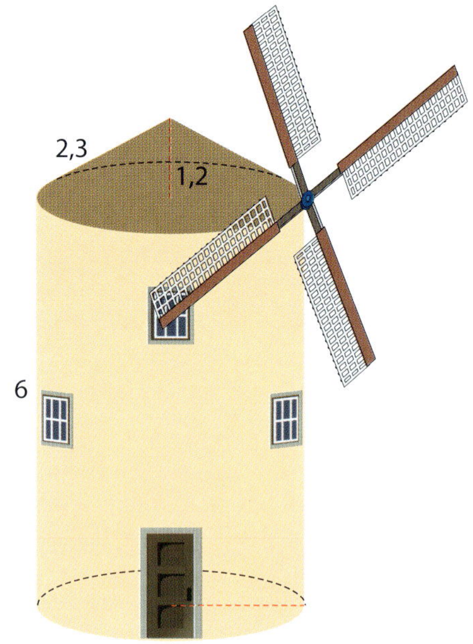

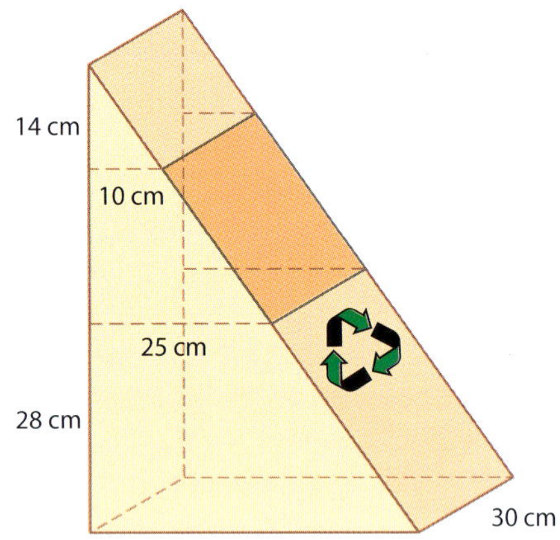

2. Esta figura representa una papelera de papel para reciclaje.

a) Determina la razón de semejanza de los triángulos rectángulos de la cara frontal.

b) Determina la altura de la papelera.

c) Calcula su volumen.

d) Halla las dimensiones de la abertura de la papelera.

e) Calcula el área de la abertura de la papelera.

3. Un terreno contiene tres plantaciones: ajo (A), brócoli (B) y cebolla (C). Fíjate en la figura.

a) Calcula el área del terreno A.

b) Determina las dimensiones del terreno B. Expresa los resultados con un decimal.

c) Halla su área. Presenta el resultado con un decimal.

d) Calcula el área del terreno C. Presenta el resultado con un decimal.

e) Halla el área total del terreno.

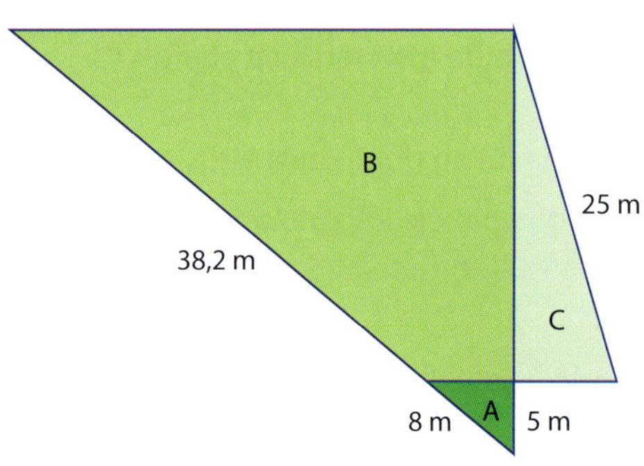

4. Un libro tiene una longitud de 7 cm menor que su anchura.

a) Sabiendo que el perímetro de las páginas es de 82 cm, ¿cuáles son sus dimensiones?

b) En una tienda *online,* la cubierta del libro aparece con una longitud de 4,25 cm. Sabiendo que esta imagen y la cubierta del libro son semejantes, calcula la razón de semejanza.

c) Determina el ancho de la cubierta del libro de la tienda *online.*

d) Calcula el área de la cubierta del libro de la tienda *online.*

e) Si se hace clic en la imagen, para verla más detallada, esta aumenta un 20 % sus dimensiones. ¿Cuál es la razón de semejanza? ¿Cuál es el área de la imagen ampliada?

5. Un collar isabelino tiene forma de tronco de cono sin sus bases, como se muestra en la figura, en el que las medidas están expresadas en centímetros.

a) Determina la altura del cono antes de haber sido seccionado por un plano paralelo a su base.

b) Determina la generatriz de ese cono.

c) Determina la generatriz del cono más pequeño que fue eliminado.

d) Calcula la generatriz del collar.

e) Halla el área del collar.

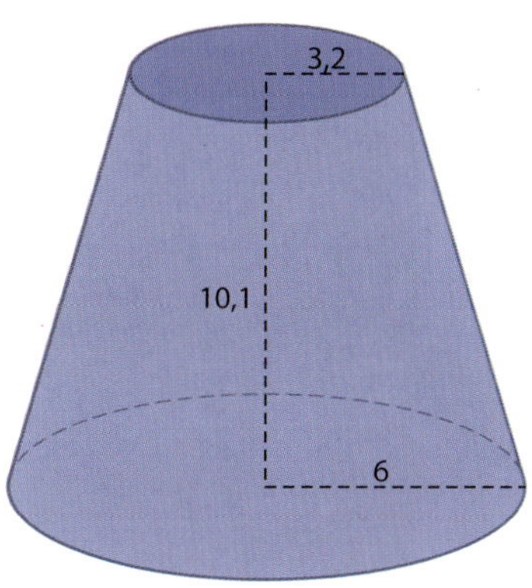

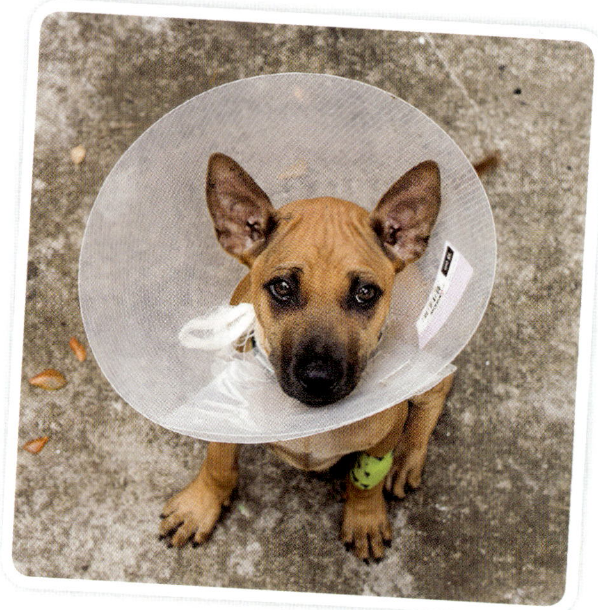

Reflexiona

Diario de aprendizaje

— ¿Te han servido los contenidos de la unidad para ampliar tus conocimientos sobre geometría?

— ¿Crees que algunos o todos los contenidos de la unidad pueden aplicarse en tu vida cotidiana? ¿Cuáles? ¿Cómo? ¿Dónde?

— ¿Tienes ahora más conocimientos sobre el concepto de *semejanza*?

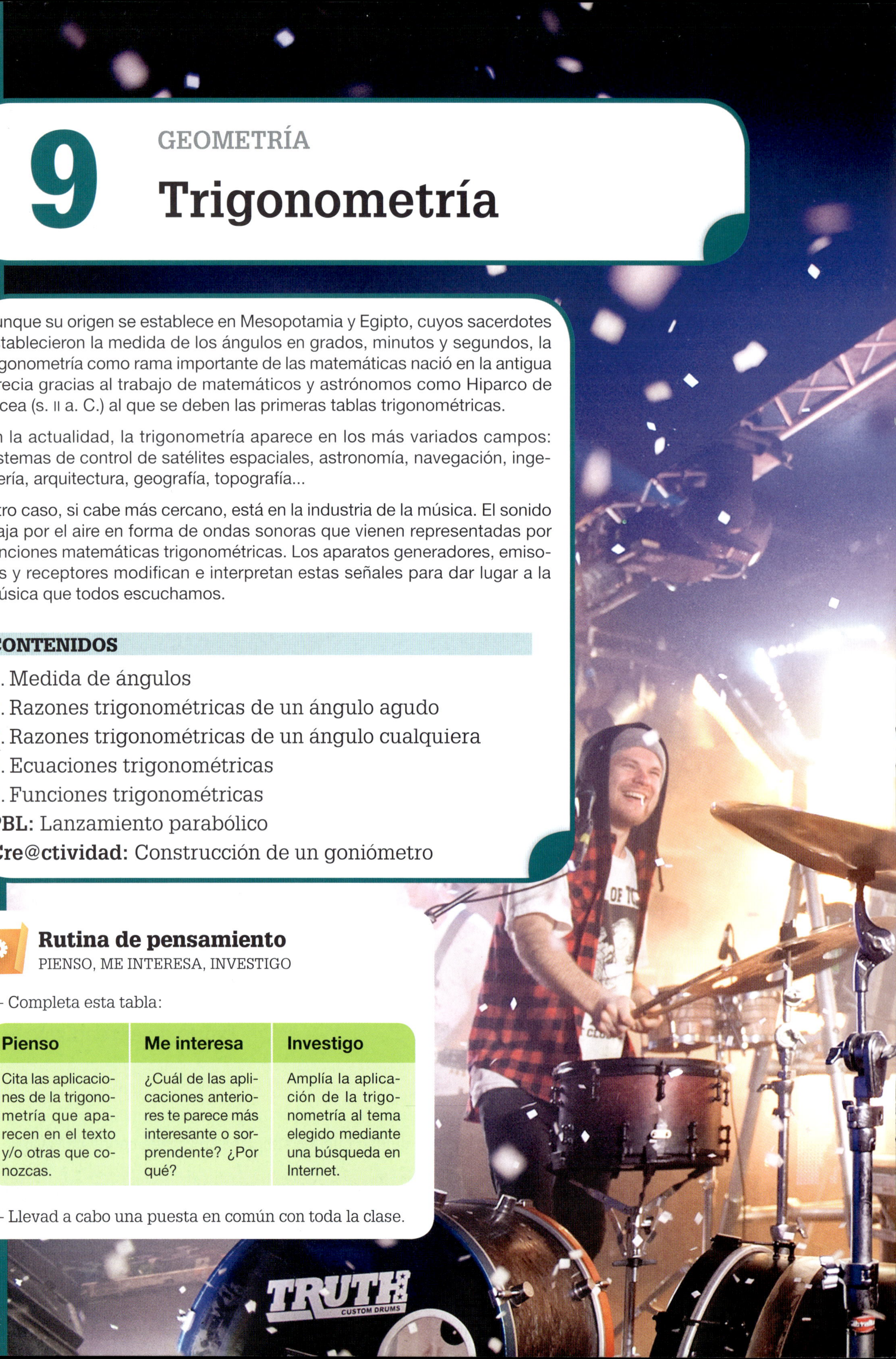

9 GEOMETRÍA

Trigonometría

Aunque su origen se establece en Mesopotamia y Egipto, cuyos sacerdotes establecieron la medida de los ángulos en grados, minutos y segundos, la trigonometría como rama importante de las matemáticas nació en la antigua Grecia gracias al trabajo de matemáticos y astrónomos como Hiparco de Nicea (s. II a. C.) al que se deben las primeras tablas trigonométricas.

En la actualidad, la trigonometría aparece en los más variados campos: sistemas de control de satélites espaciales, astronomía, navegación, ingeniería, arquitectura, geografía, topografía...

Otro caso, si cabe más cercano, está en la industria de la música. El sonido viaja por el aire en forma de ondas sonoras que vienen representadas por funciones matemáticas trigonométricas. Los aparatos generadores, emisores y receptores modifican e interpretan estas señales para dar lugar a la música que todos escuchamos.

CONTENIDOS

1. Medida de ángulos
2. Razones trigonométricas de un ángulo agudo
3. Razones trigonométricas de un ángulo cualquiera
4. Ecuaciones trigonométricas
5. Funciones trigonométricas

PBL: Lanzamiento parabólico

Cre@ctividad: Construcción de un goniómetro

Rutina de pensamiento

PIENSO, ME INTERESA, INVESTIGO

— Completa esta tabla:

Pienso	Me interesa	Investigo
Cita las aplicaciones de la trigonometría que aparecen en el texto y/o otras que conozcas.	¿Cuál de las aplicaciones anteriores te parece más interesante o sorprendente? ¿Por qué?	Amplía la aplicación de la trigonometría al tema elegido mediante una búsqueda en Internet.

— Llevad a cabo una puesta en común con toda la clase.

Fíjate

Si consideramos el ángulo como la región del espacio comprendida por el giro de una semirrecta, tenemos que considerar el sentido de giro.

- Si el sentido de **giro** es contrario al movimiento de las agujas del reloj, el ángulo es **positivo.**

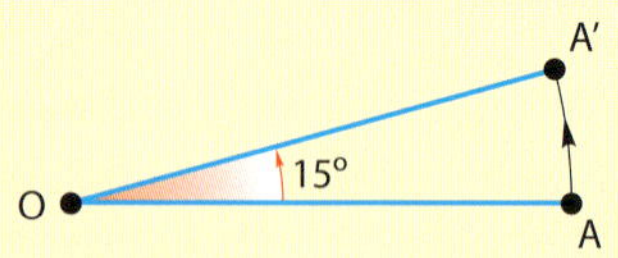

- Si el sentido de **giro** coincide con el del movimiento de las agujas del reloj, el ángulo es **negativo.**

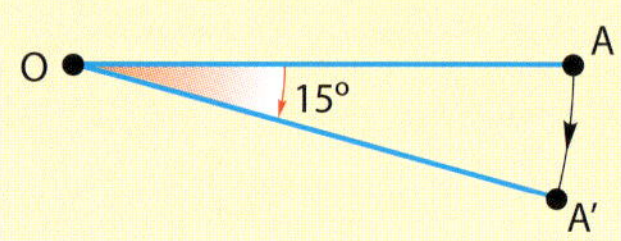

1. Medida de ángulos

Considerando los ángulos como regiones del plano, podemos definir la unidad de medida que utilizamos habitualmente para medir ángulos:

> Un **grado sexagesimal** es el ángulo obtenido al dividir el ángulo recto en 90 partes iguales.

La unidad de medida de ángulos en el SI es el radián (rad).

> Un **radián** se define como la medida del ángulo central de una circunferencia que abarca un arco de longitud igual a la del radio.

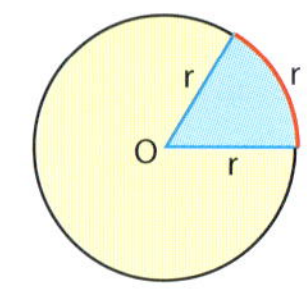

Puesto que la longitud de la circunferencia es $2\pi r$, esta contiene 2π veces la longitud del radio, luego:

$$360° = 2\pi \text{ rad}$$

Esta equivalencia permite pasar de grados a radianes y viceversa, tal como se muestra en el siguiente ejemplo.

Ejemplo 1

Efectúa las transformaciones de unidades angulares.

a) De 45° a radianes.

$$45° = 45° \cdot \frac{2\pi \text{ rad}}{360°} = \frac{\pi}{4} \text{ rad}$$

b) De $\frac{5\pi}{12}$ rad a grados sexagesimales.

$$\frac{5\pi}{12} \text{ rad} = \frac{5\pi}{12} \text{ rad} \cdot \frac{360°}{2\pi \text{ rad}} = 75°$$

Al considerar los ángulos como giros es posible definir ángulos mayores de 360°. Veamos un ejemplo.

Ejemplo 2

Reduce al primer giro un ángulo de –2295°. Represente el ángulo resultante.

COMPRENSIÓN

Tenemos que tener en cuenta el signo del ángulo al efectuar la división. Posteriormente, también habrá que tenerlo en cuenta para el sentido del giro del ángulo que obtengamos.

RESOLUCIÓN

Efectuamos la division en 360°

$$\begin{array}{l|l} 2295 & 360 \\ \hline 135 & 6 \end{array} \Rightarrow 2295° = -6 \cdot 360° - 135°$$

Luego, el ángulo de –2295° equivale al de –135°.

Representamos el ángulo en el sentido de las agujas del reloj por ser negativo.

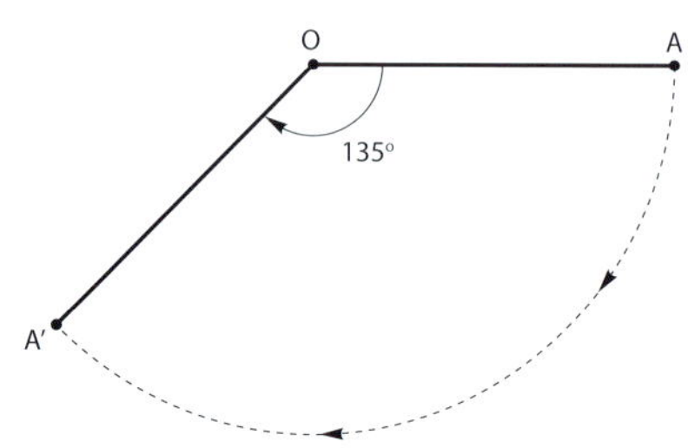

Actividades

1. Indica cuánto miden, en grados sexagesimales, los ángulos interiores de:

a) Un triángulo equilátero. b) Una escuadra y un cartabón.

2. Pasa estos ángulos de grados a radianes:

a) 12° b) 180° c) –60°

— A continuación, pasa de radianes a grados.

a) $\frac{\pi}{5}$ rad b) $\frac{4\pi}{3}$ rad c) 1,5π rad

3. Representa e indica a qué cuadrante pertenece cada uno de estos ángulos, reduciéndolos al primer giro en caso necesario:

a) 257° e) –270°

b) –73° f) 1845°

c) 420° g) –870°

d) 135° h) 727°

2. Razones trigonométricas de un ángulo agudo

En un triángulo rectángulo pueden establecerse ciertas relaciones entre un ángulo agudo y sus lados. La **trigonometría** es la parte de las matemáticas que trata de la relación entre las longitudes de los lados y las amplitudes de los ángulos de un triángulo.

Fíjate en el ángulo agudo α que hemos indicado del triángulo rectángulo *OAP* de la figura de la derecha. Los cocientes entre las longitudes de dos lados cualesquiera de este triángulo se denominan **razones trigonométricas** de α.

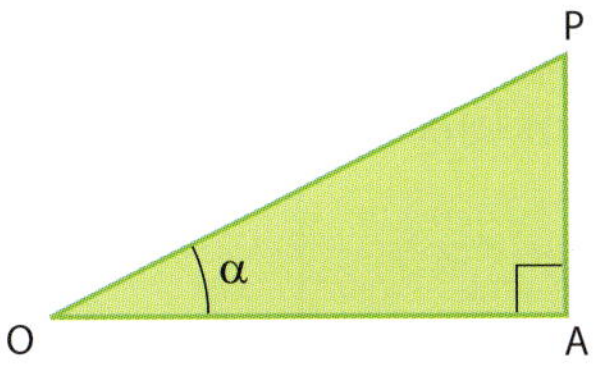

Seno	Coseno	Tangente
La **razón** entre la longitud del **cateto opuesto** al ángulo α y la de la **hipotenusa** se llama **seno** del ángulo α y se escribe **sen** α.	La **razón** entre la longitud del **cateto contiguo** al ángulo α y la de la **hipotenusa** se llama **coseno** del ángulo α y se escribe **cos** α.	La **razón** entre la longitud del **cateto opuesto** al ángulo α y la del **cateto contiguo** se llama **tangente** del ángulo α y se escribe **tg** α.
$\text{sen}\ \alpha = \frac{AP}{OP} = \frac{\text{cateto opuesto}}{\text{hipotenusa}}$	$\cos\alpha = \frac{OA}{OP} = \frac{\text{cateto contiguo}}{\text{hipotenusa}}$	$\text{tg}\ \alpha = \frac{AP}{OA} = \frac{\text{cateto opuesto}}{\text{cateto contiguo}}$
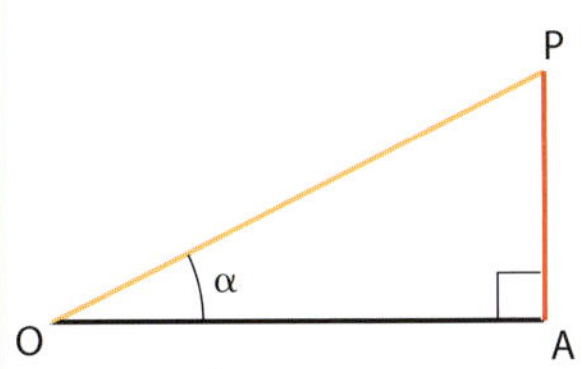	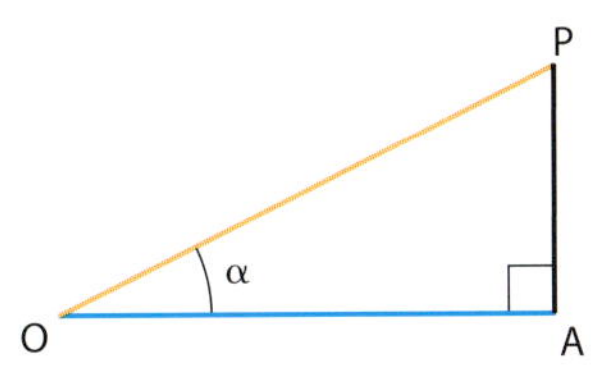	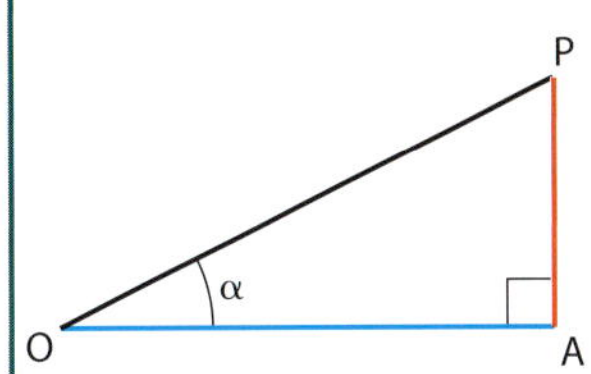

Considera ahora los triángulos *OA′P′* y *OA″P″* de la figura de la derecha. Ambos son semejantes a *OAP* por ser triángulos rectángulos y tener el ángulo α común.

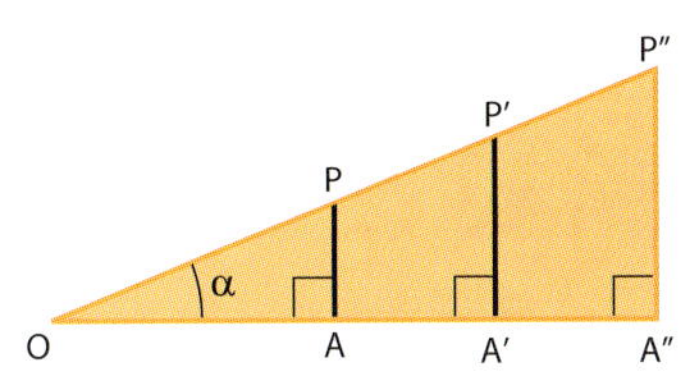

Entonces se cumple que la razón entre la longitud del cateto opuesto al ángulo α y la de la hipotenusa es la misma para cada uno de los triángulos, es decir:

$$\frac{AP}{OP} = \frac{A'P'}{OP'} = \frac{A''P''}{OP''} = \text{sen}\ \alpha$$

Luego el seno del ángulo α es independiente del triángulo rectángulo escogido. Lo mismo sucede con su coseno y con su tangente.

Observa que las razones trigonométricas de un ángulo son adimensionales, ya que están definidas como el cociente entre dos longitudes.

Además, pueden definirse sus inversas.

Cosecante	Secante	Cotangente
$\text{cosec}\ \alpha = \frac{OP}{AP} = \frac{1}{\text{sen}\ \alpha}$	$\sec\alpha = \frac{OP}{OA} = \frac{1}{\cos\alpha}$	$\text{cotg}\ \alpha = \frac{OA}{AP} = \frac{1}{\text{tg}\ \alpha}$

@

- En el enlace **http://links.edebe.com/yt7** puedes encontrar actividades interactivas de trigonometría. En las siguientes secciones abordaremos la mayoría de los temas que se tratan.
- El matemático Eduardo Sáenz de Cabezón ha publicado el siguiente *tweet* sobre el concepto de radián: **http://links.edebe.com/qctn**
- Clica en la web **http://links.edebe.com/rgkp** para analizar las razones trigonométricas de diferentes triángulos rectángulos mediante una actividad interactiva.

2.1. Razones trigonométricas de los ángulos de 30°, 45° y 60°

Existen tres ángulos cuyas razones trigonométricas pueden obtenerse a partir de construcciones geométricas sencillas. Son los ángulos de 30°, 45° y 60°. Dado que se usan con mucha frecuencia, es conveniente memorizarlas.

Razones trigonométricas de los ángulos de 30° y 60°

Consideremos un triángulo equilátero de lado la unidad. La altura lo divide en dos triángulos rectángulos iguales, cuyos ángulos agudos miden 30° y 60°.

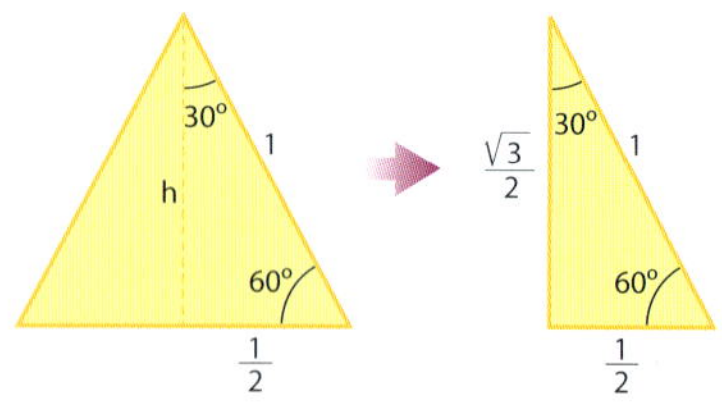

Aplicamos el teorema de Pitágoras a uno de esos triángulos para hallar el valor de *h*.

$$h = \sqrt{1^2 - \left(\frac{1}{2}\right)^2} = \sqrt{\frac{3}{4}} = \frac{\sqrt{3}}{2}$$

Así pues, las razones trigonométricas del ángulo de 30° son:

$$\text{sen } 30° = \frac{\frac{1}{2}}{1} = \frac{1}{2}$$

$$\cos 30° = \frac{\frac{\sqrt{3}}{2}}{1} = \frac{\sqrt{3}}{2}$$

$$\text{tg } 30° = \frac{\frac{1}{2}}{\frac{\sqrt{3}}{2}} = \frac{1}{\sqrt{3}} = \frac{\sqrt{3}}{3}$$

Y las razones trigonométricas del ángulo de 60° son:

$$\text{sen } 60° = \frac{\frac{\sqrt{3}}{2}}{1} = \frac{\sqrt{3}}{2}$$

$$\cos 60° = \frac{\frac{1}{2}}{1} = \frac{1}{2}$$

$$\text{tg } 60° = \frac{\frac{\sqrt{3}}{2}}{\frac{1}{2}} = \sqrt{3}$$

Razones trigonométricas del ángulo de 45°

Consideremos un cuadrado de lado la unidad. La diagonal del cuadrado lo divide en dos triángulos rectángulos iguales cuyos ángulos agudos miden 45°.

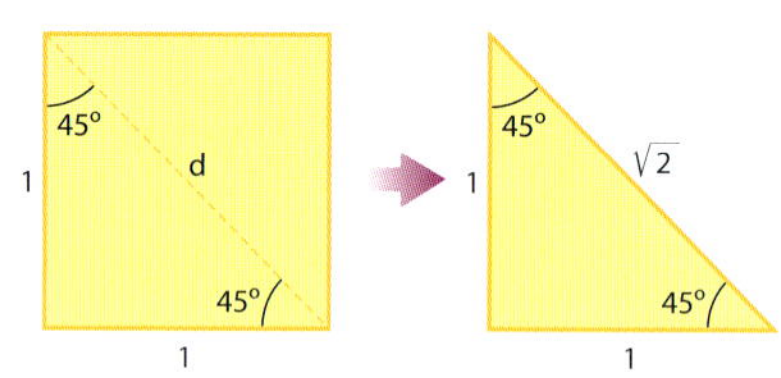

Aplicamos el teorema de Pitágoras a uno de estos triángulos para hallar el valor de *d*.

$$d = \sqrt{1^2 + 1^2} = \sqrt{2}$$

Así pues, las razones trigonométricas del ángulo de 45° son:

$$\text{sen } 45° = \frac{1}{\sqrt{2}} = \frac{\sqrt{2}}{2} \qquad \cos 45° = \frac{1}{\sqrt{2}} = \frac{\sqrt{2}}{2} \qquad \text{tg } 45° = \frac{\frac{\sqrt{2}}{2}}{\frac{\sqrt{2}}{2}} = 1$$

Ejemplo 3

Expresa las razones trigonemétricas del ángulo α de la figura:

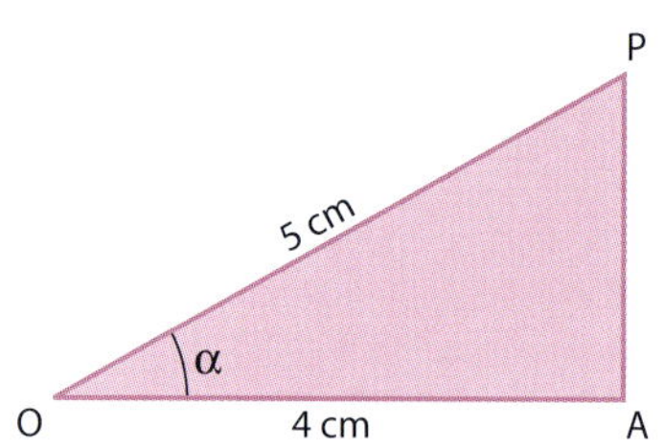

COMPRENSIÓN

Al ser un triángulo rectángulo, aplicaremos el teorema de Pitágoras y las definiciones de las razones trigonométricas principales y sus valores inversos.

RESOLUCIÓN

Calculamos la medida del lado *AP*: $AP = \sqrt{5^2 - 4^2} = \sqrt{9} = 3$

$$\text{sen } \alpha = \frac{3}{5} \qquad \cos \alpha = \frac{4}{5} \qquad \text{tg } \alpha = \frac{3}{4}$$

$$\text{cosec } \alpha = \frac{5}{3} \qquad \sec \alpha = \frac{5}{4} \qquad \text{cotg } \alpha = \frac{4}{3}$$

Actividades

4. Los catetos de un triángulo rectángulo miden 6 cm y 8 cm. Calcula las razones trigonométricas de sus ángulos agudos.

5. El hilo de una cometa mide 100 m y se encuentra atado al suelo. Si la cometa ondea formando un ángulo de 30° con la horizontal, calcula la altura a la que se encuentra.

2.2. Uso de la calculadora

El uso de la calculadora es fundamental en la trigonometría. Las calculadoras científicas tienen teclas que permiten trabajar en grados sexagesimales o radianes; cambiar de notación en grados, minutos y segundos a grados con decimales y, sobre todo, permiten calcular directamente las razones trigonométricas de cualquier ángulo, sus valores inversos y las operaciones contrarias; es decir, conocer el valor del ángulo a partir de los valores de sus razones trigonométricas.

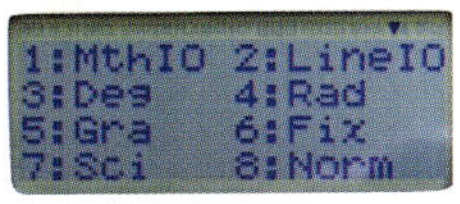

En primer lugar, debemos decidir en qué sistema de medida de ángulos vamos a trabajar. Las calculadoras nos dan tres opciones: **grados sexagesimales (Deg)**, **radianes (Rad)** o **grados centesimales (Gra)**. Para cambiar de un sistema a otro, debemos pulsar **SHIFT>MODE** y aparecen estas opciones en los números 3, 4 y 5. Lo usual es trabajar en grados sexagesimales o radianes. Si trabajamos en modo Deg, se visualiza en la parte superior de la pantalla una D y si lo hacemos en modo Rad, una R.

Razones trigonométricas *sin, cos* y *tan*

Veamos el uso de las funciones trigonométricas básicas con un ejemplo. Ponemos el modo Deg porque vamos a trabajar en grados sexagesimales. Para obtener sen (53° 15'), tecleamos:

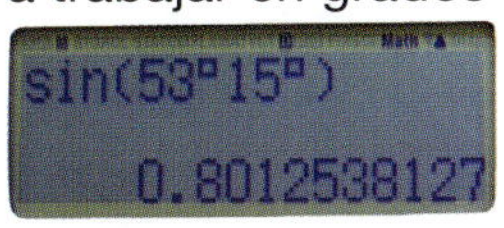

Para calcular el coseno o la tangente, sustituimos la tecla del seno por las correspondientes del coseno (cos) o de la tangente (tan).

Inversas de *sin, cos* y *tan*

Si queremos calcular los valores de la cosecante, la secante y la cotangente, debemos utilizar la tecla x^{-1}, que calcula el valor inverso de un número determinado. Por tanto, para obtener cosec (53° 15'), tecleamos:

De una forma idéntica al caso anterior, podemos obtener la secante y la cotangente del ángulo sustituyendo la tecla del seno por las del coseno y la tangente en la secuencia anterior.

Ángulo de una razón trigonométrica: sin^{-1}, cos^{-1} y tan^{-1}

La tecla SHIFT permite efectuar la operación inversa a las anteriores: hallar el ángulo que corresponde a una razón trigonométrica determinada. Veamos, como ejemplo, el ángulo cuyo seno vale 0,4. Tecleamos:

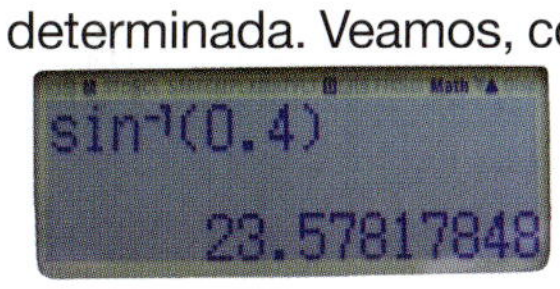

Del mismo modo, podemos calcular cos^{-1} y tan^{-1}. Estas funciones inversas se denominan arcoseno **(arc sen)**, arcocoseno **(arc cos)** y arcotangente **(arc tg)**.

Actividades

6. Calcula, utilizando tu calculadora, el seno, el coseno y la tangente de los siguientes ángulos:

a) 23,45°　　d) 120°

b) –67,54°　　e) 34° 23' 86"

c) 60°　　f) 347°

7. Calcula la cosecante, la secante y la cotangente de los ángulos anteriores.

8. ¿Qué ángulos corresponden a las siguientes razones trigonométricas?

a) sen $\alpha = 0,56$　　c) sec $\alpha = \sqrt{2}$

b) cos $\alpha = -0,37$　　d) tg $\alpha = 0,6$

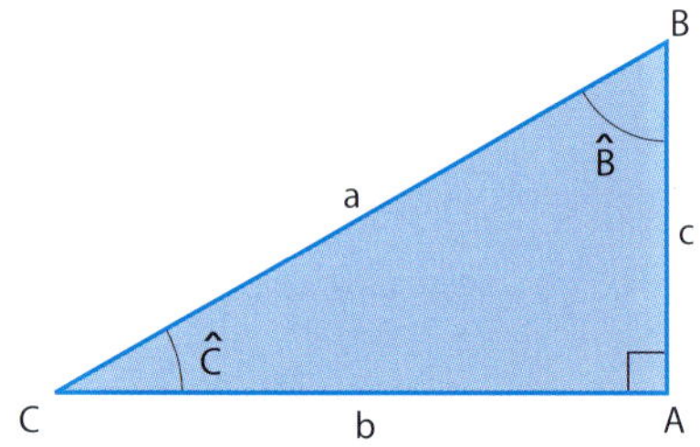

Fig. 1

2.3. Resolución de triángulos rectángulos

El teorema de Pitágoras y las razones trigonométricas nos permitirán, una vez conocidos algunos de los lados o de los ángulos de un triángulo rectángulo, hallar los restantes; es decir, **resolver el triángulo.**

A continuación, resumiremos los diferentes casos que pueden presentarse en la resolución de triángulos rectángulos.

Los datos y las incógnitas hacen referencia a la figura 1.

A) Dados la hipotenusa y un cateto

Datos	Incógnitas
a	c
b	$\hat{B}$
	$\hat{C}$

Ejemplo 4

Resuelve el triángulo rectángulo cuya hipotenusa mide 5 cm y uno de sus catetos, 4 cm.

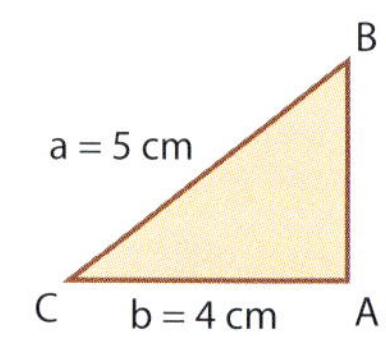

COMPRENSIÓN

Contamos con los datos $a = 5$ cm y $b = 4$ cm.

Debemos calcular c, $\hat{B}$ y $\hat{C}$

RESOLUCIÓN

$$c = \sqrt{5^2 - 4^2} = \sqrt{9} = 3 \text{ cm}$$

$$\text{sen } \hat{B} = \frac{4}{5} \Rightarrow \hat{B} = 53{,}13°$$

$$\cos \hat{C} = \frac{4}{5} \Rightarrow \hat{C} = 36{,}87°$$

B) Dados dos catetos

Datos	Incógnitas
b	a
c	$\hat{B}$
	$\hat{C}$

Ejemplo 5

Resuelve el triángulo rectángulo cuyos catetos miden 12 cm y 5 cm.

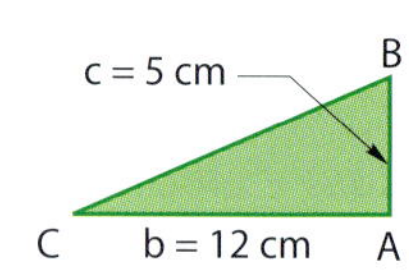

COMPRENSIÓN

Contamos con los datos $b = 12$ cm y $c = 5$ cm.

Debemos calcular a, $\hat{B}$ y $\hat{C}$

RESOLUCIÓN

$$a = \sqrt{12^2 + 5^2} = \sqrt{169} = 13 \text{ cm}$$

$$\text{tg } \hat{B} = \frac{12}{5} \Rightarrow \hat{B} = 67{,}38°$$

$$\text{tg } \hat{C} = \frac{5}{12} \Rightarrow \hat{C} = 22{,}62°$$

C) Dados la hipotenusa y un ángulo agudo

Datos	Incógnitas
a	b
$\hat{C}$	c
	$\hat{B}$

Ejemplo 6

Resuelve el triángulo rectángulo cuya hipotenusa mide 3 cm y uno de sus ángulos es de 70°.

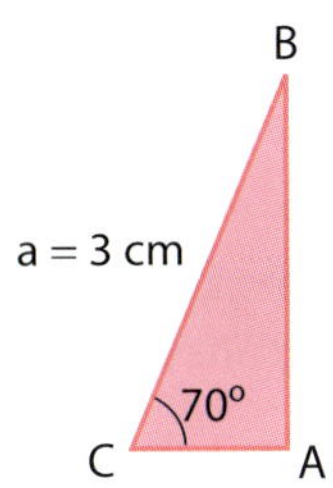

COMPRENSIÓN

Contamos con los datos $a = 3$ cm y $\hat{C} = 70°$.

Debemos calcular b, c y $\hat{B}$

RESOLUCIÓN

Planteamos que $\cos 70° = \frac{b}{3}$ y $\text{sen } 70° = \frac{c}{3}$ y, a partir de estas relaciones:

$$b = 3 \cdot \cos 70° = 1{,}03 \text{ cm}$$

$$c = 3 \cdot \text{sen } 70° = 2{,}82 \text{ cm}$$

$$\hat{B} = 90° - 70° = 20°$$

D) Dados un cateto y un ángulo agudo

Datos	Incógnitas
b	a
$\hat{B}$	c
	$\hat{C}$

Datos	Incógnitas
b	a
$\hat{C}$	c
	$\hat{B}$

Ejemplo 7

Resuelve el triángulo rectángulo uno de cuyos catetos mide 4 cm y el ángulo opuesto es de 50°.

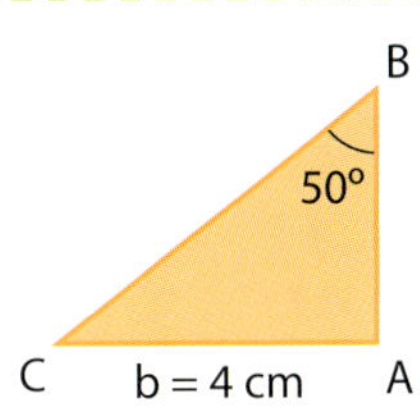

COMPRENSIÓN

Contamos con los datos $b = 4$ cm y $\hat{B} = 50°$.

Debemos calcular a, c y $\hat{C}$

RESOLUCIÓN

Planteamos que $\text{sen } 50° = \frac{4}{a}$ y $\text{tg } 50° = \frac{4}{c}$ y, a partir de estas relaciones:

$$a = \frac{4}{\text{sen } 50°} = 5{,}22 \text{ cm}$$

$$c = \frac{4}{\text{tg } 50°} = 3{,}36 \text{ cm}$$

$$\hat{C} = 90° - \hat{B} = 90° - 50° = 40°$$

Fíjate

El ángulo que forma la visual con el plano horizontal que pasa por el ojo del observador se llama **ángulo de elevación** si el punto observado está por encima de dicho plano, o **ángulo de depresión** si el punto está por debajo.

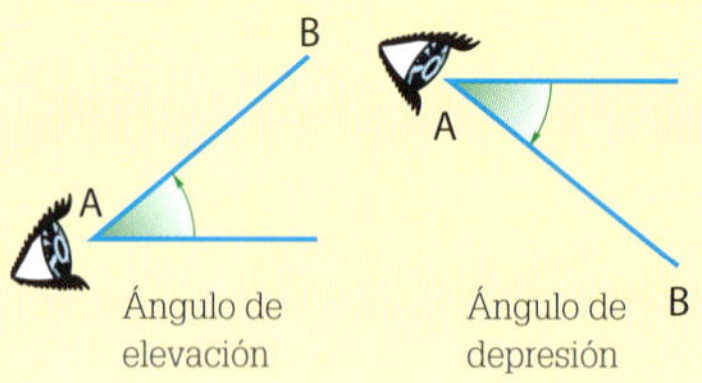

2.4. Resolución de triángulos oblicuángulos

Hasta ahora, hemos resuelto triángulos rectángulos. En muchas situaciones prácticas de topografía, ingeniería, arquitectura..., se requiere la resolución de triángulos de otro tipo.

Para resolverlos, usaremos la siguiente estrategia:

Cualquier triángulo no rectángulo puede solucionarse si elegimos convenientemente **una de sus alturas**, de modo que, al trazarla, se obtengan **dos triángulos rectángulos** resolubles con los datos que se posean.

Por ejemplo, en la figura adjunta, el triángulo no es rectángulo, pero si consideramos la antena como altura del triángulo, obtenemos dos triángulos rectángulos a izquierda y derecha.

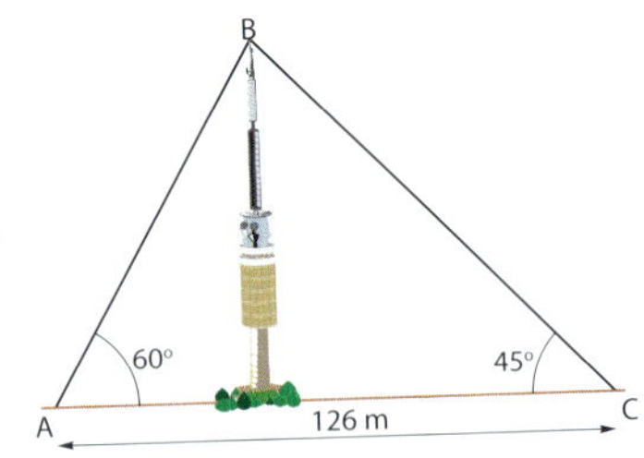

Ejemplo 8

Dos excursionistas que distan entre sí una distancia de 20 km observan el punto más alto de una montaña que está en el mismo plano vertical que ellos bajo ángulos de 35 ° y de 42 °. Halla la altura de la montaña y la distancia que separa el punto más alto de la montaña de cada uno de los excursionistas.

COMPRENSIÓN

Disponemos de los dos ángulos de elevación bajo los que los excursionistas ven la cumbre, además de la distancia que los separa. Para poder efectuar los cálculos correctos, necesitamos previamente trazar la altura de la montaña, de modo que se obtengan dos triángulos rectángulos.

RESOLUCIÓN

Sean h la altura de la montaña y x la distancia AD. Resulta evidente que DB es igual a $20 - x$.

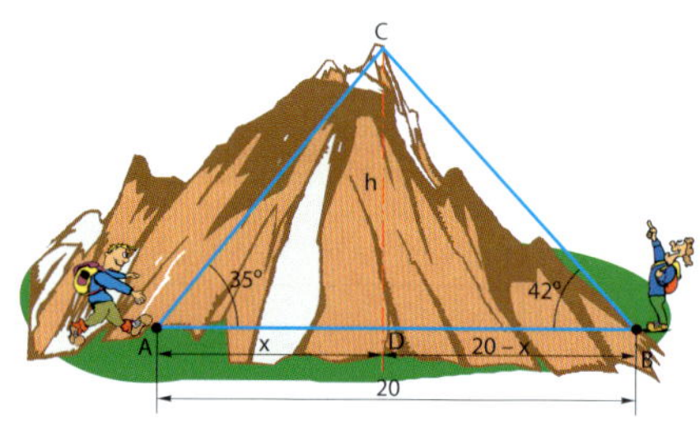

— Si aplicamos la trigonometría en los triángulos rectángulos ADC y CDB, tenemos que:

$$\left.\begin{aligned} \text{tg } 35° &= \frac{h}{x} \\ \text{tg } 42° &= \frac{h}{20 - x} \end{aligned}\right\}$$

Al sustituir tg 35° y tg 42° por sus valores y resolver el sistema, obtenemos el siguiente resultado: $h = 7{,}88$; $x = 11{,}25$.

Así pues, la altura de la montaña es de 7,88 km.

— Si aplicamos el teorema de Pitágoras en los triángulos rectángulos ADC y CDB, podremos hallar AC y BC, que corresponden a las distancias que separan el punto más alto de la montaña de cada uno de los excursionistas.

$$AC = \sqrt{AD^2 + DC^2} \Rightarrow AC = \sqrt{11{,}25^2 + 7{,}88^2} = 13{,}74$$

$$BC = \sqrt{DB^2 + DC^2} \Rightarrow BC = \sqrt{8{,}75^2 + 7{,}88^2} = 11{,}78$$

Por tanto, al excursionista situado en el punto A le faltan 13,74 km para alcanzar el punto más alto de la montaña, mientras que al excursionista situado en el punto B le faltan 11,78 km.

El procedimiento que acabamos de desarrollar recibe el nombre de **método de doble observación**.

Actividades

9. Calcula la altura de un edificio si, situados a 20 m de este, observamos su extremo superior bajo un ángulo de elevación de 54°.

10. Desde un faro se observa un barco bajo un ángulo de depresión de 20°, y si el barco se aproxima 500 m al faro el ángulo pasa a ser de 26°. ¿Qué distancia separa el barco del faro en la segunda observación?

3. Razones trigonométricas de un ángulo cualquiera

Una vez que hemos definido las razones trigonométricas de un ángulo agudo, veamos cómo podemos definir las razones trigonométricas de otros ángulos.

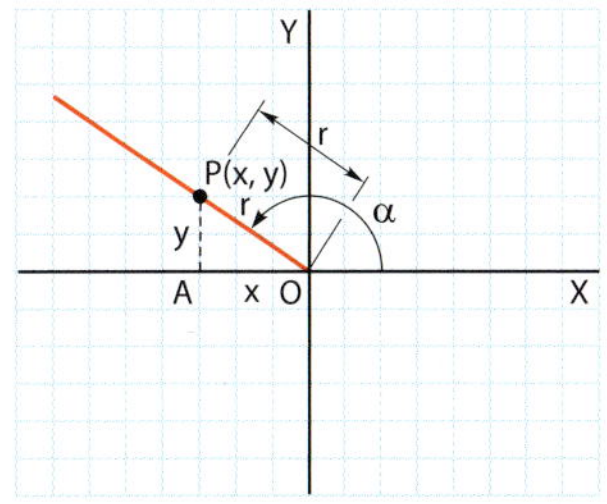

Representamos el ángulo α en un sistema de coordenadas cartesianas y consideramos un punto cualquiera *P* de su lado extremo.

Si (*x*, *y*) son las coordenadas del punto *P* y r es su distancia al origen de coordenadas, definimos las razones trigonométricas del ángulo α de la siguiente forma:

El ***seno*** de α es la razón entre la ordenada ***y*** del punto ***P*** y su distancia ***r*** al origen de coordenadas.

$$\text{sen } \alpha = \frac{y}{r}$$

El ***coseno*** de α es la razón entre la abscisa ***x*** del punto ***P*** y su distancia ***r*** al origen de coordenadas.

$$\cos \alpha = \frac{x}{r}$$

La ***tangente*** de α es la razón entre la ordenada ***y*** y la abscisa ***x*** del punto ***P***.

$$\text{tg } \alpha = \frac{y}{x}$$

Veamos que estas definiciones no dependen del punto *P* escogido.

En efecto, si consideramos otro punto *P´* del lado extremo del ángulo α, obtenemos el triángulo *OP´A´* semejante al *OPA* (fig. 2); entonces se verifica:

$$\frac{y'}{r'} = \frac{y}{r} = \text{sen } \alpha \qquad \frac{x'}{r'} = \frac{x}{r} = \cos \alpha \qquad \frac{y'}{x'} = \frac{y}{x} = \text{tg } \alpha$$

Es decir, el valor de las razones trigonométricas no varía.

Ejemplo 9

Calcula el valor de las razones trigonométricas del ángulo α cuyo lado extremo pasa por el punto P*(4, 3).*

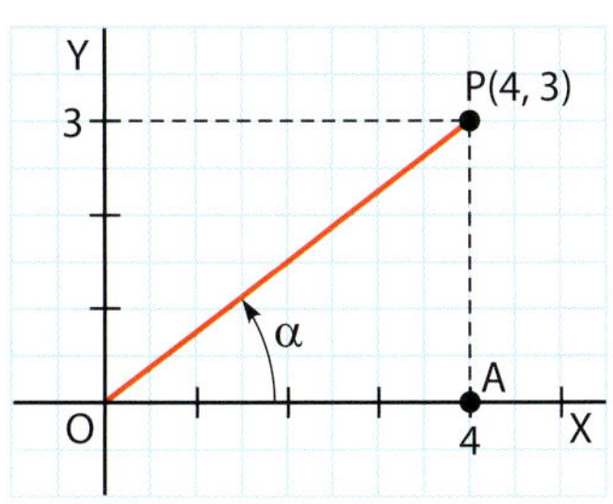

COMPRENSIÓN

Las coordenadas del punto son directamente las longitudes de los catetos del triángulo rectángulo formado por los segmentos que unen los puntos *OAP*. Para calcular la medida de la hipotenusa (*r*), aplicaremos el teorema de Pitágoras.

RESOLUCIÓN

$$r = \sqrt{4^2 + 3^2} = 5$$

Entonces, se tiene que:

$$\text{sen } \alpha = \frac{3}{5} \;;\quad \cos \alpha = \frac{4}{5} \;;\quad \text{tg } \alpha = \frac{3}{4}$$

Fíjate

La forma en que hemos definido las razones trigonométricas en este apartado coincide con las dadas anteriormente en el caso de un ángulo agudo, ya que si P(*x*, *y*) es un punto del lado extremo de un ángulo agudo, el origen de coordenadas *O*, el punto *P* y la proyección de *P* sobre el eje de abscisas son los vértices de un triángulo rectángulo cuyos catetos miden *x* e *y*, y cuya hipotenusa mide *r*.

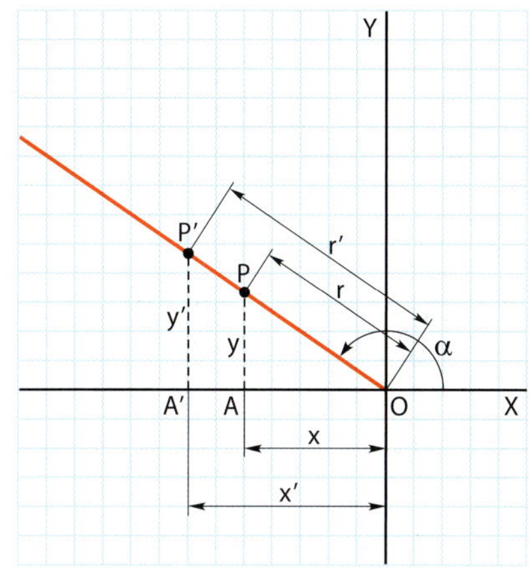

Fig. 2

Ángulo	sen	cos	tg
0°	0	1	0
30°	$\frac{1}{2}$	$\frac{\sqrt{3}}{2}$	$\frac{\sqrt{3}}{3}$
45°	$\frac{\sqrt{2}}{2}$	$\frac{\sqrt{2}}{2}$	1
60°	$\frac{\sqrt{3}}{2}$	$\frac{1}{2}$	$\sqrt{3}$
90°	1	0	–
180°	0	–1	0

Tabla 1. A partir de las definiciones de esta página, podemos hallar las razones trigonométricas de los ángulos de 0°, 30°, 45°, 60°, 90° y 180°.

Actividades

11. Sabiendo que las coordenadas de un punto *P* del lado extremo de un ángulo son *P* (–4, –6), calcula el valor de las razones trigonométricas de dicho ángulo.

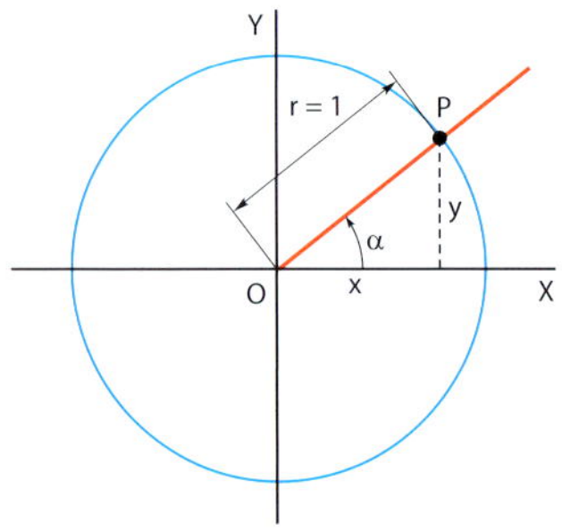

Fig. 3

3.1. Circunferencia goniométrica

Como hemos visto, el valor de las razones trigonométricas de un ángulo α no depende del punto que tomemos sobre su lado extremo.

En particular, podemos considerar un punto *P* de su lado extremo situado sobre una circunferencia de radio 1 centrada en el origen de coordenadas (fig. 3). Esta circunferencia recibe el nombre de **circunferencia goniométrica.**

Vamos a ver cómo la circunferencia goniométrica nos permite obtener gráficamente de forma sencilla las razones trigonométricas de cualquier ángulo.

Seno	Coseno	Tangente
$\text{sen}\ \alpha = \frac{y}{r} = \frac{y}{1} = \mathbf{y}$	$\cos\ \alpha = \frac{x}{r} = \frac{x}{1} = \mathbf{x}$	$\text{tg}\ \alpha = \frac{y}{x} = \frac{y'}{x'} = \frac{y'}{1} = \mathbf{y'}$
El seno del ángulo coincide con la ordenada del punto del lado extremo del ángulo cuya distancia al origen vale 1.	El coseno del ángulo coincide con la abscisa del punto del lado extremo del ángulo cuya distancia al origen vale 1.	La tangente del ángulo coincide con la ordenada del punto del lado extremo del ángulo cuya abscisa vale 1.

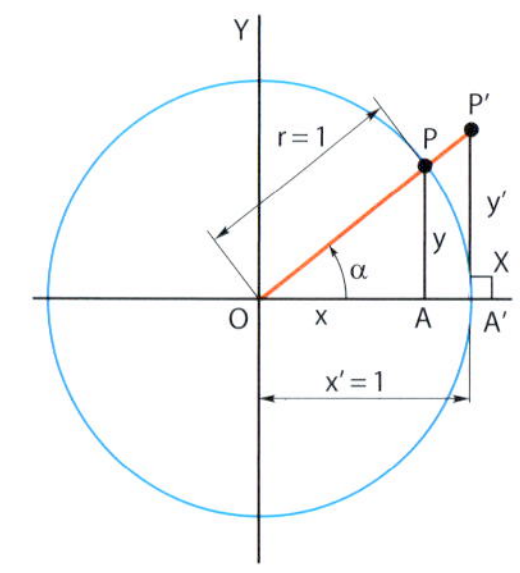

Las siguientes figuras muestran cómo podemos obtener segmentos representativos del seno, del coseno y de la tangente de los ángulos de cualquier cuadrante.

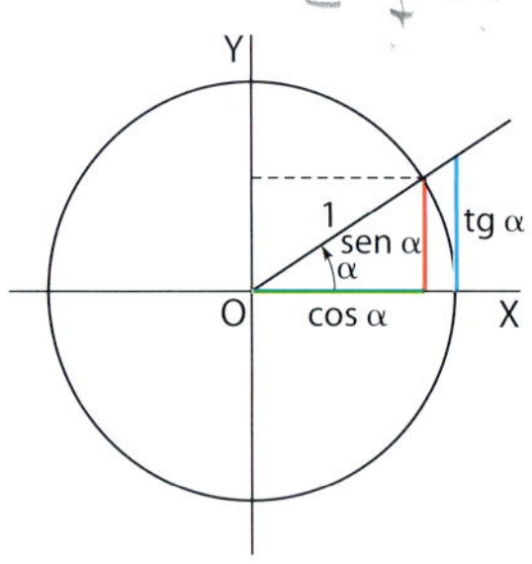

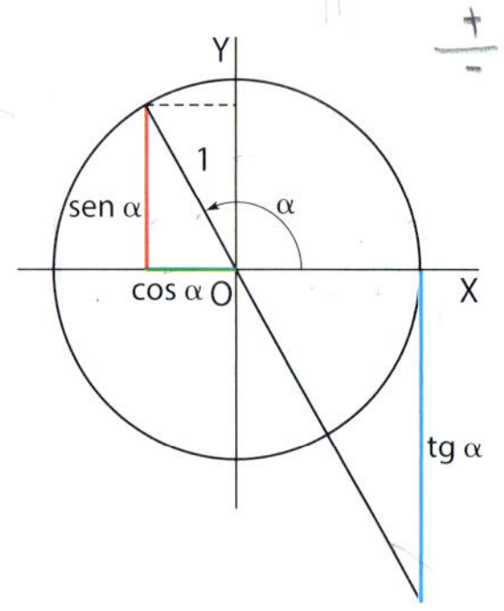

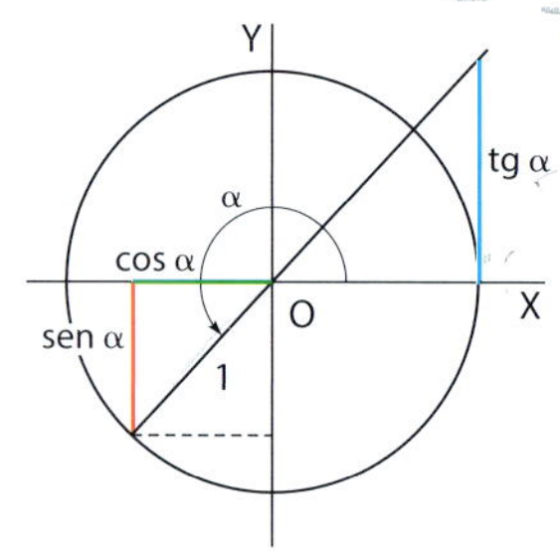

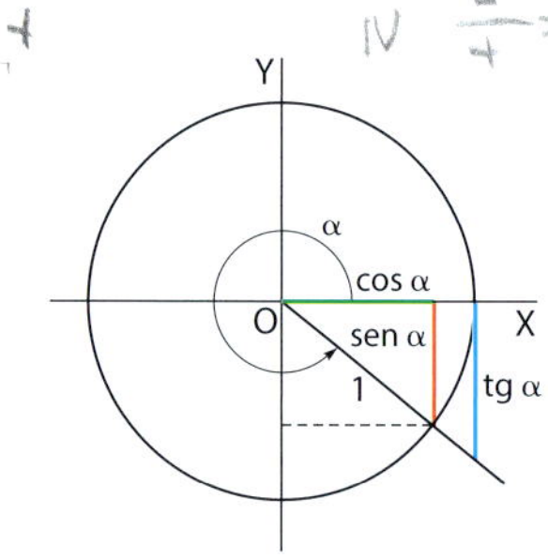

Ejemplo 10

Dibuja en una circunferencia goniométrica todos los ángulos cuya tangente sea 0,8.

COMPRENSIÓN

A la vista de las figuras anteriores, sabemos que la tangente tendrá un valor positivo en el primer y el tercer cuadrantes. Para hacerlo más visual, consideremos diez cuadraditos de un papel cuadriculado como la unidad.

RESOLUCIÓN

Sobre una cuadrícula, trazamos una circunferencia de radio 10 cuadraditos que representan la unidad.

Contamos 8 cuadraditos hacia arriba sobre la recta tangente que pasa por *A'*, que representan el valor de 0,8, y dibujamos los lados extremos.

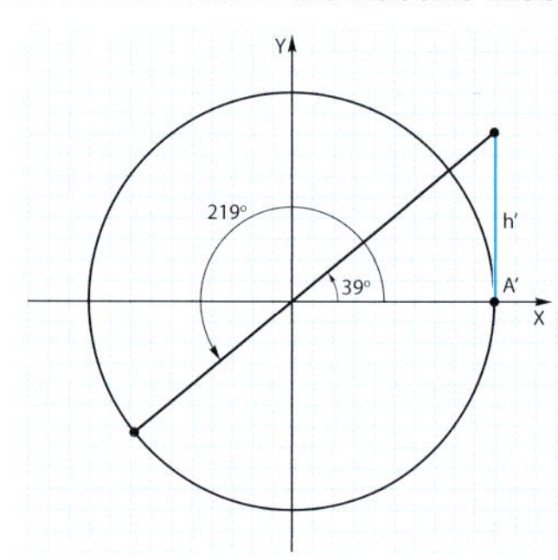

COMPROBACIÓN

Utilizando la calculadora, verificamos que:

$$\text{tg}\ 39^o = \text{tg}\ 219^o = 0{,}8$$

Actividades

12. Indica sobre una circunferencia goniométrica los segmentos representativos del seno, del coseno y de la tangente del ángulo de 150°.

3.2. Propiedades y relaciones de las razones trigonométricas

Veamos algunas propiedades de las razones trigonométricas, así como las relaciones que existen entre las razones trigonométricas de un mismo ángulo o de ángulos distintos.

Valor y signo de las razones trigonométricas

Si representamos un ángulo α cualquiera sobre un sistema de coordenadas, el valor del seno y el del coseno coinciden respectivamente con la ordenada y la abscisa del punto *P* del lado extremo cuya distancia al origen vale 1 (fig. 4). Y puesto que las coordenadas de dicho punto están comprendidas entre –1 y 1, podemos afirmar que:

$$-1 \leq \textbf{sen}\ \alpha \leq 1 \qquad -1 \leq \textbf{cos}\ \alpha \leq 1$$

Además, el signo de las razones trigonométricas del ángulo α depende únicamente del signo que tengan las coordenadas de *P;* es decir, del cuadrante al que pertenezca el ángulo α (tabla 2).

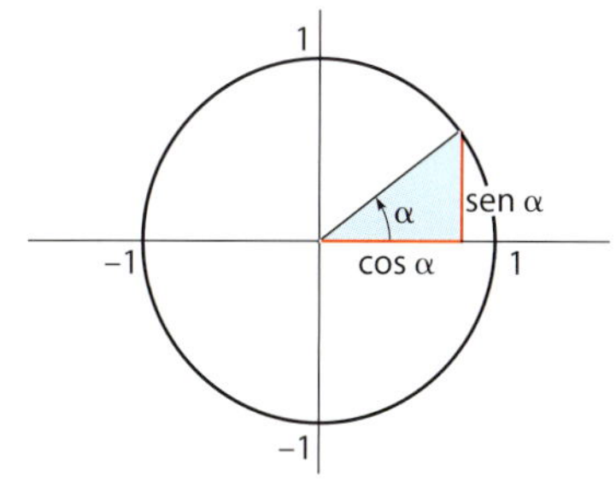

Fig. 4

Cuadrante	sen	cos	tg
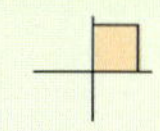	+	+	+
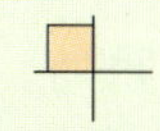	+	–	–
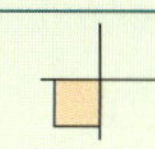	–	–	+
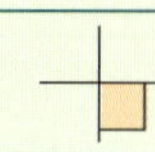	–	+	–

Tabla. 2

Relaciones entre las razones trigonométricas de un ángulo

Consideremos la circunferencia goniométrica y, por ejemplo, un ángulo α del primer cuadrante (fig. 4). Los catetos del triángulo rectángulo coloreado miden $y = \text{sen}\ \alpha$ y $x = \cos \alpha$. Si aplicamos el teorema de Pitágoras a este triángulo, se tiene: $\text{sen}^2\ \alpha + \cos^2 \alpha = 1$

Puesto que obtendríamos el mismo resultado si el ángulo perteneciera al segundo, al tercero o al cuarto cuadrantes, podemos entonces afirmar que para cualquier ángulo α se verifica:

$$\textbf{sen}^2\ \alpha + \textbf{cos}^2\ \alpha = 1$$

Esta expresión se conoce como **fórmula fundamental de la trigonometría.**

Por otro lado, se tiene que:

$$\left.\begin{array}{l} \text{sen}\ \alpha = y \\ \cos \alpha = x \\ \text{tg}\ \alpha = \dfrac{y}{x} \end{array}\right\} \Rightarrow \quad \textbf{tg}\ \alpha = \frac{\textbf{sen}\ \alpha}{\textbf{cos}\ \alpha}$$

Las expresiones $\text{sen}^2\ \alpha + \cos^2 \alpha = 1$ y $\text{tg}\ \alpha = \dfrac{\text{sen}\ \alpha}{\cos \alpha}$ permiten calcular las razones trigonométricas de cualquier ángulo, en valor absoluto, una vez conocida una de ellas. Para determinar su signo es necesario considerar el cuadrante al que pertenece dicho ángulo (tabla 2).

Fíjate

Escribimos $\text{sen}^2\ \alpha$ para indicar $(\text{sen}\ \alpha)^2$.

@

En el siguiente enlace **http://links.edebe.com/x88,** se muestran las relaciones trigonométricas entre ángulos complementarios, suplementarios, opuestos..., y actividades para practicar mediante la técnica denominada reducción al primer cuadrante, que estudiaremos en el próximo subapartado.

Ejemplo 11

Sabiendo que α es un ángulo del tercer cuadrante y que $\text{sen}\ \alpha = -0{,}6$, calcula $\cos \alpha$ y $\text{tg}\ \alpha$.

COMPRENSIÓN

Tenemos presente que en el tercer cuadrante el valor de *cos* α es negativo y el de *tg* α, positivo.

RESOLUCIÓN

A partir de la fórmula fundamental:

$$\text{sen}^2\ \alpha + \cos^2 \alpha = 1 \Rightarrow (-0{,}6)^2 + \cos^2 \alpha = 1$$

Si despejamos $\cos \alpha$ y operamos, tenemos que:

$$\cos \alpha = \sqrt{1-(-0{,}6)^2} \Rightarrow \cos \alpha = \pm 0{,}8$$

Puesto que α pertenece al tercer cuadrante, sabemos que $\cos \alpha = -0{,}8$.

Finalmente, calculamos $\text{tg}\ \alpha$.

$$\text{tg}\ \alpha = \frac{\text{sen}\ \alpha}{\cos \alpha} = \frac{-0{,}6}{-0{,}8} = 0{,}75$$

3.3. Reducción al primer cuadrante

La siguiente tabla nos muestra cómo las razones trigonométricas de cualquier ángulo siempre coinciden, excepto en el signo, con las de algún ángulo del primer cuadrante.

Todos los casos posibles aparecen en el enlace de la página anterior.

Reducción del segundo cuadrante al primer cuadrante	**Reducción del tercer cuadrante al primer cuadrante**	**Reducción del cuarto cuadrante al primer cuadrante**
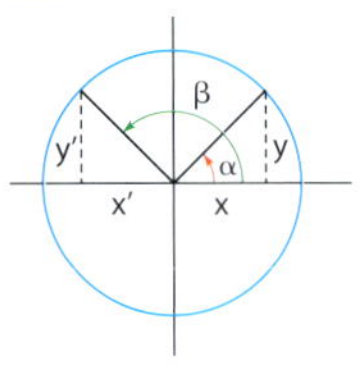 $\beta = 180^\circ - \alpha$ $y' = y$ $x' = -x$	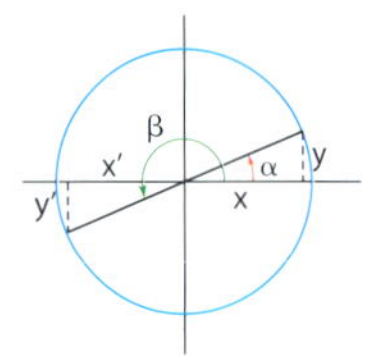 $\beta = 180^\circ + \alpha$ $y' = -y$ $x' = -x$	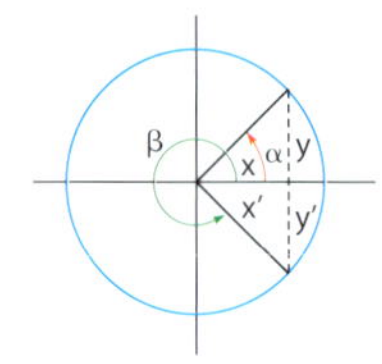 $\beta = 360^\circ - \alpha$ $y' = -y$ $x' = x$
$\text{sen}\,(180^\circ - \alpha) = \text{sen}\,\alpha$ $\cos\,(180^\circ - \alpha) = -\cos\,\alpha$ $\text{tg}\,(180^\circ - \alpha) = -\text{tg}\,\alpha$	$\text{sen}\,(180^\circ + \alpha) = -\text{sen}\,\alpha$ $\cos\,(180^\circ + \alpha) = -\cos\,\alpha$ $\text{tg}\,(180^\circ + \alpha) = \text{tg}\,\alpha$	$\text{sen}\,(360^\circ - \alpha) = -\text{sen}\,\alpha$ $\cos\,(360^\circ - \alpha) = \cos\,\alpha$ $\text{tg}\,(360^\circ - \alpha) = -\text{tg}\,\alpha$

Estas relaciones permiten calcular las razones trigonométricas de cualquier ángulo, conociendo las de los ángulos del primer cuadrante.

Ejemplo 12

Calcula las razones trigonométricas de un ángulo de 150º.

Se trata de un ángulo del segundo cuadrante. Por tanto:

$$\text{sen}\,150^\circ = \text{sen}\,(180^\circ - 30^\circ) = $$
$$= \text{sen}\,30^\circ = \frac{1}{2}$$
$$\cos 150^\circ = \cos\,(180^\circ - 30^\circ) =$$
$$= -\cos 30^\circ = -\frac{\sqrt{3}}{2}$$
$$\text{tg}\,150^\circ = \text{tg}\,(180^\circ - 30^\circ) =$$
$$= -\text{tg}\,30^\circ = -\frac{\sqrt{3}}{3}$$

Ejemplo 13

Calcula las razones trigonométricas de un ángulo de 240º.

Se trata de un ángulo del tercer cuadrante. Por tanto:

$$\text{sen}\,240^\circ = \text{sen}\,(180^\circ + 60^\circ) =$$
$$= -\text{sen}\,60^\circ = -\frac{\sqrt{3}}{2}$$
$$\cos 240^\circ = \cos\,(180^\circ + 60^\circ) =$$
$$= -\cos 60^\circ = -\frac{1}{2}$$
$$\text{tg}\,240^\circ = \text{tg}\,(180^\circ + 60^\circ) =$$
$$= \text{tg}\,60^\circ = \sqrt{3}$$

Ejemplo 14

Calcula las razones trigonométricas de un ángulo de 315º.

Se trata de un ángulo del cuarto cuadrante. Por tanto:

$$\text{sen}\,315^\circ = \text{sen}\,(360^\circ - 45^\circ) =$$
$$= -\text{sen}\,45^\circ = -\frac{\sqrt{2}}{2}$$
$$\cos 315^\circ = \cos\,(360^\circ - 45^\circ) =$$
$$= \cos 45^\circ = \frac{\sqrt{2}}{2}$$
$$\text{tg}\,315^\circ = \text{tg}\,(360^\circ - 45^\circ) =$$
$$= -\text{tg}\,45^\circ = -1$$

Actividades

13. Indica qué ángulo del primer cuadrante nos servirá para calcular las razones trigonométricas de cada uno de los siguientes ángulos:

a) 137º b) 264º c) 253º d) 2 300º e) 105º

14. Calcula, utilizando siempre un ángulo del primer cuadrante, las razones trigonométricas de estos ángulos:

a) 135º b) 225º c) 300º d) 210º e) –60º

15. Halla todos los ángulos comprendidos entre 0º y 360º que verifican $\cos \alpha = -\frac{1}{2}$

4. Ecuaciones trigonométricas

Las ecuaciones trigonométricas son aquellas en las que aparecen las funciones trigonométricas actuando sobre el ángulo incógnita que pretendemos averiguar.

La solución o soluciones pueden expresarse en grados o en radianes.

Al obtener las soluciones, debemos tener en cuenta lo siguiente:

— Contemplar todas las soluciones en el rango que va de 0° a 360°.

Por ejemplo, si la ecuación se reduce a *sen* $x = \frac{1}{2}$, tanto $x = 30°$ como $x = 150°$ son soluciones de esta.

— Debemos considerar «los ángulos de todas las vueltas» que verifiquen la ecuación trigonométrica. Cada vez que demos una vuelta a la circunferencia, en sentido positivo o negativo, el ángulo obtenido volverá a ser solución de la ecuación.

En el caso anterior:

$$\text{sen}\, x = \frac{1}{2} \begin{cases} x_1 = 30° + 360°k \\ x_2 = 150° + 360°k \end{cases} \qquad k \in \mathbb{Z}$$

Así, contemplamos todas las soluciones de la ecuación. En la imagen se representan las tres primeras:

El número infinito de soluciones de la ecuación anterior y, en general, de todas las ecuaciones trigonométricas, se debe a que estas son funciones periódicas.

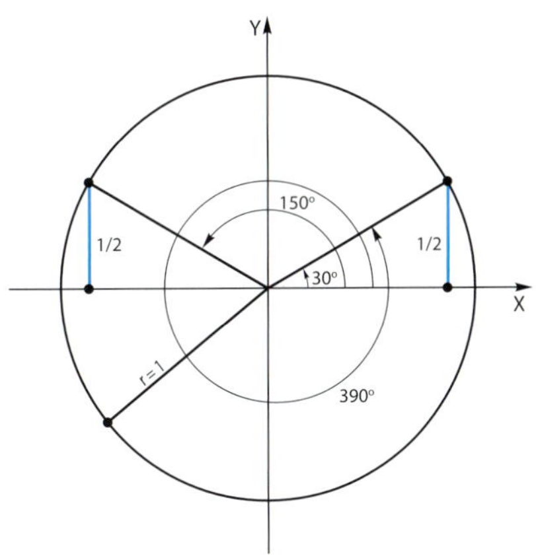

En el enlace **http://links.edebe.com/yj5kk**, podrás introducir cualquier ecuación trigonométrica y comprobar su solución.

Fíjate en cómo se introducen las diversas expresiones, ya que funciona como la mayoría de los editores de ecuaciones que existen tanto en el mercado como en aplicaciones de *software* libre.

Funciones trigonométricas inversas

En el ejemplo anterior hemos utilizado, sin mencionarla, la función inversa de la función sen *x*.

La propiedad fundamental de las funciones inversas es:

$$f \circ f^{-1} = f^{-1} \circ f = x$$

En el caso particular de las funciones trigonométricas básicas (seno, coseno y tangente), sus funciones inversas son **arcoseno**, **arcocoseno** y **arcotangente** (indicadas como arc sen, arc cos y arc tg y, en la calculadora, como $\sin^{-1}$, $\cos^{-1}$ y $\tan^{-1}$).

Aplicando las funciones trigonométricas inversas, podremos despejar la incógnita que esté afectada por cualquier función trigonométrica. Por tanto, ante una ecuación trigonométrica, deberemos:

1. Operar con ella (aplicando las relaciones fundamentales) para dejarla reducida a una única razón igualada a un número.
2. Aplicar la función inversa correspondiente para despejar la incógnita.
3. Tener en cuenta todas las soluciones.

Ejemplo 15

Resuelve la ecuación trigonométrica:

$$2\,\text{sen}^2 x - 1 = 0$$

COMPRENSIÓN

Tenemos una única razón trigonométrica en la ecuación. Debemos, pues, operar con ella para reducirla a la razón igualada a un número. Posteriormente, tendremos en cuenta todas las posibles soluciones de la ecuación.

RESOLUCIÓN

$$2\,\text{sen}^2 x - 1 = 0$$

$$\text{sen}^2 x = \frac{1}{2} \rightarrow \boxed{\text{sen}\, x = \pm\frac{\sqrt{2}}{2}}$$

Una vez que la ecuación se ha reducido a esta forma, debemos tener en cuenta todas las posibles soluciones:

$$x = \text{arc sen}\left(\frac{\sqrt{2}}{2}\right) \Rightarrow \begin{cases} x_1 = 45^\circ + 360^\circ\, k \\ x_2 = 135^\circ + 360^\circ\, k \end{cases}$$

$$x = \text{arc sen}\left(-\frac{\sqrt{2}}{2}\right) \Rightarrow \begin{cases} x_3 = 225^\circ + 360^\circ\, k \\ x_4 = 315^\circ + 360^\circ\, k \end{cases}$$

COMPROBACIÓN

Debemos comprobar si todas las soluciones verifican la ecuación inicial. Es suficiente con que lo hagamos con los ángulos comprendidos entre 0° y 360°:

$$2\,\text{sen}^2 (45^\circ) - 1 = 0$$

$$2\,\text{sen}^2 (135^\circ) - 1 = 0$$

$$2\,\text{sen}^2 (225^\circ) - 1 = 0$$

$$2\,\text{sen}^2 (315^\circ) - 1 = 0$$

Ejemplo 16

Resuelve la ecuación trigonométrica:

$$-3\,\text{sen}\, x + \cos^2 x = 3$$

COMPRENSIÓN

En este caso, al tener distintas razones trigonométricas, trataremos de reducirlas a una sola utilizando la fórmula fundamental:

$$\text{sen}^2 x + \cos^2 x = 1$$

Es decir, transformaremos el coseno en seno.

Seguidamente, procederemos como en el caso anterior.

RESOLUCIÓN

$$\cos^2 x = 1 - \text{sen}^2 x$$

Sustituyendo en la ecuación, tenemos:

$$-3\,\text{sen}\, x + 1 - \text{sen}^2 x = 3$$

$$-\text{sen}^2 x - 3\,\text{sen}\, x - 2 = 0$$

$$\text{sen}^2 x + 3\,\text{sen}\, x + 2 = 0$$

Resolviendo la ecuación de segundo grado en sen x:

$$\text{sen}\, x = \frac{-3 \pm \sqrt{3^2 - 4 \cdot 1 \cdot 2}}{2 \cdot 1} = \begin{cases} \boxed{\text{sen}\, x = -1} \\ \boxed{\text{sen}\, x = -2} \end{cases}$$

La segunda solución obtenida sen $x = -2$ no tiene sentido, ya que $-1 \le \text{sen}\, x \le 1$. Para la primera solución:

$$x = \text{arc sen}\,(-1) \Rightarrow x = 270^\circ + 360^\circ\, k$$

COMPROBACIÓN

Sustituyendo en la ecuación inicial, el valor de la primera vuelta es:

$$-3\,\text{sen}\,(270^\circ) + \cos^2 (270^\circ) = 3$$

Actividades

16. Resuelve las siguientes ecuaciones trigonométricas:

a) sen $x = 1/2$

b) cos $x = -1/2$

c) tg $x = 1$

d) $3\,\text{sen}^2 x - 5\,\text{sen}\, x + 2 = 0$

e) $2\cos^2 x + \cos x - 1 = 0$

f) $\text{tg}^2 x - \text{tg}\, x = 0$

g) $2\,\text{sen}^2 x + 3\cos x = 3$

h) $\cos^2 x - 3\,\text{sen}^2 x = 0$

5. Funciones trigonométricas

Una función se define como una relación de dependencia entre dos variables, de modo que a cada valor de la variable independiente, x, le corresponde un único valor de la variable dependiente, y.

A partir de esta definición, podemos definir las funciones trigonométricas, de manera que a cada número (que, en este caso, representará un ángulo) le haga corresponder un único valor de una razón trigonométrica.

Se definen las funciones trigonométricas como aquellas que asignan al valor de un ángulo, expresado en radianes, el valor de una razón trigonométrica.

Las funciones trigonométricas básicas son:

$$f(x) = \text{sen}\, x \qquad g(x) = \cos x \qquad h(x) = \text{tg}\, x$$

Ten en cuenta

En este caso, la variable independiente x es un número real que representa un ángulo expresado en radianes, pero siempre se podrán intercambiar las unidades de medida mediante la relación $360^\circ = 2\pi$ rad.

	Propiedades	Gráfica
$f(x) = \text{sen}\, x$	**$D(f)$** $= \mathbb{R}$ **$R(f)$** $= [-1, 1]$ **Puntos de corte con el eje OX:** $x = k\pi,\ k \in \mathbb{Z}$ **Máximos relativos:** $x = \frac{\pi}{2} + 2k\pi,\ k \in \mathbb{Z}$ **Mínimos relativos:** $x = \frac{3\pi}{2} + 2k\pi,\ k \in \mathbb{Z}$ **Simetrías:** sen $(-x) = -$sen (x). Impar. Simétrica respecto del origen de coordenadas. **Periodicidad:** $T = 2\pi$	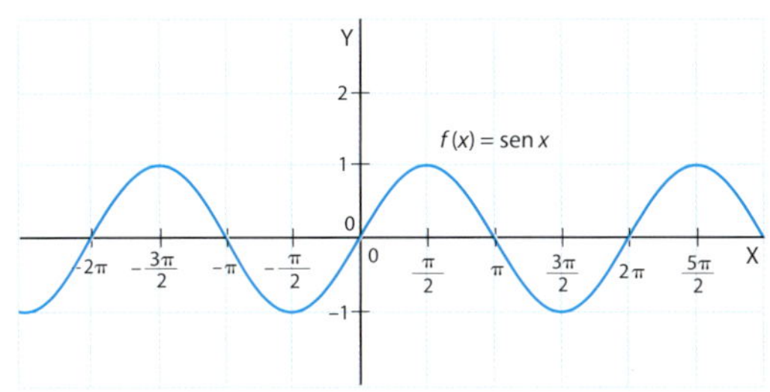
$g(x) = \cos x$	**$D(g)$** $= \mathbb{R}$ **$R(g)$** $= [-1, 1]$ **Puntos de corte con el eje OX:** $x = (2k+1)\frac{\pi}{2},\ k \in \mathbb{Z}$ **Máximos relativos:** $x = 2k\pi,\ \in \mathbb{Z}$ **Mínimos relativos:** $x = \pi + 2k\pi,\ k \in \mathbb{Z}$ **Simetrías:** cos $(-x) =$ cos (x). Par. Simétrica respecto del eje OY. **Periodicidad:** $T = 2\pi$	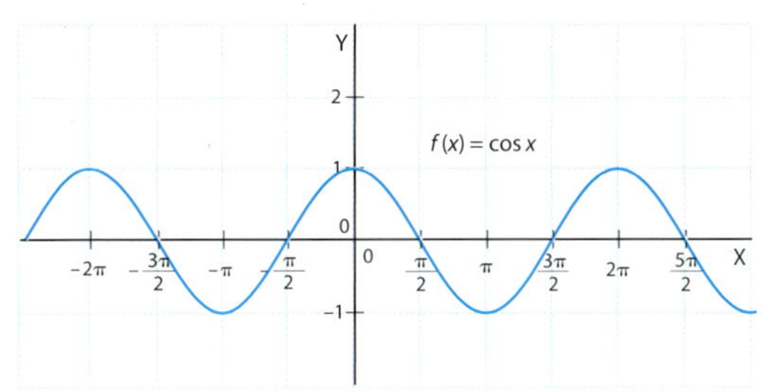
$h(x) = \text{tg}\, x$	**$D(h)$** $= \mathbb{R} - \left\{x = (2k+1)\frac{\pi}{2},\ k \in \mathbb{Z}\right\}$ **$R(h)$** $= \mathbb{R}$ **Puntos de corte con el eje OX:** $x = k\pi,\ k \in \mathbb{Z}$ **No tiene máximos ni mínimos.** **Simetrías:** tg $(-x) = -$tg (x). Impar. Simétrica respecto del origen de coordenadas. **Periodicidad:** $T = \pi$ Las rectas $x = (2k+1)\frac{\pi}{2},\ k \in \mathbb{Z}$ son **asíntotas verticales** de la función.	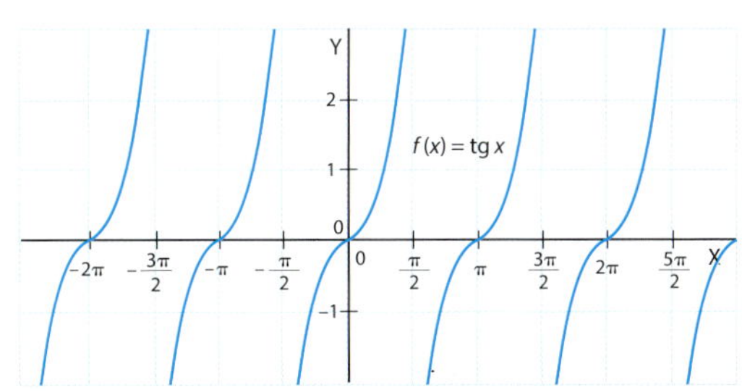

ACTIVIDADES RESUELTAS

Determina una expresión general para calcular la altura de una casa de la cual no puedes acceder a su pie.

Comprender

— ¿Es similar este problema a otros que hayas resuelto antes?

El problema es similar al del ejemplo 8, pero sin datos numéricos.

Planificar

— Puedes utilizar el método de doble observación para obtener dos triángulos rectángulos.

— Debes confeccionar un esquema de la casa en el que se indiquen los datos necesarios.

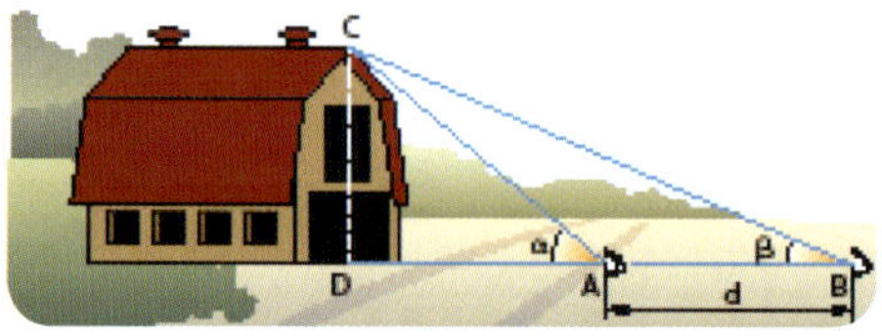

— Nos situamos delante de la casa y medimos el ángulo α que forma la horizontal con la visual al punto más elevado, *C*.

— Nos alejamos de la casa una distancia *d* hasta situarnos en un punto *B* arbitrario y, repitiendo el proceso anterior, obtenemos el valor del ángulo β.

— Medimos la distancia *d* y comprobamos si con estos datos podemos resolver el problema.

Ejecutar el plan

— Denota por *h* la altura de la casa; por *x*, la distancia *AD*; por $a = \text{tg}\,\alpha$, y por $b = \text{tg}\,\beta$.

— Aplica las razones trigonométricas adecuadas al esquema.

Aplicamos la definición de tangente a los ángulos α y β, y resulta un sistema de dos ecuaciones con dos incógnitas (*h* y *x*).

$$\left.\begin{aligned} \text{tg}\,\alpha &= \frac{h}{x} \\ \text{tg}\,\beta &= \frac{h}{x+d} \end{aligned}\right\} \Rightarrow \left.\begin{aligned} a &= \frac{h}{x} \\ b &= \frac{h}{x+d} \end{aligned}\right\} \Rightarrow h = a \cdot x \Rightarrow$$

$$\Rightarrow b = \frac{a \cdot x}{x+d} \Rightarrow ax = b(x+d) \Rightarrow ax = bx + bd \Rightarrow$$

$$\Rightarrow ax - bx = bd \Rightarrow x(a-b) = bd \Rightarrow x = \frac{b-d}{a-b}$$

$$h = a \cdot x \Rightarrow \boxed{h = \frac{a \cdot (b-d)}{a-b}}$$

Revisar

— ¿La solución satisface lo establecido en el problema?

La expresión obtenida nos permite calcular la altura de cualquier elemento de pie inaccesible.

Actividades

17. Dos personas salen nadando de un mismo punto de la playa y sus trayectorias rectilíneas forman un ángulo de 30°. Si sus velocidades son 5 km/h y 6 km/h, ¿a qué distancia se encontrarán transcurridos 3 minutos?

18. Una persona situada en la ribera de un río observa un árbol en la ribera contraria bajo un ángulo de 56°. Si se aleja 15 m, lo observa bajo un ángulo de 17°. ¿Cuánto mide el árbol?

SÍNTESIS

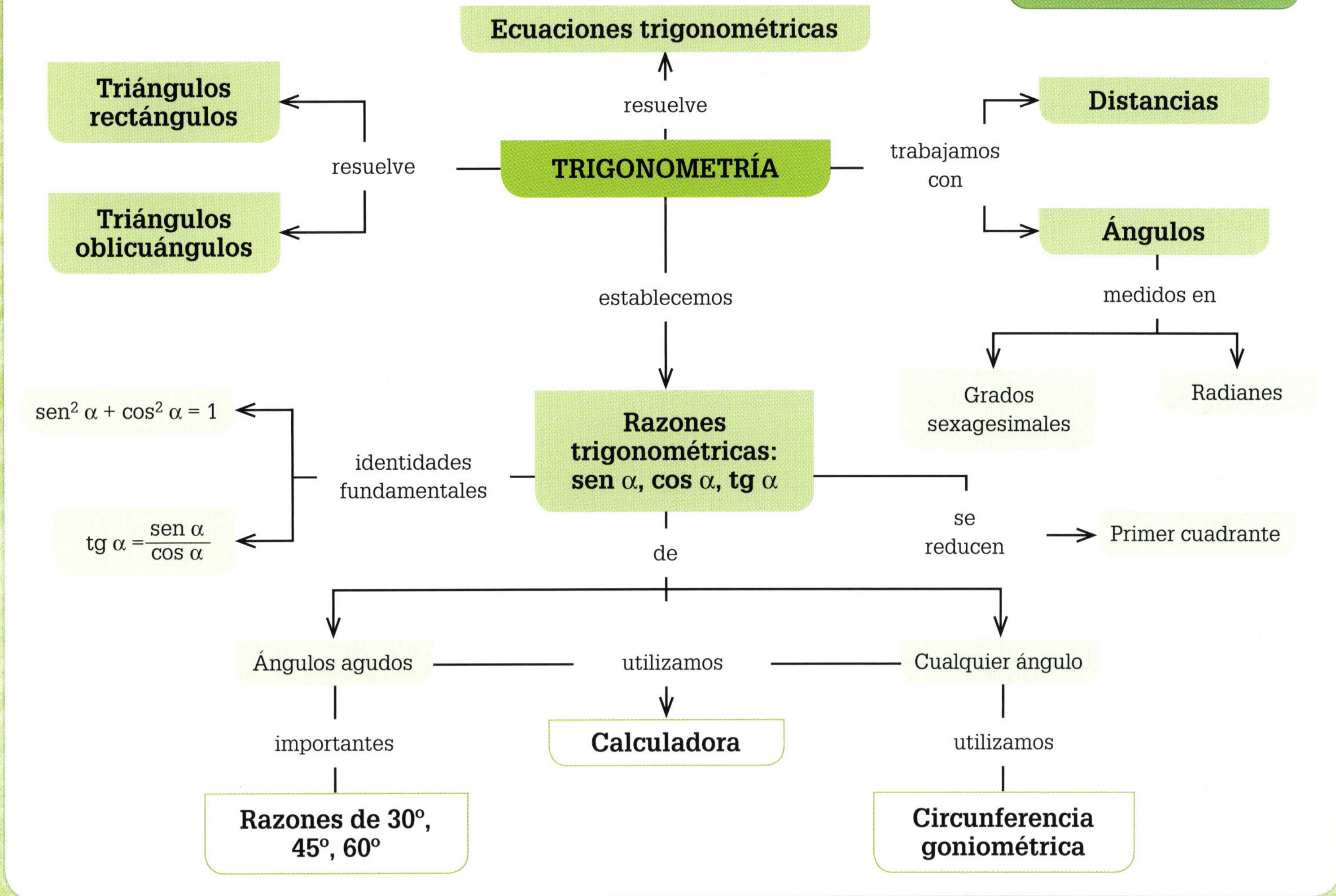

Actividades finales

Medida de ángulos

19. ★☆☆ ¿Qué significado tiene el signo de un ángulo?

— Representa gráficamente los siguientes ángulos:

a) −15° b) −60° c) 30° d) −90° e) 150°

20. ★☆☆ Convierte los grados sexagesimales en radianes.

a) −45° b) 135° c) 225° d) 300°

— A continuación, convierte los radianes en grados.

e) $-1{,}4\,\pi$ f) $\frac{4\pi}{9}$ g) $\frac{14}{15}\pi$ h) $\frac{4\pi}{3}$

21. ★★☆ Indica a qué cuadrante pertenece cada uno de estos ángulos:

a) 1 340° c) 40° e) −450° g) 3 330°
b) −250° d) 1 435° f) 720° h) −150°

Razones trigonométricas de un ángulo agudo

22. ★☆☆ ¿Es posible que el seno de un ángulo agudo sea mayor que 1? Razona tu respuesta.

23. ★☆☆ Utiliza la calculadora para determinar las razones trigonométricas de los siguientes ángulos:

a) 13°5' b) 19°12' c) 41°19'18" d) 85°6'37"

24. ★☆☆ Calcula el seno, el coseno y la tangente del ángulo α de la figura.

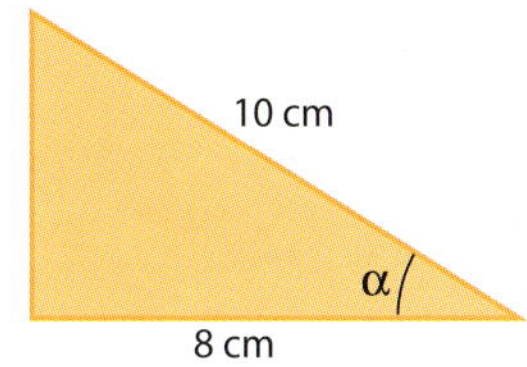

Actividades finales

25. ★★☆ Sabiendo que $\cos \alpha = \frac{3}{5}$, ¿cuál es la longitud del lado *x* en este triángulo rectángulo?

— Calcula sen α y tg α.

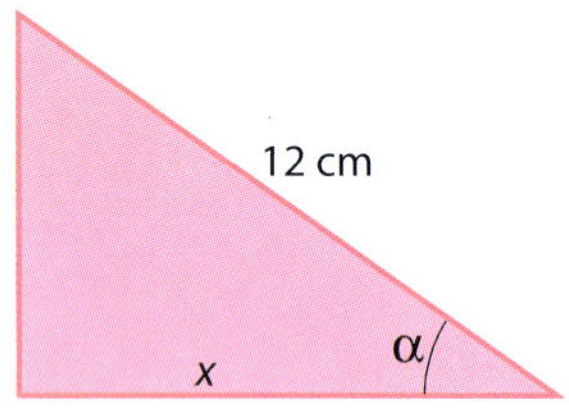

26. ★★☆ Calcula las razones trigonométricas de los ángulos α, β, γ y δ de estos triángulos rectángulos:

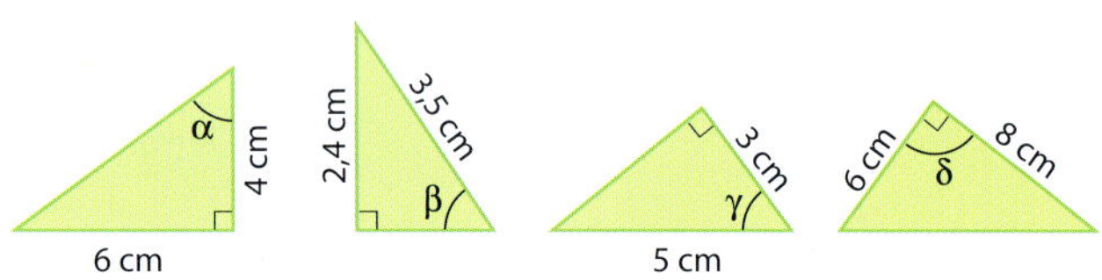

27. ★★☆ Considera los siguientes triángulos rectángulos y calcula las razones trigonométricas del ángulo α:

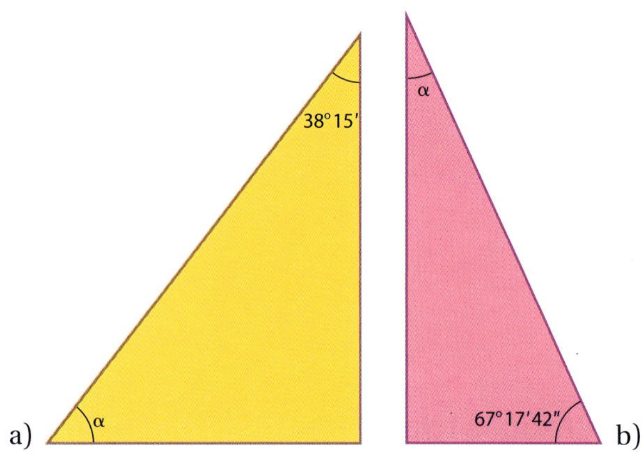

28. ★★☆ Halla el valor de cada uno de estos ángulos a partir del valor de la razón trigonométrica respectiva:

a) $\text{sen}\,\alpha = 0{,}55$

b) $\cos \alpha = 0{,}3$

c) $\text{tg}\,\alpha = 1{,}2$

29. ★★☆ Calcula los valores de las siguientes expresiones:

a) sen 30° + cos 60°

c) tg 45° + cos 30°

b) sen 45° – sen 60°

d) –tg 30° + cos 45°

30. ★★☆ Determina la longitud de la base de este triángulo rectángulo:

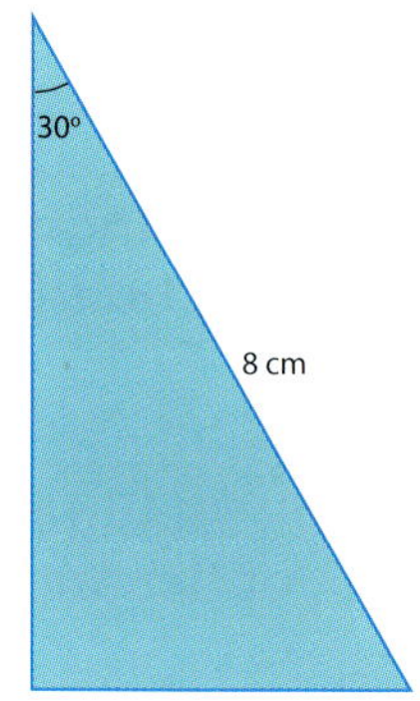

31. ★★☆ Calcula la longitud exacta de la diagonal del siguiente cuadrado:

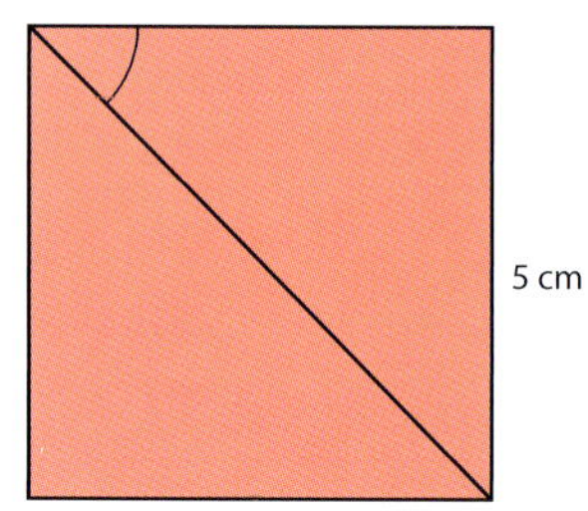

32. ★★☆ Resuelve el siguiente triángulo rectángulo:

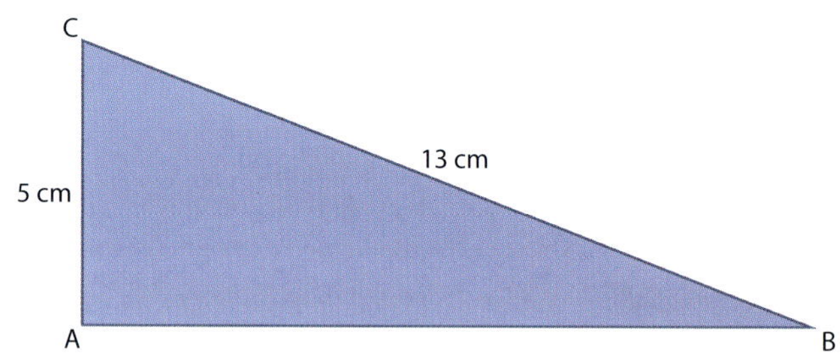

33. ★★☆ Resuelve el triángulo *ABC*, rectángulo en *A*, en los siguientes casos:

a) $a = 20$ cm, $b = 16$ cm

c) $b = 5$ cm, $\widehat{C} = 40°$

b) $c = 10$ cm, $b = 5$ cm

d) $c = 8$ cm, $\widehat{C} = 50°$

34. ★★☆ Resuelve el triángulo rectángulo cuya hipotenusa mide 7,5 cm y uno de sus ángulos es de 52°.

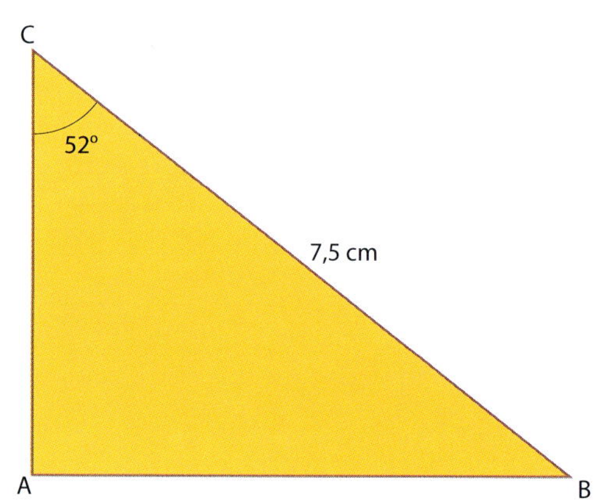

35. ★★☆ Resuelve el triángulo rectángulo cuya base mide 24 cm y su área es de 84 cm^2.

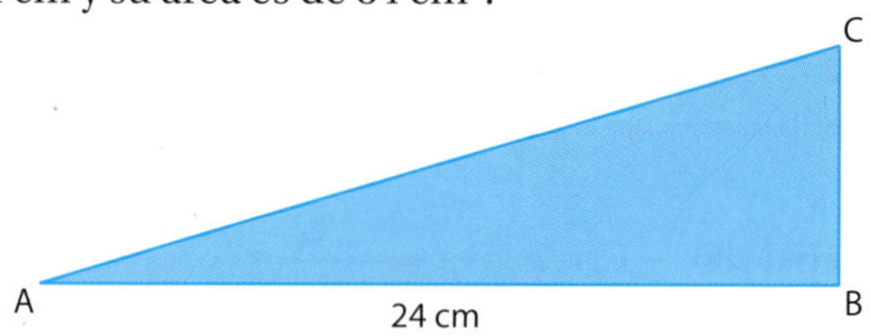

36. ★★☆ Resuelve el triángulo rectángulo en que uno de sus catetos mide 9,8 cm y el ángulo opuesto es de 31°13'. Calcula su área y expresa el resultado con un decimal.

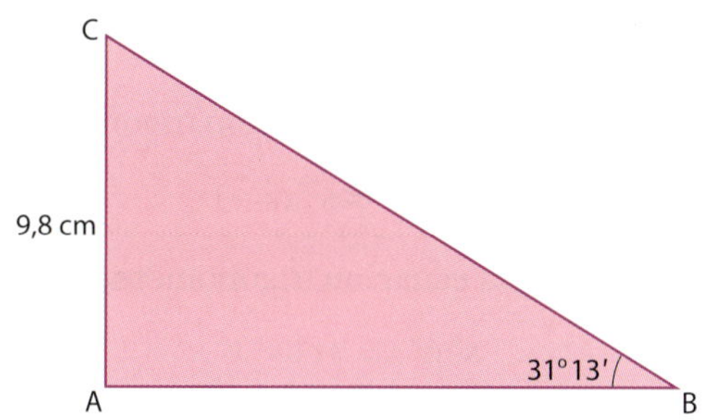

37. ★★☆ Un escaparate está formado por dos prismas triangulares regulares de cristal. Halla el ángulo formado por las aristas básicas de los dos prismas.

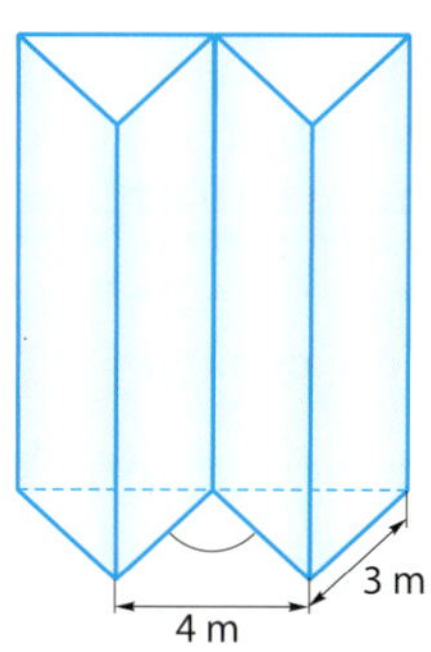

38 ★★☆ Resuelve el siguiente triángulo oblicuángulo:

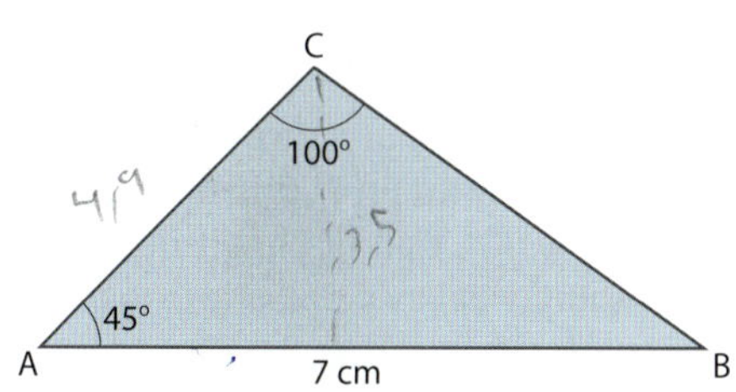

39. ★★☆ Resuelve el siguiente triángulo oblicuángulo:

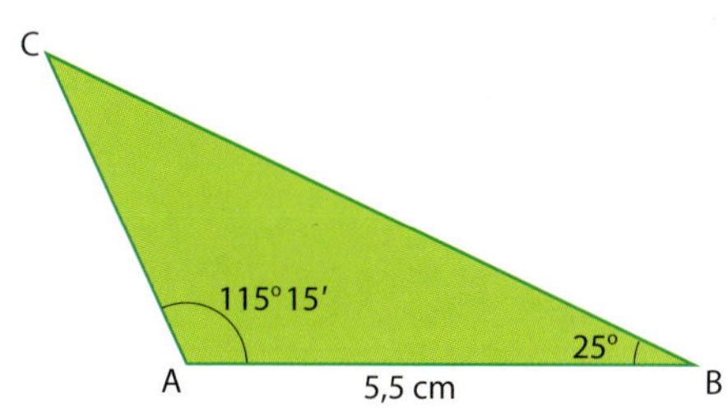

40. ★★☆ Resuelve el siguiente triángulo oblicuángulo:

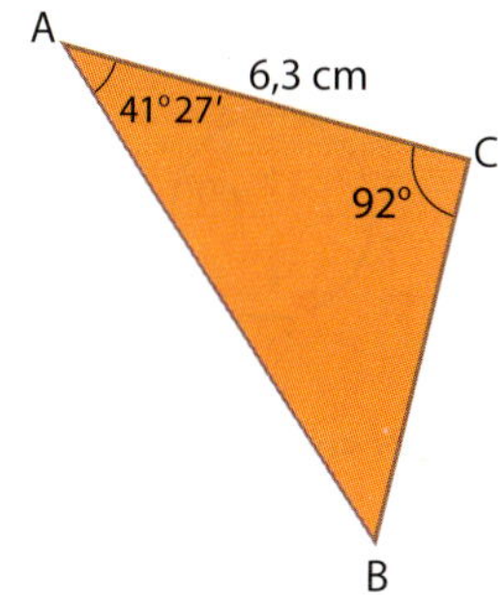

41. ★★☆ Dibuja un triángulo *ABC* tal que $|AB| = 8{,}1\,\text{cm}$, $\angle A = 35°$ y $\angle B = 120°$, y resuélvelo.

42. ★★☆ En grupos de tres, recopilad información sobre la resolución de triángulos rectángulos y oblicuángulos, y aplicad la **técnica cooperativa** *TGT.*

— Elaborad fichas con las preguntas necesarias para la comprensión del tema.

— Intercambiad las fichas entre los distintos grupos.

— Elegid tres fichas y responded a las preguntas.

Razones trigonométricas de un ángulo cualquiera

43. ★☆☆ Calcula las razones trigonométricas de los ángulos representados a continuación.

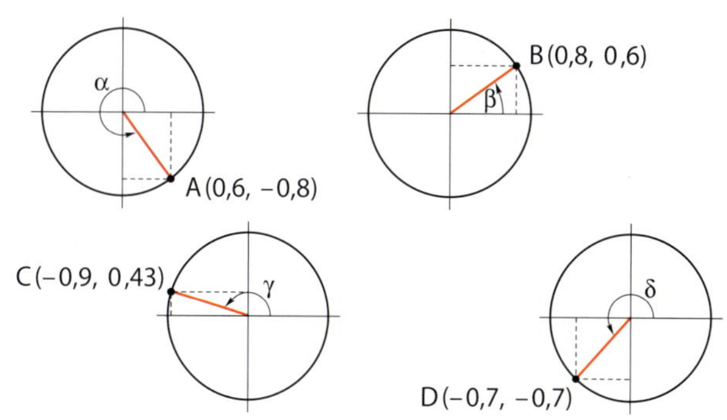

44. ★★☆ Calcula las razones trigonométricas de un ángulo α que pertenece al cuarto cuadrante y cuyo seno es

$$\text{sen}\ \alpha = \frac{-\sqrt{2}}{2}.$$

45. ★★☆ Relaciona las razones trigonométricas de los siguientes ángulos con las de un ángulo del primer cuadrante:

a) 126°

b) 248°

c) 350°

d) −110°

Actividades finales

46. ★★☆ Halla las coordenadas del punto P de la circunferencia si su radio mide 5 cm.

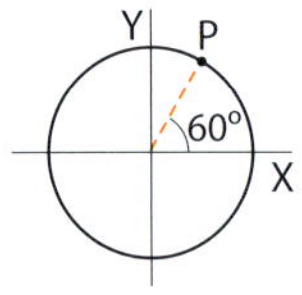

— Halla el ángulo α señalado en la siguiente figura:

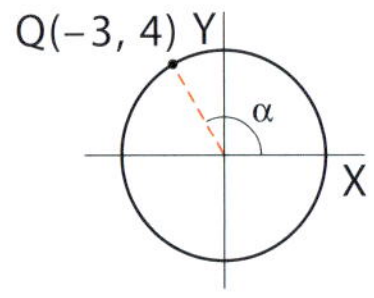

47. ★★☆ Sabiendo que α es un ángulo del segundo cuadrante y que sen $\alpha = 0{,}35$, calcula cos α y tg α.

48. ★★☆ Sea α un ángulo del tercer cuadrante en el que cos $\alpha = -0{,}52$. Calcula sen α y tg α.

49. ★★☆ Calcula, utilizando la reducción al primer cuadrante, las razones trigonométricas de cada uno de estos ángulos:

a) 120° c) 570°

b) −45° d) −120°

50. ★★☆ Sabiendo que α pertenece al cuarto cuadrante y que $\operatorname{sen}\alpha = -\frac{\sqrt{3}}{2}$, calcula el valor exacto de la expresión $\frac{3}{\operatorname{tg}\alpha} + 6 \cdot \cos\alpha - 4 \cdot \operatorname{sen}\alpha$.

51. ★★☆ Calcula el valor exacto de la expresión 5 sen α + + 2 cos α − 7 tg α si a es un ángulo que pertenece al segundo cuadrante cuyo coseno es $-\frac{1}{2}$.

52. ★★☆ Completa la siguiente tabla si en cada uno de los casos α corresponde a un ángulo menor que 360°:

sen α	$-\frac{\sqrt{2}}{2}$	$\frac{1}{2}$	$\frac{\sqrt{3}}{2}$	$\frac{\sqrt{2}}{2}$
cos α	$\frac{\sqrt{2}}{2}$	$-\frac{\sqrt{3}}{2}$	$-\frac{1}{2}$	$\frac{\sqrt{2}}{2}$
tg α	−1	$-\frac{\sqrt{3}}{3}$	$\frac{-\sqrt{3}}{1}$	−1
α	−45	150	120	−45

Ecuaciones trigonométricas

53. ★★☆ Resuelve las siguientes ecuaciones trigonométricas:

a) $\operatorname{sen} x = \frac{1}{2}$ c) $3\operatorname{tg} x = \sqrt{3}$

b) $\cos(180° - x) + 2\cos x = \frac{\sqrt{2}}{2}$

54. ★★☆ Resuelve estas ecuaciones trigonométricas:

a) $\operatorname{sen}(180° + x) = \operatorname{sen} 60°$

b) $-\cos 45° = \cos(-x)$

c) $\operatorname{tg} 30° = -\sqrt{3}\operatorname{tg}(180° - x)$

55. ★★☆ Resuelve la siguiente ecuación trigonométrica:

$$\operatorname{sen}^2 x - \cos^2 x = -1$$

56. ★★☆ Resuelve esta ecuación trigonométrica:

$$\operatorname{sen}^2 x = 3\cos^2 x$$

Problemas

57. ★★☆ Calcula el área de un octágono regular inscrito en una circunferencia de 4 cm de radio.

58. ★★☆ El campanario de una iglesia proyecta una sombra de 70 m en el mismo instante en que un bastón de 1 m proyecta una sombra de 0,8 m. Resuelve los siguientes apartados:

a) ¿Cuánto mide el campanario?

b) ¿Qué ángulo forman los rayos solares con el suelo?

59. ★★☆ ¿A qué distancia de la pared hemos de colocar el pie de una escalera de 6 m para que alcance una altura de 4 m?

60. ★★☆ ¿Qué ángulo formará la escalera del problema anterior con el suelo? ¿Y con la pared?

61. ★★☆ Dos radares que distan entre ellos 15 km detectan un avión que se encuentra en el mismo plano vertical bajo ángulos de 42° y 56°. Calcula la altura a la que vuela el avión y la distancia del avión a cada uno de los radares.

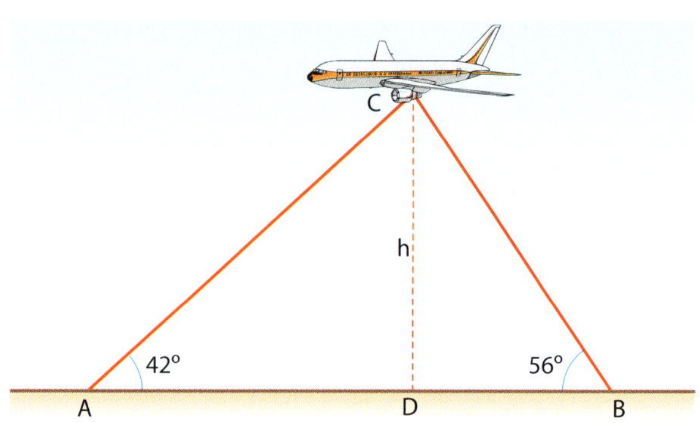

62. ★★☆ Una escultura tiene forma de cono tal y como se muestra en la figura:

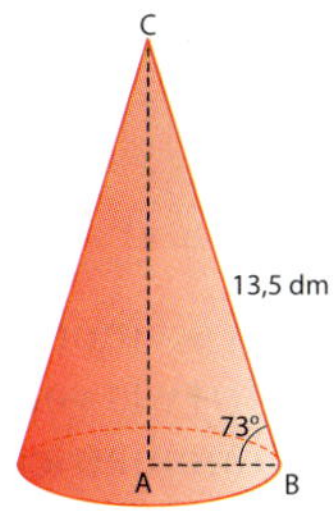

Halla su volumen. Exprésalo con dos decimales.

63. ★★☆ Una cometa tiene forma de rombo.

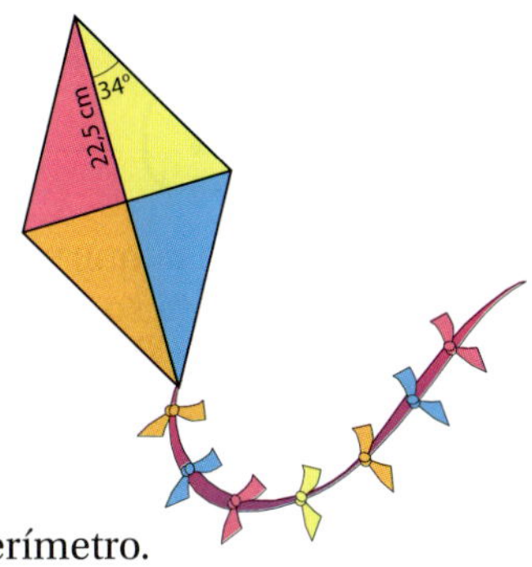

Determina su perímetro.

64. ★★☆ Una jugadora de golf intentó introducir la pelota en un hoyo, pero no acertó.

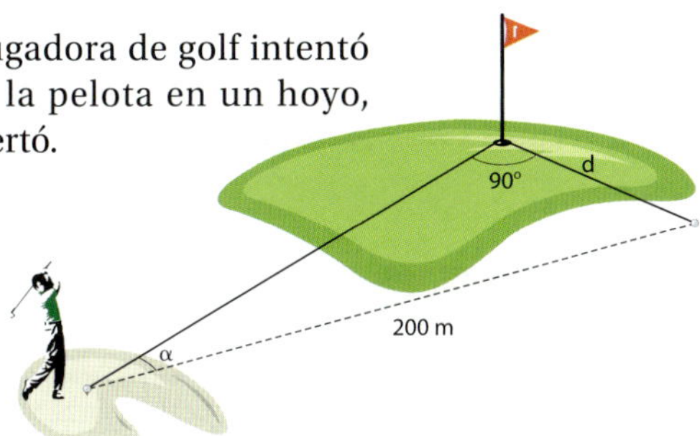

Sabiendo que $\cos \alpha = 0{,}89$, calcula la distancia entre la pelota y el hoyo después del lanzamiento.

65. ★★☆ En un partido de vóley-playa, uno de los jugadores bloqueó un remate, de modo que la trayectoria de la pelota formó un ángulo de amplitud α con la arena. Fíjate en la imagen:

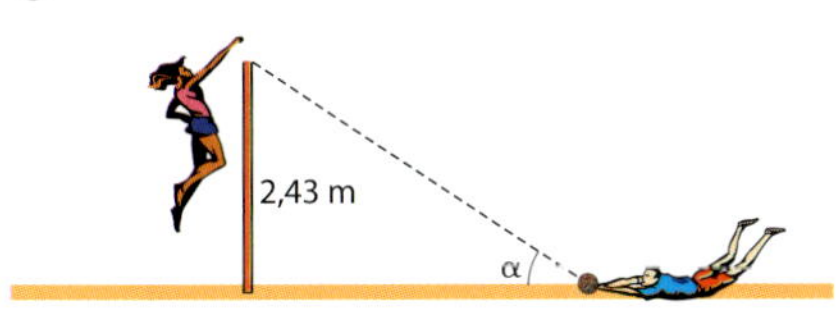

Sabiendo que $\operatorname{sen} \alpha = 0{,}6$, determina a qué distancia de la red estaba la pelota cuando tocó la arena.

66. ★★☆ Sea x un ángulo del intervalo (180°, 270°). Resuelve la siguiente ecuación trigonométrica:

$$4\,(\operatorname{sen}^2 x - 1) = -2$$

67. ★★☆ Sea x un ángulo del intervalo (450°, 540°). Resuelve la siguiente ecuación trigonométrica:

$$\frac{1}{3}\operatorname{sen}^2 x = \cos^2 x$$

68. ★★☆ Formad grupos de tres o cuatro componentes y aplicad la **destreza** *Inferencia deductiva* en el siguiente caso:

Marina verificó las siguientes igualdades:

$\operatorname{sen} 147° = \operatorname{sen} 33° = 0{,}545$ y $\cos 224° = -\cos 44° = -0{,}719$

Deduce, con la ayuda de este organizador, expresiones para calcular el seno y el coseno de un ángulo del segundo y del tercer cuadrantes a partir de un ángulo del primer cuadrante.

Lo que sé	Lo que me planteo
— Datos que poseo. — Información disponible. — Información de otros cursos.	— Consecuencias que puedo deducir. — Dudas razonables que me pueden surgir.

69. ★★★ Una avioneta sobrevuela una pista de aterrizaje arrastrando un planeador. Sabiendo que ambos aparatos están unidos por un cable que forma 30° con la horizontal y la fuerza que actúa sobre el planeador es de 10 000 N, ¿cuál es el valor de la componente horizontal de dicha fuerza?

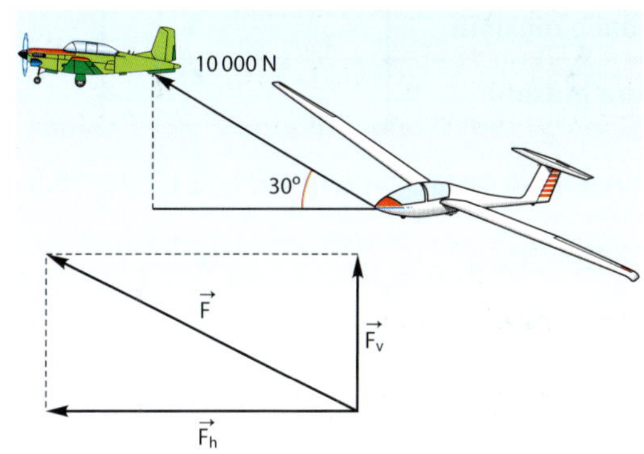

Indicación. Si la línea sobre la que actúa una fuerza no es horizontal, esta puede descomponerse en dos componentes: una horizontal y otra vertical.

70. ★★★ Sabiendo que el peso del cuerpo que reposa sobre la rampa o *plano inclinado* representado en la figura es de 80 N, calcula el valor de la fuerza que se ejerce perpendicularmente al plano o *normal* (F_n), y la fuerza paralela al plano o *tangencial* (F_t).

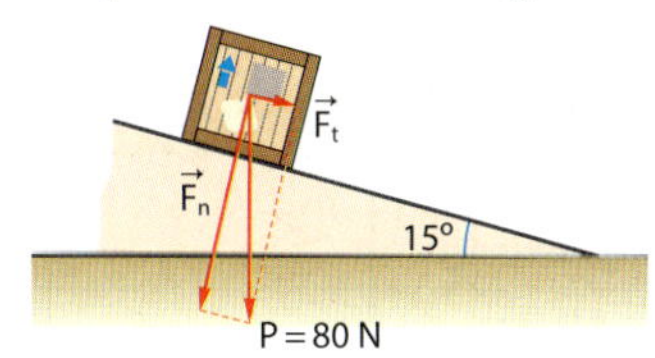

71. ★★★ En una clase de tiro al arco, los alumnos deben alcanzar una diana a 60 m con el arco de la figura. Si, como referencia, el profesor les hace notar que por cada centímetro entre el arco tensado y el emplumado, la flecha recorre 1,2 m, determina la distancia L y el ángulo $\widehat{A}$ de la cuerda.

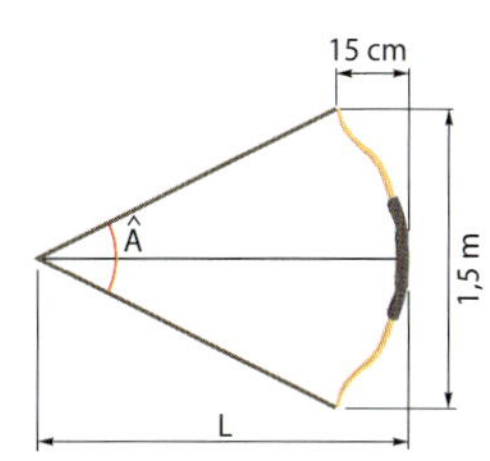

MATEMÁTICAS A TU ALCANCE

PBL: Lanzamiento parabólico

La trayectoria seguida por un objeto, golpeado oblicuamente, viene dada por un polinomio de segundo grado parametrizado por el ángulo de elevación del lanzamiento (α) y la velocidad imprimida (v). En la ecuación de la trayectoria seguida, las razones trigonométricas tienen mucha importancia. Vamos a extraer información de este polinomio y de las razones trigonométricas que intervienen en este movimiento.

En las siguientes páginas:

@ http://links.edebe.com/nhd

@ http://links.edebe.com/n63d4

podrás consultar las expresiones del alcance máximo del móvil que se lanza y la altura máxima adquirida. A partir de ellas, puedes preguntarte cómo varían si cambia la velocidad de lanzamiento, el ángulo de elevación e, incluso, el planeta en el que se lleve a cabo el experimento. Para ello, completa las tablas que aparecen a continuación.

Para una velocidad de lanzamiento de 20 m/s y g = 9,8 m/s^2:

Ángulo	0º	30º	45º	60º	90º
Alcance máximo					
Altura máxima					

Para un ángulo de lanzamiento fijo de 45° y g = 9,8 m/s^2:

Velocidad	0	10	30	50
Alcance máximo				
Altura máxima				

Además podrías preguntarte qué sucede si este experimento no se realiza en la Tierra, sino en otros planetas. Consulta el enlace:

@ http://links.edebe.com/kxx6t

Y, a partir de los valores de la aceleración de la gravedad en los planetas del sistema solar, completa la tabla para un ángulo de lanzamiento de 30° y una velocidad de 10 m/s.

Ángulo	Mercurio	Venus	Tierra	Marte	Júpiter	Saturno	Urano	Neptuno
Alcance máximo								
Altura máxima								

A partir de los resultados de las tablas, responde a estas preguntas:

— Para una velocidad determinada, ¿hay algunos valores del ángulo de lanzamiento que consigan un alcance y una altura máximos? ¿Y mínimos?

— En el segundo caso, cuando lanzamos con un ángulo de elevación fijo, ¿hay alguna velocidad que consiga un alcance o una altura máximos o mínimos?

— A raíz de los datos obtenidos del alcance y la altura lograda en otros planetas, podrás ahora explicar las imágenes de la televisión en las que los astronautras dan grandes saltos en la Luna. ¿Qué planetas tienen los mayores y menores alcances y alturas máximas? ¿A qué se debe?

Cre@ctividad: Construcción de un goniómetro

Un goniómetro es un aparato utilizado para medir o construir ángulos. Sustituyó al astrolabio por ser más preciso y, durante siglos, ha sido muy empleado en la navegación marítima. En nuestro caso, lo vamos a usar para medir ángulos de elevación.

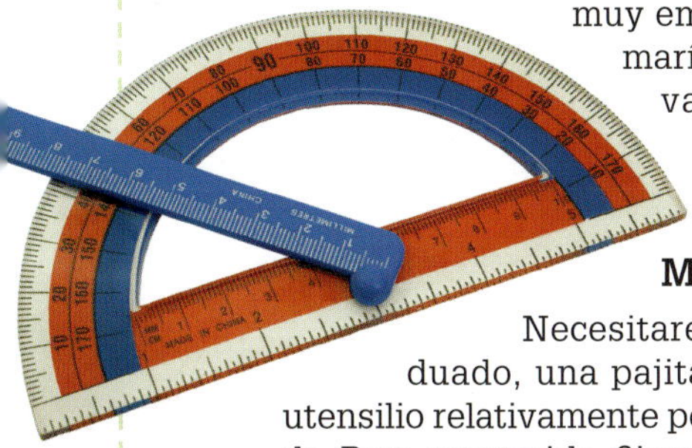

Material y construcción

Necesitaremos un semicírculo graduado, una pajita, hilo de pescar y algún utensilio relativamente pesado que haga de plomada. Para construirlo, fijaremos la pajita al semicírculo con celo y colgaremos con el hilo la plomada en el punto de referencia del transportador.

Utilización

Para medir los ángulos de elevación, miraremos por el hueco de la pajita al punto elevado *A* que forma un ángulo α con la horizontal (ángulo de elevación). El ángulo que marca la desviación de la plomada en el semicírculo graduado es 90° – α. Así podemos obtener el valor del ángulo buscado.

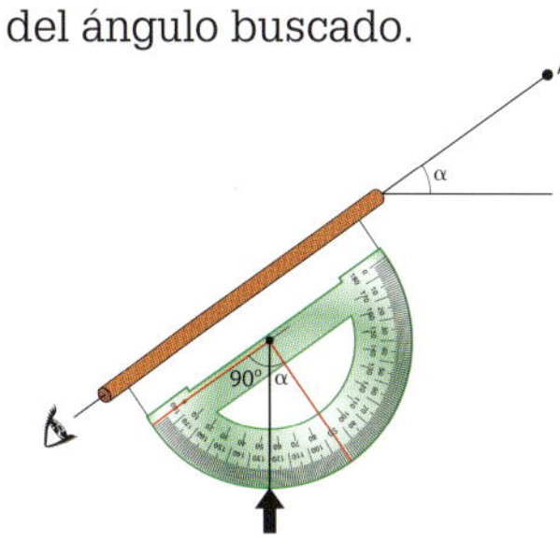

Visión 360°

Un **astrolabio** es un instrumento que habrás visto algunas veces en un museo, o, al menos, en alguna película histórica de viajes. Fue sustituido por otro instrumento más avanzado llamado **sextante** en el siglo XVIII. Con la ayuda de los enlaces que se proponen:

@ **http://links.edebe.com/stc**

@ **http://links.edebe.com/igh9i**

@ **http://links.edebe.com/jd29r**

responde a las siguientes preguntas:

— ¿Qué es un astrolabio y qué aplicaciones tiene?

— Explica los pasos que deben seguirse para determinar la hora con él.

— Enumera las partes de un astrolabio y, a continuación, identifícalas en fotografías que encuentres de él, en los enlaces propuestos o en otros que tú mismo busques.

— Calcula la altura de un edificio si, a una distancia de 20 m, el astrolabio marca un ángulo de elevación de 68° con su punto más alto.

El astrolabio fue sustituido por el sextante, que era un aparato más evolucionado. Actualmente, existen dispositivos y utensilios mucho más avanzados, cómodos y exactos para medir distancias, ángulos, posiciones de los astros en el firmamento...

Uno que seguramente habrás visto en acción, aunque desconozcas su uso y su funcionamiento, es el **teodolito**. Este dispositivo se utiliza de manera general para la medida de ángulos, distancias y desniveles. Busca información sobre este aparato y crea una presentación digital o un *collage* en el que se desarrollen los siguientes aspectos:

— ¿En qué consiste un teodolito?

— Funcionamiento y usos.

— Tipos de teodolitos.

— Alternativas a su uso.

— Otros dispositivos de medida de ángulos y distancias.

Pon a prueba tus competencias

1. Una tienda tiene instalado un sistema de alarma con rayos láser. Cuando se cierra la tienda, se activa el sistema con la siguiente configuración:

La alarma se dispara si se interrumpe el flujo del rayo láser durante su recorrido por la tienda.

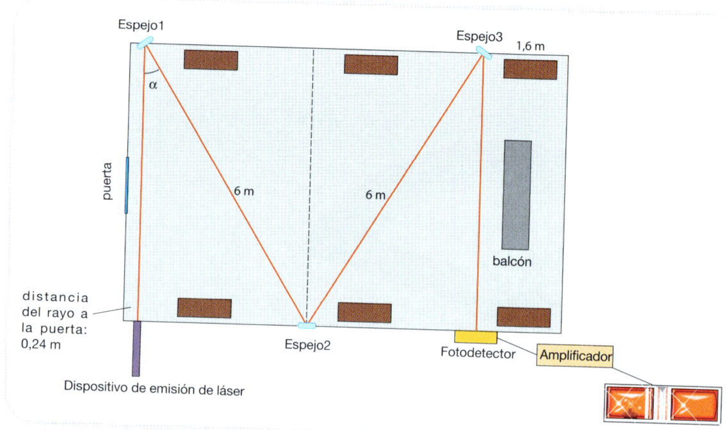

a) Sabiendo que cos $\alpha = 0{,}85$, calcula el ancho de la tienda.

b) Halla la distancia entre el dispositivo de emisión de láser y el espejo 2.

c) Calcula el largo de la tienda.

d) Determina su área.

e) Sabiendo que la velocidad de la luz es de $3 \cdot 10^8$ m/s, calcula el tiempo que tarda el láser en recorrer el camino hasta el fotodetector.

f) Determina el ángulo formado entre el rayo incidente y el rayo reflejado en el espejo 2.

2. Miguel visitó Nueva York el verano pasado y se alojó en un edificio que tenía una escalera con la forma de la imagen. Llamamos α al ángulo de 54°.

a) Sabiendo que sen $\alpha = 0{,}81$, determina el valor de su coseno.

b) Calcula la altura entre los pisos del edificio. Expresa el resultado con dos decimales.

c) Determina la longitud de la escalera. Expresa el resultado con dos decimales.

d) Determina el valor exacto del ángulo α a partir del valor de su seno. Presenta el resultado en grados y minutos.

e) ¿Cuánto mide el otro ángulo del triángulo? Presenta el resultado en grados y minutos.

3. Miguel viajó en un transbordador para visitar la estatua de la Libertad, en la isla de la Libertad, en el río Hudson, y allí tomó fotografías de la estatua. Tomó una primera instantánea cuando aún estaba en el transbordador y una segunda cuando ya estaba en la plataforma.

En todos los cálculos que efectúes, utiliza aproximaciones con tres decimales.

a) ¿A qué distancia de la estatua se encontraba Miguel cuando tomó la segunda fotografía?

b) ¿Y cuando tomó la primera fotografía?

c) Determina la altura de la estatua.

d) La altura de la estatua sin la base es 15 m mayor que un tercio de su altura incluida la base. Calcula la altura de la estatua sin la base.

e) Miguel compró un *souvenir,* que es una réplica de la estatua de la Libertad con la base, a escala 1:465. Determina la altura de la réplica.

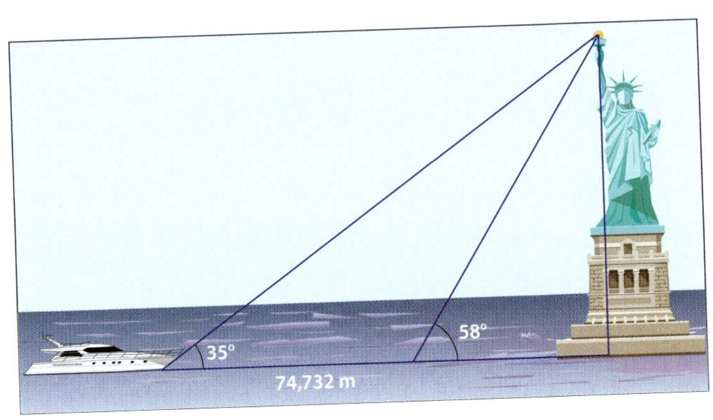

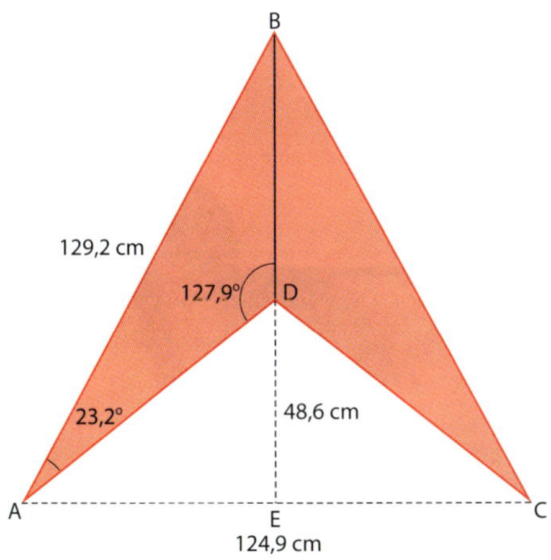

4. Una cometa tiene la siguiente forma:

a) Determina el ángulo de la punta de la cometa.

b) Calcula la longitud del segmento de recta *AD.*

c) Halla el perímetro de la cometa.

d) ¿Cuál es la longitud del segmento de recta *BD*? Expresa el resultado con un decimal.

e) Calcula el área de la cometa. Presenta el resultado sin decimales.

5. La pieza de cartón de la figura tiene forma de trapecio rectángulo. Sus medidas están expresadas en centímetros.

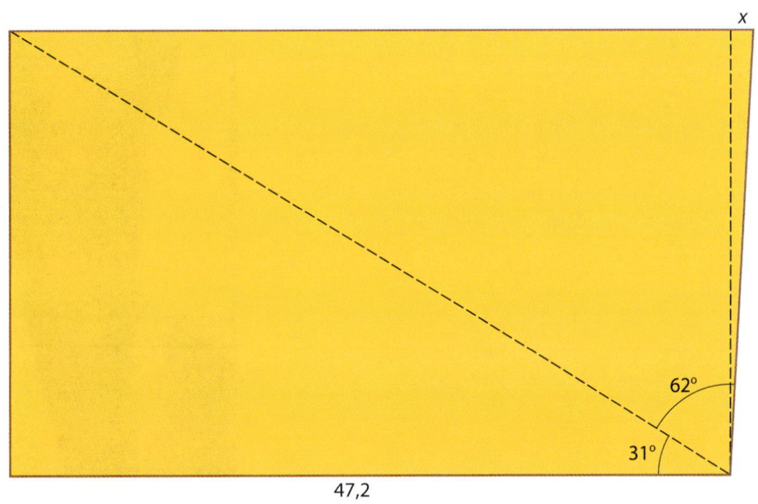

a) Determina el valor de *x*. Expresa el resultado sin decimales.

b) Determina la longitud de la base mayor.

c) Calcula la altura del trapecio.

d) Halla su perímetro sin utilizar el teorema de Pitágoras.

e) Calcula el área del cartón.

Reflexiona

Diario de aprendizaje

— ¿Qué aplicaciones prácticas has extraído de esta unidad?

— ¿Qué dificultades has tenido en la resolución de los distintos tipos de triángulos? ¿Cómo las has solventado?

— ¿Dominas el uso de la calculadora para las diferentes operaciones que plantea la unidad?

— ¿Qué aplicaciones crees que tiene la resolución de ecuaciones trigonométricas?

10 GEOMETRÍA
Geometría analítica en el plano

El término *vector,* así como su representación con un segmento orientado, no aparecieron formalmente en las matemáticas hasta finales del siglo XIX.

La sistematización del cálculo vectorial se establece definitivamente con la obra del inglés sir William R. Hamilton (1805-1865), a quien también se le atribuye la utilización de la palabra *vector*.

En la actualidad, se diferencia perfectamente entre magnitudes escalares, aquellas que están definidas solo por un valor y su unidad (temperatura y tiempo, por ejemplo), y magnitudes vectoriales, que son representadas por un vector. La fuerza y la aceleración son ejemplos de este último tipo de magnitudes.

Las magnitudes vectoriales dan origen a los llamados campos vectoriales, que consisten en asignar a cada punto del espacio un vector que represente la magnitud. Estos campos pueden representarse gráficamente y son muy visuales. Los hemos visto en ocasiones en mapas de la información meteorológica que muestran las velocidades de los vientos.

CONTENIDOS

Rutina de pensamiento

MIRAR: 10 VECES 2

- Observa la imagen durante 30 s.
- Elabora una lista con diez palabras o frases que te sugiera.
- Observa de nuevo la imagen durante 30 s y escribe diez palabras o frases más.
- Poned en común las listas obtenidas y comentadlas.

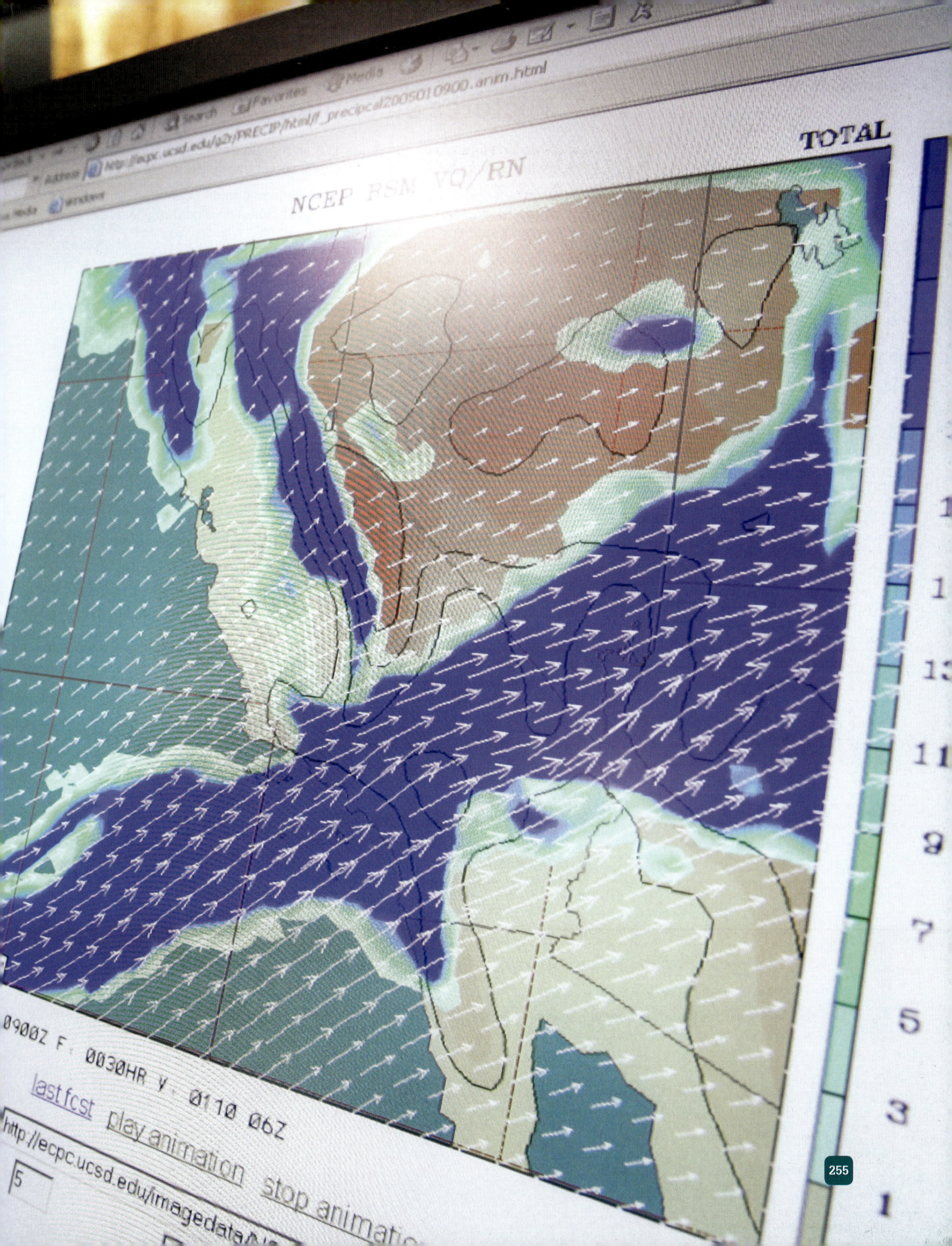
NCEP RSM VQ/RN
TOTAL
9
7
5
3
1
last fcst
play animation

1. Vectores en el plano

Las *magnitudes escalares* son aquellas que quedan definidas con una cantidad y una unidad. Ejemplos de estas magnitudes son la temperatura y la masa.

Las *magnitudes vectoriales* son las que se definen con una cantidad, una unidad, una dirección, un sentido y un punto de aplicación. La velocidad y la aceleración pertenecen a este tipo de magnitudes.

Las magnitudes vectoriales se representan mediante *vectores.*

Descartes, una mosca y las coordenadas cartesianas

Fíjate en lo curiosa que resulta la anécdota sobre el origen de la geometría analítica:

http://links.edebe.com/mugyph

1.1. Vector fijo

Dos puntos del plano, *A* y *B,* determinan un segmento, y todo segmento tiene una *dirección,* la de la recta que lo contiene. Sabemos que una dirección tiene dos sentidos, pero un segmento, en cambio, no tiene *sentido:* el segmento *AB* es el mismo que el *BA*.

Definimos un sentido indicando cuál de los dos puntos es el origen y cuál es el extremo. Así, obtenemos un vector fijo.

> Dados dos puntos *A* y *B* del plano, se denomina **vector fijo** de **origen *A*** y **extremo *B*** al par ordenado *(A, B),* y se representa por $\overrightarrow{AB}$.

Un vector fijo queda determinado por un origen, un módulo, una dirección y un sentido.

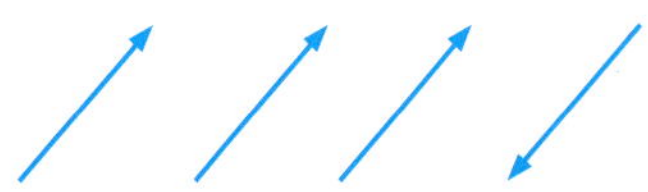

Misma dirección y mismo sentido — Misma dirección y sentido contrario

- El origen es el primero de los dos puntos que definen el vector.
- La longitud o módulo del vector fijo $\overrightarrow{AB}$ es la longitud del segmento *AB,* y se representa por $|\overrightarrow{AB}|$.
- La dirección del vector fijo $\overrightarrow{AB}$ es la de la recta que pasa por *A* y *B*.
- El sentido del vector fijo $\overrightarrow{AB}$ es el que se define sobre la recta determinada por *A* y *B* tomando como origen *A* y como extremo *B*.

Equipolencia de vectores

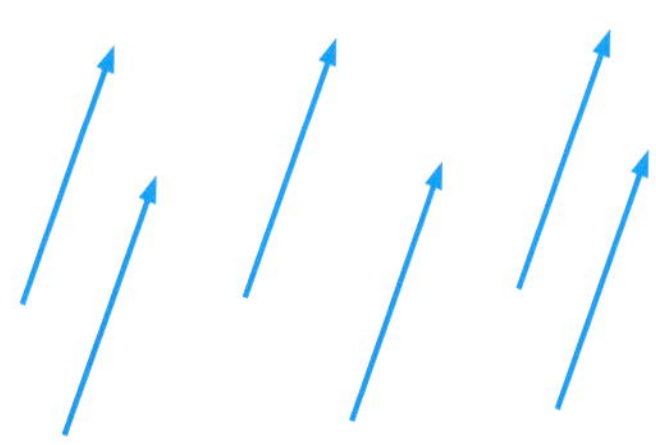

Observa los vectores fijos representados a la izquierda.

Fíjate en que todos ellos tienen el mismo módulo, la misma dirección y el mismo sentido. Decimos que son equipolentes.

> Dos vectores fijos son **equipolentes** si tienen el mismo módulo, la misma dirección y el mismo sentido.

Actividades

1. Dados los vectores representados a la derecha:

— Indica los que tienen la misma dirección.

— Menciona dos vectores que tengan la misma dirección y el sentido contrario.

— Indica qué vectores son equipolentes entre ellos.

— Calcula el módulo de cada uno, considerando que la longitud del lado del cuadrado equivale a una unidad.

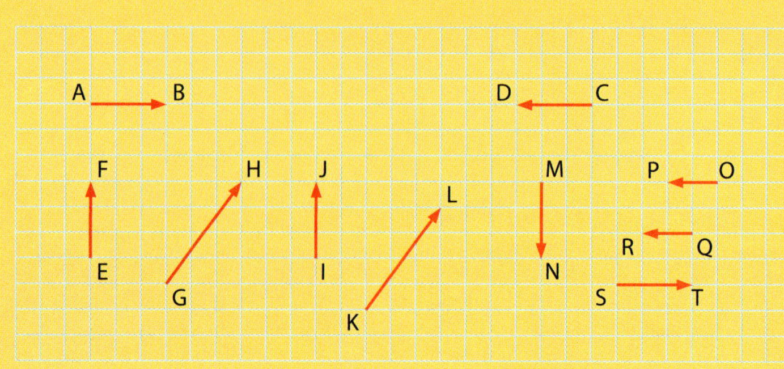

1.2. Vector libre

El concepto de equipolencia que acabamos de definir permite clasificar los vectores fijos del plano en conjuntos de vectores, cada uno de los cuales está formado por todos los vectores equipolentes a uno dado.

Cada uno de estos conjuntos constituye un *vector libre.*

> Se denomina **vector libre** al conjunto de vectores fijos equipolentes a uno dado.

Cada uno de estos vectores fijos se denomina *representante* del vector libre. El que tiene su origen en el origen de coordenadas se llama *representante canónico*.

Los vectores libres suelen representarse con letras minúsculas: $\vec{u}$, $\vec{v}$, $\vec{w}$... o bien por alguno de sus representantes: $\vec{u} = \overrightarrow{AB}$.

Si queremos representar el vector libre $\vec{u} = \overrightarrow{AB}$ mediante un vector fijo con origen en el punto *C*, se construye el paralelogramo *ABCD* como en la ilustración del margen.

Representante canónico del vector libre $\vec{u} = \overrightarrow{AB}$.

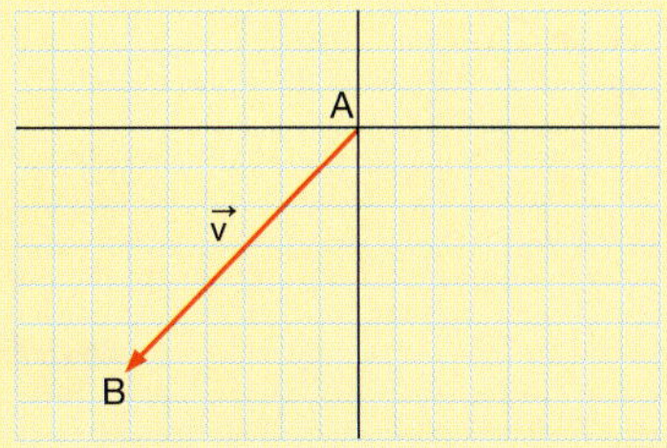

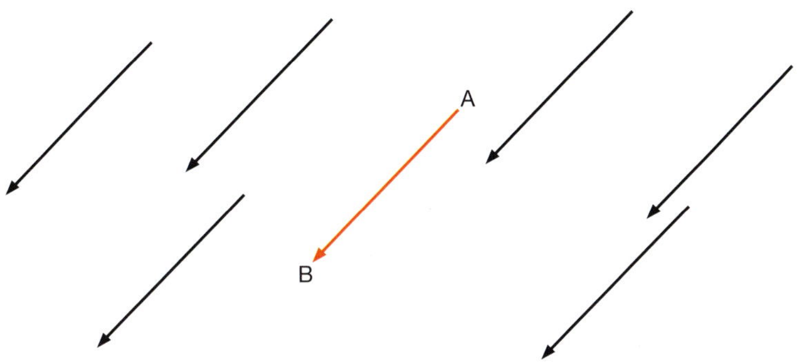

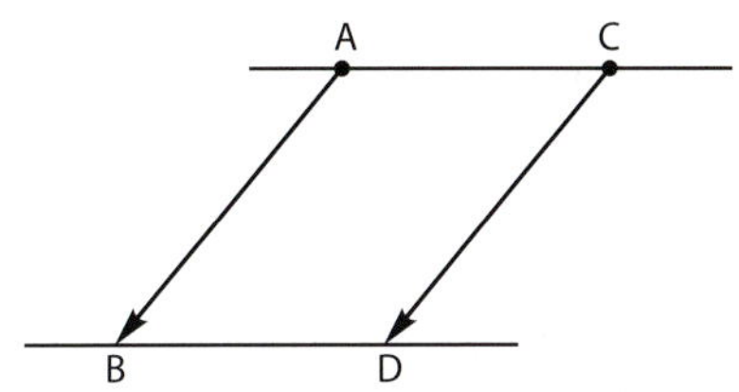

Un vector libre queda definido por su módulo, su dirección y su sentido.

> Se denomina **módulo, dirección** y **sentido** de un **vector libre** al módulo, la dirección y al sentido de uno cualquiera de sus representantes.

Actividades

2. Indica cuáles de las siguientes afirmaciones son falsas:

a) Los vectores $\overrightarrow{AB}$ y $\overrightarrow{CD}$ son equipolentes.

b) Los vectores $\overrightarrow{AB}$ y $\overrightarrow{CD}$ son iguales.

c) El vector $\overrightarrow{EF}$ es un representante del vector $\vec{u}$.

d) Los vectores $\overrightarrow{GH}$ y $\overrightarrow{MN}$ son iguales.

e) Los vectores $\overrightarrow{KL}$ y $\overrightarrow{FE}$ tienen la misma dirección y sentido.

f) El vector fijo $\overrightarrow{KL}$ pertenece al vector libre $\vec{u}$.

g) El vector $\overrightarrow{IJ}$ tiene el mismo módulo que el vector $\overrightarrow{GH}$.

h) El vector $\overrightarrow{KL}$ es un representante del vector $\vec{u}$.

i) Los vectores $\vec{u}$ y $\overrightarrow{KL}$ son equipolentes.

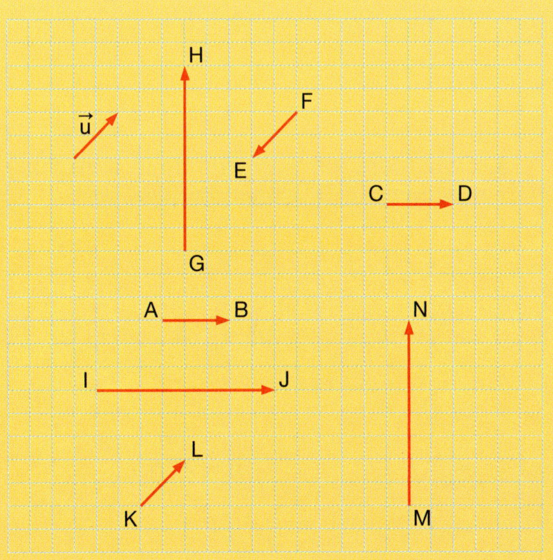

Fíjate

Todo vector $\vec{u}$ tiene un vector opuesto $-\vec{u}$, que tiene el mismo módulo, la misma dirección pero el sentido contrario al del vector $\vec{u}$.

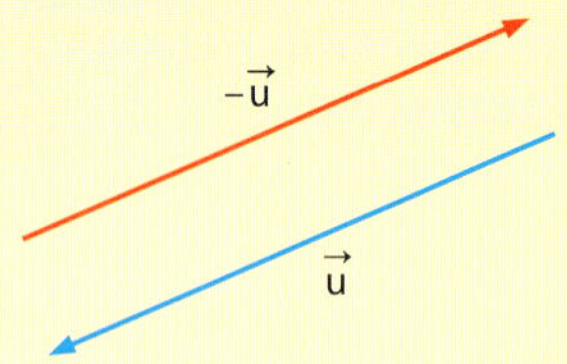

Fíjate

Otra alternativa para sumar o restar vectores es la denominada *regla del paralelogramo*, que nos permite calcular fácilmente el vector suma y diferencia de dos vectores libres a partir de la construción del paralelogramo que definen dichos vectores.

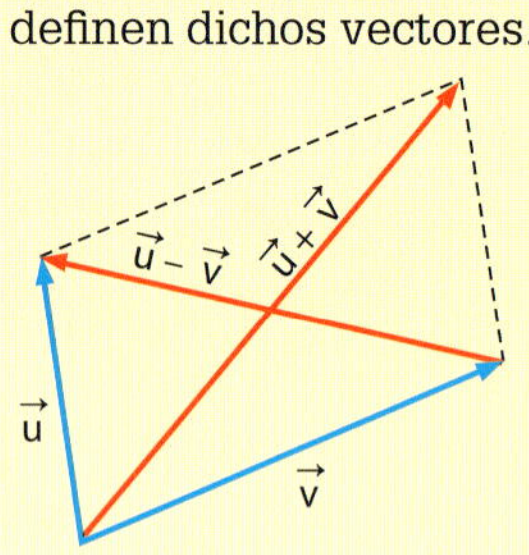

Operaciones con vectores

En el conjunto de los vectores libres del plano, que designamos por $\boldsymbol{V_2}$, pueden definirse las siguientes operaciones:

Suma y resta

Consideremos dos vectores libres $\vec{u}$ y $\vec{v}$.

Llamamos suma de los vectores libres $\vec{u}$ y $\vec{v}$, y la representamos por $\vec{u}+\vec{v}$, al vector libre que se obtiene del siguiente modo:

- Tomamos un representante de $\vec{u}$ y otro de $\vec{v}$ de manera que el extremo del primero coincida con el origen del segundo.
- Trazamos el vector cuyo origen es el del representante de $\vec{u}$ y cuyo extremo es el del representante de $\vec{v}$.

El vector obtenido es un representante del vector libre suma de $\vec{u}$ y $\vec{v}$.

Resta de vectores

La existencia de vector opuesto permite definir la resta de vectores libres a partir de la suma.

Así pues, dados dos vectores libres $\vec{u}$ y $\vec{v}$, para hallar $\vec{u}-\vec{v}$ basta con construir el vector $-\vec{v}$ y sumárselo a $\vec{u}$.

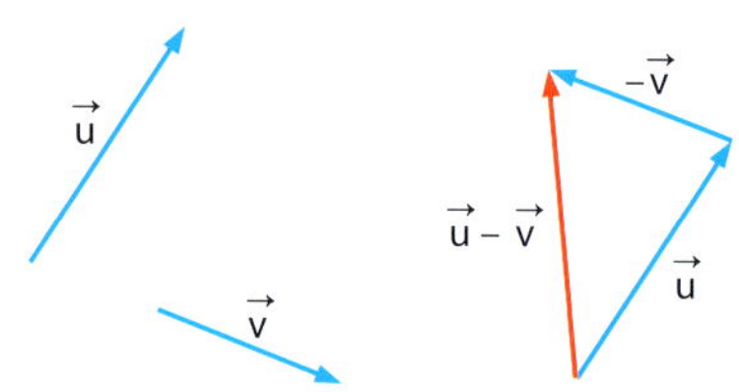

Multiplicación por un número real

Consideremos un número real k y un vector libre $\vec{u}$.

Llamamos producto de un número real k por un vector libre $\vec{u}$, y lo representamos por $k \cdot \vec{u}$, al vector libre que tiene las siguientes características:

- Módulo: el valor absoluto de k multiplicado por el módulo de $\vec{u}$.

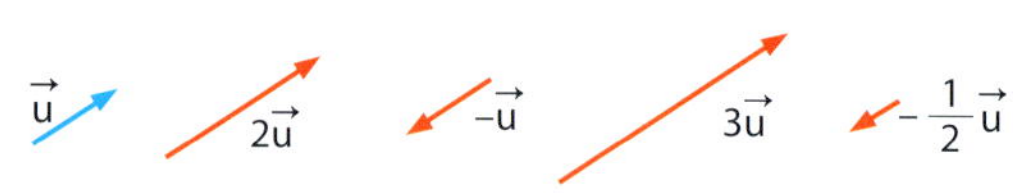

- Dirección: la misma que la de $\vec{u}$.
- Sentido: el mismo que el de $\vec{u}$ si k es positivo, y contrario al de $\vec{u}$ si k es negativo.

Actividades

3. Considera los vectores de la derecha y efectúa gráficamente las siguientes operaciones:

a) $\vec{a}+\vec{b}$

b) $\vec{b}+\vec{a}$

c) $\vec{c}+\vec{d}$

d) $-\vec{d}$

e) $\vec{f}-\vec{g}$

f) $3 \cdot \vec{h}$

g) $\frac{3}{2} \cdot \vec{h}$

h) $-2 \cdot \vec{h}$

i) $\vec{a}-2 \cdot \vec{h}$

j) $\vec{a}+3 \cdot \vec{h}$

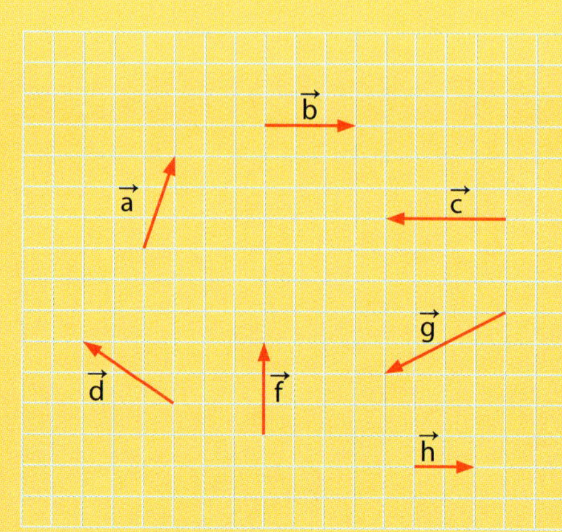

1.3. Dependencia de vectores

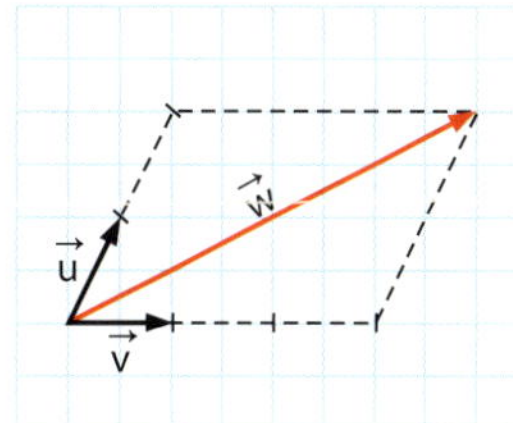

Si observamos los vectores $\vec{u}$, $\vec{v}$ y $\vec{w}$, veremos que podemos escribir el vector $\vec{w}$ como $2 \cdot \vec{u} + 3 \cdot \vec{v}$. Este tipo de expresión recibe el nombre de combinación lineal de los vectores libres $\vec{u}$, $\vec{v}$ y $\vec{w}$. Los números que en la combinación lineal multiplican a los vectores se denominan coeficientes de la combinación lineal.

Cuando tenemos un conjunto de vectores, podemos preguntarnos si es o no posible escribir uno de ellos como combinación lineal de los demás. Según sea la respuesta, el conjunto de vectores será *linealmente dependiente* o *linealmente independiente.*

> Un conjunto de vectores es **linealmente independiente** si ninguno de ellos puede expresarse como combinación lineal de los demás.

> Un conjunto de vectores es **linealmente dependiente** si alguno de ellos puede expresarse como combinación lineal de los demás.

En el plano, dos vectores libres no nulos de diferente dirección son linealmente independientes y tres vectores son siempre linealmente dependientes.

Observa, ahora, los vectores $\vec{i}$ y $\vec{j}$. Son linealmente independientes, puesto que son dos vectores del plano con distinta dirección. Además, cualquier otro vector del plano puede obtenerse como combinación lineal de ellos.

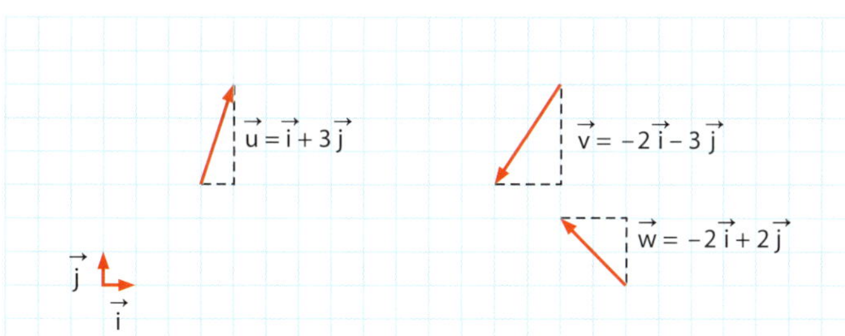

Decimos que el conjunto de vectores $\{\vec{i}, \vec{j}\}$ es una **base del plano,** o una **base V_2.**

> Un conjunto de vectores es **base** si son linealmente independientes y cualquier otro vector puede expresarse como una combinación lineal de los vectores del conjunto.

En el plano, dos vectores de distinta dirección constituyen una base.

Combinación lineal

Cualquier expresión del tipo

$$k_1 \cdot \vec{u} + k_2 \cdot \vec{v}$$

en la que k_1 y k_2 son dos números reales cualesquiera recibe el nombre de combinación lineal de los vectores $\vec{u}$ y $\vec{v}$.

Los números k_1 y k_2 son los coeficientes de la combinación lineal.

Fíjate

Con el objetivo de facilitar los cálculos, suelen considerarse bases en las que los vectores son perpendiculares y de módulo 1. Las denominamos **bases ortonormales.**

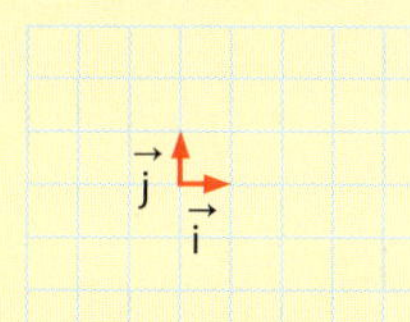

$$|\vec{i}| = |\vec{j}| = 1$$

Si son perpendiculares, pero de módulo distinto de 1, se denominan **bases ortogonales**.

Actividades

4. Indica si los siguientes conjuntos de vectores son linealmente independientes:

a) $\{\vec{a}, \vec{b}, \vec{c}\}$ c) $\{\vec{a}, \vec{b}\}$

b) $\{\vec{b}, \vec{d}, \vec{e}\}$ d) $\{\vec{d}, \vec{e}\}$

— ¿Cuál de los conjuntos es base V_2?

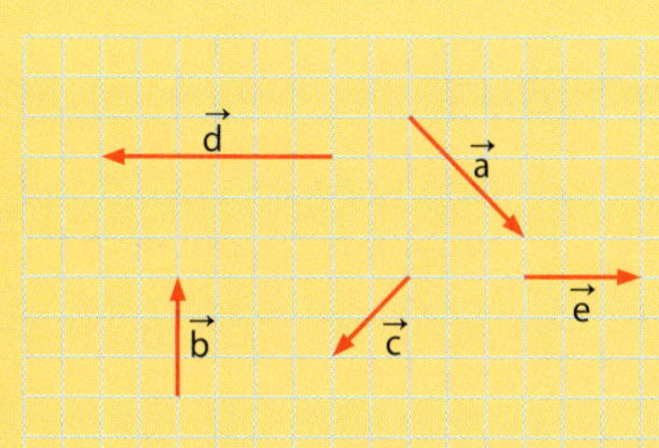

1.4. Componentes de un vector en una base

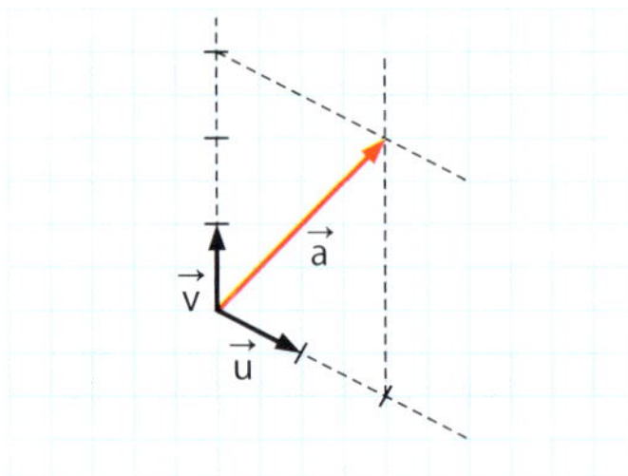

Observa en la figura que la combinación lineal de la base $\{\vec{u}, \vec{v}\}$ con la que se obtiene el vector $\vec{a}$ es $\vec{a} = 2\vec{u} + 3\vec{v}$.

Los coeficientes (2, 3) son las *componentes* del vector $\vec{a}$ en la base $\{\vec{u}, \vec{v}\}$.

> Las **componentes de un vector** en una determinada base son los coeficientes de la combinación lineal de la base a partir de la cual se obtiene dicho vector.

Veamos el proceso que debemos seguir para determinar gráficamente las componentes del vector $\vec{a}$ en la base $B = \{\vec{u}, \vec{v}\}$.

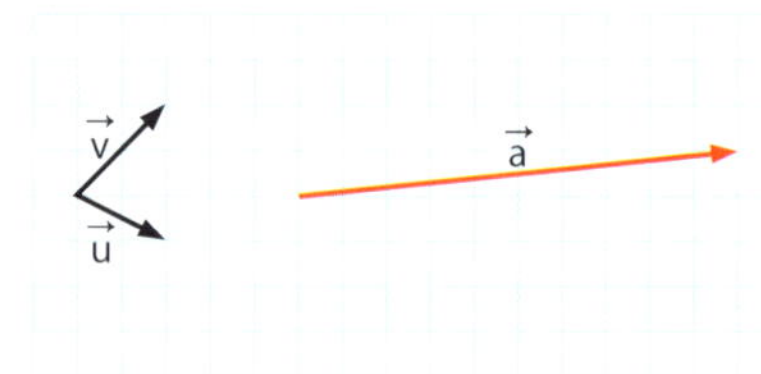

@

Accede a la página **http://links.edebe.com/pmnir** y resuelve una actividad interactiva para dibujar vectores y observar sus componentes en distintas bases.

Obtención gráfica de las componentes de un vector en una base	
Dibujamos un representante de cada uno de los tres vectores con un origen común.	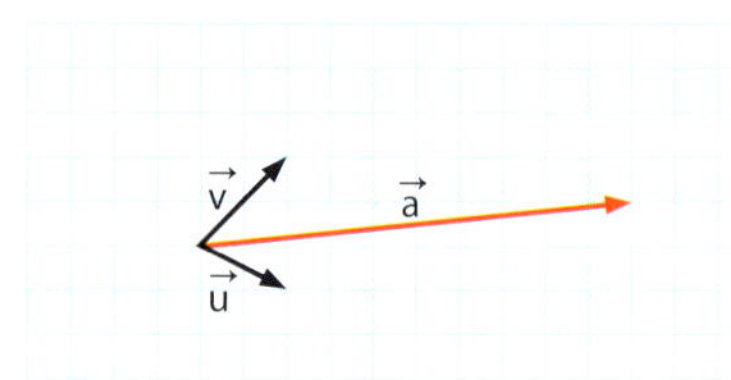
Trazamos paralelas a los vectores de la base que pasen por el origen y por el extremo del vector $\vec{a}$. De este modo, se nos habrá formado un paralelogramo.	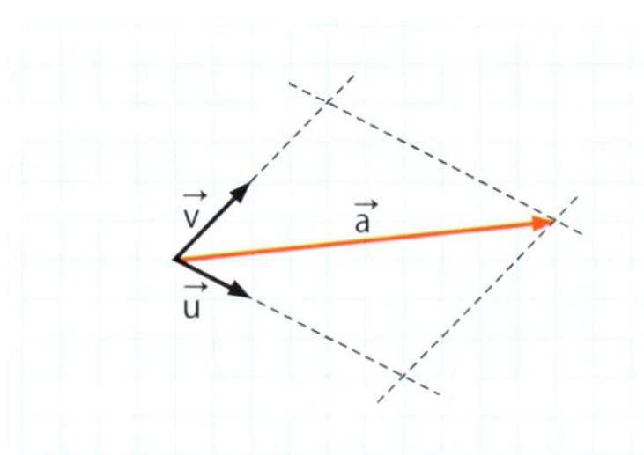
Asociamos cada uno de los lados del cuadrilátero al producto de un vector de la base multiplicado por un número. Según la regla del paralelogramo, la suma de estos vectores será igual al vector $\vec{a}$.	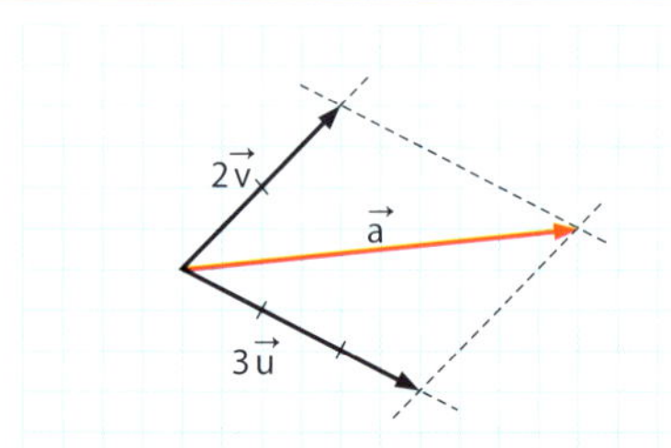 Como $\vec{a} = 3\vec{u} + 2\vec{v}$, las componentes de $\vec{a}$ en la base $B = \{\vec{u}, \vec{v}\}$ son (3, 2).

Actividades

5. Indica las componentes de los vectores $\vec{a}$, $\vec{b}$, $\vec{c}$ y $\vec{d}$ de la figura en la base $B = \{\vec{u}, \vec{v}\}$.

— Representa los vectores $\vec{e}$ y $\vec{f}$ cuyas componentes en la base B son (−2, 2) y (4, −3), respectivamente.

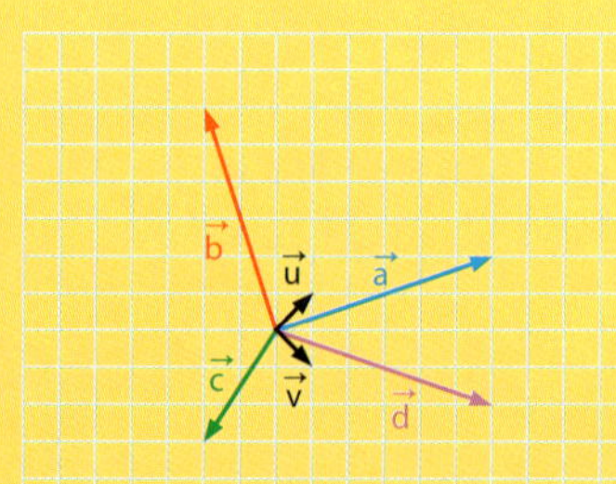

Operaciones con vectores expresados por sus componentes

A continuación, veremos qué sucede con las componentes de los vectores cuando los sumamos o los multiplicamos por un número real.

Suma

Las componentes de los vectores $\vec{u}$ y $\vec{v}$ en la base $B = \{\vec{i}, \vec{j}\}$ son (1, 1) y (2, 1), respectivamente.

Como puedes observar en la figura, el vector $\vec{u} + \vec{v}$ tiene por componentes (3, 2), que es el resultado de sumar las componentes de $\vec{u}$ con las de $\vec{v}$.

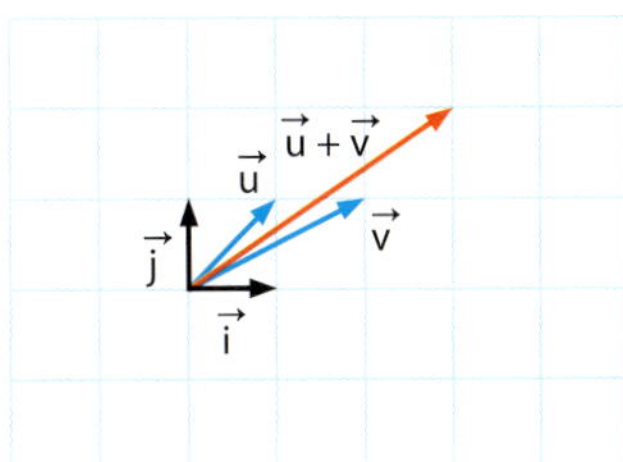

$$\vec{u} + \vec{v} = (\vec{i} + \vec{j}) + (2\vec{i} + \vec{j}) = (1 + 2)\vec{i} + (1 + 1)\vec{j} = 3\vec{i} + 2\vec{j}$$

Es habitual simplificar la escritura del siguiente modo:

$$\vec{u} + \vec{v} = (1, 1) + (2, 1) = (1 + 2, 1 + 1) = (3, 2)$$

Ejemplo 1

Sabiendo que las componentes de los vectores $\vec{u}$ y $\vec{v}$ en una determinada base son $\vec{u} = (1, -2)$ y $\vec{v} = (2, 2)$, halla las componentes de:

a) $\vec{u} + \vec{v}$

b) $2\vec{u} - \vec{v}$

COMPRENSIÓN

Los vectores están expresados en función de sus componentes, así que para efectuar su suma (o resta) debemos operar componente a componente.

RESOLUCIÓN

a) $\vec{u} + \vec{v} = (1, -2) + (2, 2) = (1 + 2, -2 + 2) = (3, 0)$

b) $\vec{u} - \vec{v} = (1, -2) - (2, 2) = (1, -2, -2 -2) = (-1, -4)$

Operaciones en R^2

En el conjunto R^2 de pares ordenados de coordenadas, se definen las siguientes operaciones:

1. Suma de pares:

   $(a, b) + (c, d) = (a + c, b + d)$

2. Producto de un número real por un par:

   $k \cdot (a, b) = (ka, kb)$

@

Entra en la página **http://links.edebe.com/eryu2** y resuelve una propuesta de trabajo interactiva sobre la suma y la resta de vectores.

Actividades

6. Sabiendo que las componentes de los vectores $\vec{u}$ y $\vec{v}$ en una determinada base son $\vec{u} = (1, 2)$ y $\vec{v} = (2, -1)$, efectúa las siguientes operaciones:

a) $\vec{u} + \vec{v}$ b) $\vec{u} - \vec{v}$

Seguidamente vamos a ver otro ejemplo de la segunda operación definida en $\mathbf{R}^2$: la multiplicación de un número por un par ordenado, aplicada a un vector expresado por sus componentes.

Multiplicación por un número real

Las componentes del vector $\vec{u}$ en la base $B = \{\vec{i}, \vec{j}\}$ son (1, 2).

Como puedes observar en la figura, el vector $2\vec{u}$ tiene por componentes (2, 4), que es el resultado de multiplicar por 2 las componentes de $\vec{u}$.

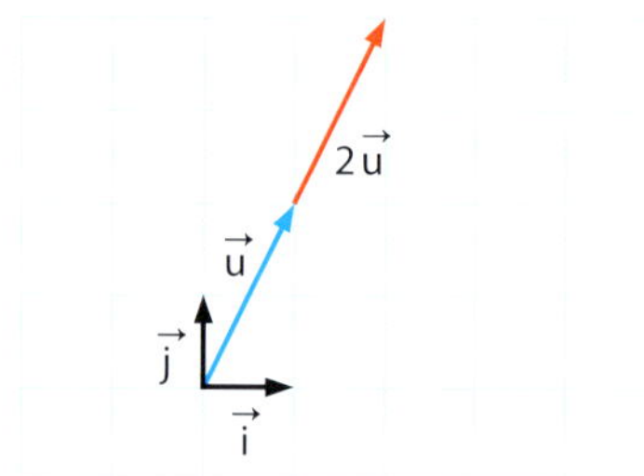

$$2\vec{u} = 2 \cdot (\vec{i} + 2\vec{j}) = 2\vec{i} + 4\vec{j}$$

Para simplificar la escritura, suele utilizarse la siguiente nomenclatura:

$$2\vec{u} = 2 \cdot (1, 2) = (2 \cdot 1, 2 \cdot 2) = (2, 4)$$

Ejemplo 2

Las componentes de $\vec{u}$, $\vec{v}$ y $\vec{w}$ respecto de una cierta base son $\vec{u} = (5, 0)$, $\vec{v} = (2, 1)$ y $\vec{w} = (1, -2)$. Expresa el vector $\vec{u}$ como combinación lineal de los vectores $\vec{v}$ y $\vec{w}$.

COMPRENSIÓN

Debemos tener presente el concepto de dependencia lineal de vectores y, a partir de su definición, efectuar las operaciones necesarias.

RESOLUCIÓN

Se trata de hallar dos números reales, k_1 y k_2, de manera que:

$$\vec{u} = k_1 \cdot \vec{v} + k_2 \cdot \vec{w}$$

Sustituimos las componentes correspondientes:

$$(5, 0) = k_1 \cdot (2, 1) + k_2 \cdot (1, -2) = (2k_1, k_1) + (k_2, -2k_2) =$$
$$= (2k_1 + k_2, k_1 - 2k_2)$$

Finalmente, igualamos componentes y obtenemos el siguiente sistema:

$$\left.\begin{aligned} 5 &= 2k_1 + k_2 \\ 0 &= k_1 - 2k_2 \end{aligned}\right\}$$

Resolvemos el sistema y obtenemos: $k_1 = 2$ y $k_2 = 1$.

Por lo tanto: $\vec{u} = 2\vec{v} + \vec{w}$

COMPROBACIÓN

Podemos comprobar que el resultado es correcto operando con la combinación lineal obtenida:

$$2\vec{v} + \vec{w} = 2 \cdot (2, 1) + (1, -2) = (4, 2) + (1, -2) = (5, 0)$$

Que coincide, efectivamente, con el vector $\vec{u} = (5, 0)$.

Actividades

7. Sabiendo que las componentes de los vectores $\vec{u}$ y $\vec{v}$ en una determinada base son $\vec{u} = (1, 2)$ y $\vec{v} = (2, -1)$, efectúa las siguientes operaciones:

a) $6\vec{u}$ b) $3\vec{u} - \vec{v}$

— Expresa el vector $\vec{w} = (4, 3)$ como combinación lineal de $\vec{u}$ y $\vec{v}$.

2. Sistema de referencia

En la figura de la derecha observamos que el conjunto formado por el punto fijo *O* y la base del plano $B = \{\vec{u}, \ \vec{v}\}$ nos permite determinar la posición de cualquier punto *P* del plano.

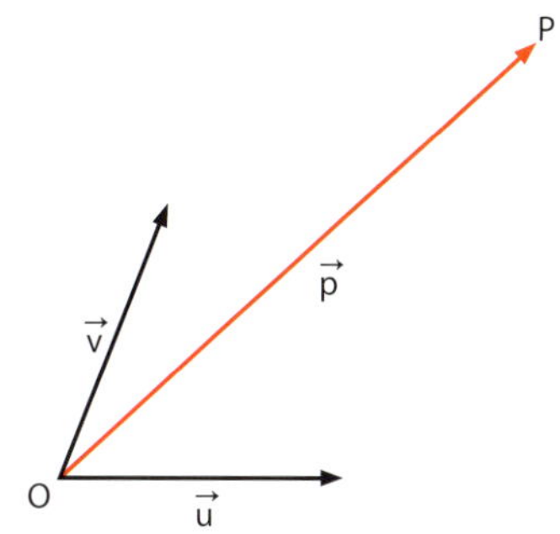

El conjunto formado por un punto fijo *O* y por una base de V_2, $B = \{\vec{u}, \ \vec{v}\}$, constituye un **sistema de referencia** en el plano.

Un sistema de referencia se denota por $\boldsymbol{R = \{O; \vec{u}, \vec{v}\}}$.

Cualquier otro punto *P* del plano determina con el punto fijo *O* el vector $\overrightarrow{OP}$. El vector libre $\overrightarrow{OP}$, que denotaremos por $\vec{p}$, se denomina **vector posición** del punto *P*.

2.1. Coordenadas de un punto

Sean (p_1, p_2) las componentes de $\vec{p}$ en la base *B*. Diremos que (p_1, p_2) son las coordenadas del punto *P* en el sistema de referencia $R = \{O; \vec{u}, \vec{v}\}$ y escribiremos $P\,(p_1, p_2)$.

Las **coordenadas de un punto *P*** respecto al sistema de referencia $R = \{O; \vec{u}, \vec{v}\}$ son las componentes del vector de posición de *P* en la base $B = \{\vec{u}, \ \vec{v}\}$.

Ejemplo 3

Halla las coordenadas del punto P *de la derecha en el sistema de referencia* $R = \{O; \vec{u}, \vec{v}\}$.

COMPRENSIÓN

Aplicamos que las coordenadas de un punto en *P*, en un sistema de referencia $R = \{O; \vec{u}, \vec{v}\}$, son las componentes del vector de posición de *P* en la base del sistema de referencia.

RESOLUCIÓN

El punto *P* determina con el origen *O* un vector $\vec{p} = \overrightarrow{OP}$ cuyas componentes respecto de la base formada por $\vec{u}$ y $\vec{v}$ son (1, 2); es decir, $\vec{p} = \vec{u} + 2\,\vec{v}$.

Por tanto, las coordenadas de *P* en el sistema de referencia *R* son (1, 2).

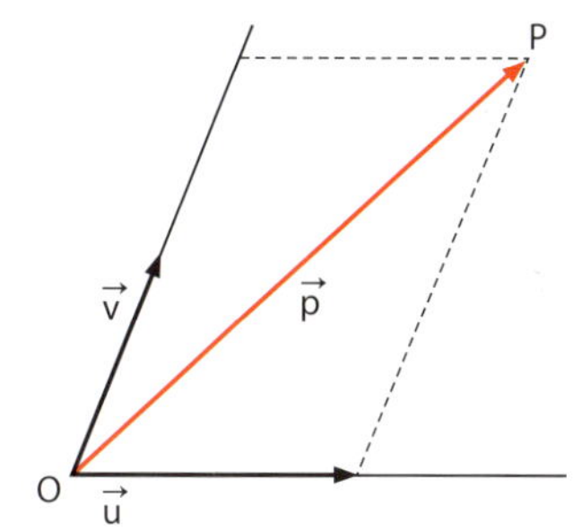

Actividades

8. Halla las coordenadas de los puntos *P*, *Q* y *S* de la figura en el sistema de referencia $R = \{O; \vec{i}, \vec{j}\}$.

— Expresa los vectores $\overrightarrow{OP}$, $\overrightarrow{OQ}$ y $\overrightarrow{OS}$ en función de la base.

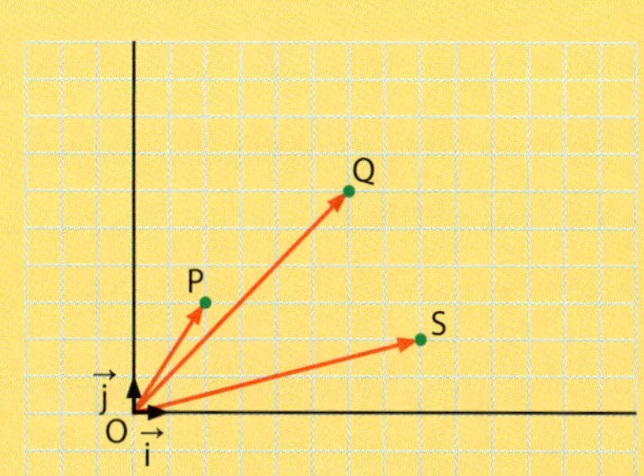

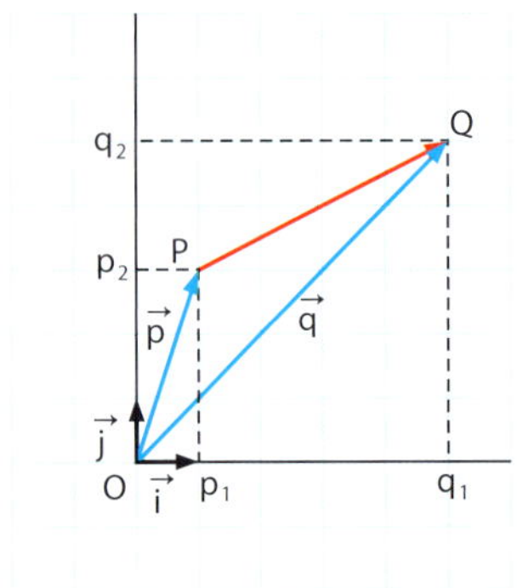

2.2. Componentes de un vector determinado por dos puntos

Consideremos el sistema de referencia $R = \{O; \vec{i}, \vec{j}\}$ y los puntos P y Q. Veamos cómo determinar las componentes del vector $\overrightarrow{PQ}$ en dicho sistema de referencia a partir de las coordenadas de P y de Q.

Observa la figura de la izquierda.

$$\overrightarrow{OQ} = \overrightarrow{OP} + \overrightarrow{PQ}$$

$$\overrightarrow{PQ} = \overrightarrow{OP} - \overrightarrow{OQ}$$

Si las coordenadas de P son (p_1, p_2) y las coordenadas de Q son (q_1, q_2), se tiene:

$$\overrightarrow{PQ} = (q_1 - p_1)\,\vec{i} + (q_2 - p_2)\,\vec{j}$$

Las componentes del vector $\overrightarrow{PQ}$ se obtienen restando las coordenadas del extremo, Q, de las del origen, P.

Módulo de un vector

En la siguiente figura está representado el vector $\vec{p}$ en función de la base ortonormal $\{\vec{i}, \vec{j}\}$.

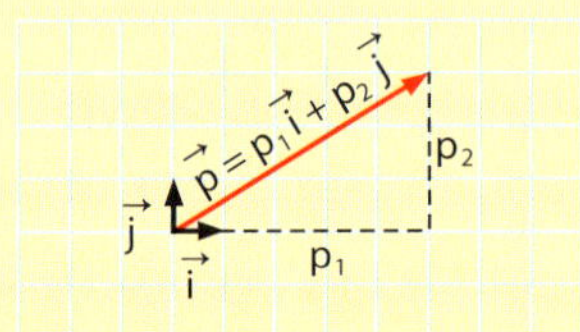

Para calcular su módulo, aplicamos el teorema de Pitágoras.

$$|\vec{p}| = \sqrt{p_1^2 + p_2^2}$$

Ejemplo 4

Sabiendo que las coordenadas de P *y de* Q *respecto a un sistema de referencia son* P *(1, −3) y* Q *(2, 0), calcula las componentes del vector* $\overrightarrow{PQ}$.

COMPRENSIÓN

Obtendremos las coordenadas de $\overrightarrow{PQ}$ restando las coordenadas de P a las de Q.

RESOLUCIÓN

$$\overrightarrow{PQ} = (2 - 1)\,\vec{i} + (0 - (-3))\,\vec{j} = \vec{i} + 3\vec{j}$$

Las componentes del vector $\overrightarrow{PQ}$ son (1, 3).

Distancia entre dos puntos

La distancia entre dos puntos P y Q coincide con el módulo del vector $\overrightarrow{PQ}$. Por tanto:

$$d(P, Q) = \left|\overrightarrow{PQ}\right| = \sqrt{(q_1 - p_1)^2 + (q_2 - p_2)^2}$$

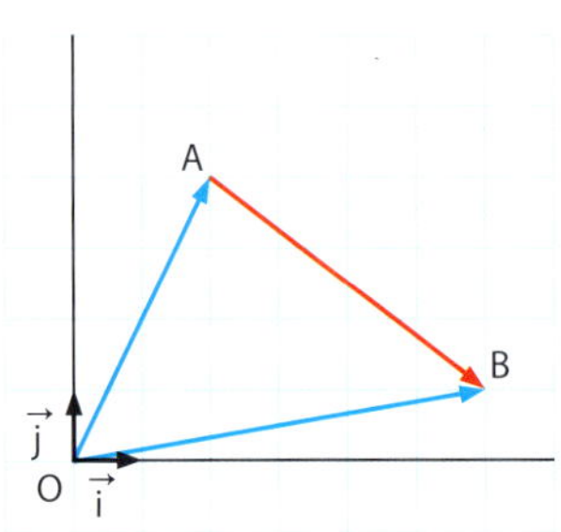

Ejemplo 5

Determina la distancia entre los puntos A *y* B *de la figura de la izquierda.*

COMPRENSIÓN

Debemos tener presente que la distancia entre dos puntos coincide con el módulo del vector que los une.

RESOLUCIÓN

— Hallamos las coordenadas del vector $\overrightarrow{AB}$.

$$\overrightarrow{AB} = (6 - 2)\vec{i} + (1 - 4)\vec{j} = 4\vec{i} - 3\vec{j}$$

— Calculamos el módulo del vector $\overrightarrow{AB}$.

$$\left|\overrightarrow{AB}\right| = \sqrt{4^2 + (-3)^2} = 5$$

La distancia entre A y B es de 5 unidades de longitud.

Actividades

9. Sabiendo que las coordenadas de los puntos A y B en un sistema de referencia son A (1, 2) y B (2, −1), calcula las componentes del vector $\overrightarrow{AB}$.

— Determina la distancia entre A y B.

3. Rectas en el plano

Ya conocemos el procedimiento para obtener la ecuación de una recta, $y = mx + b$, a partir de las coordenadas de dos puntos por los que pasa. Recordémoslo en el siguiente ejemplo:

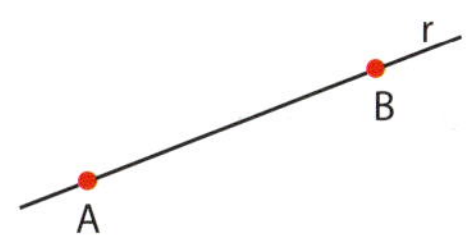

Dos puntos determinan una recta.

Ejemplo 6

Escribe la ecuación de la recta que pasa por los puntos A (1, 2) y B (3, 4).

COMPRENSIÓN

Debemos recordar la forma general de la ecuación de la recta y que, para obtener dos parámetros *(m y b)*, necesitamos dos condiciones (ecuaciones).

RESOLUCIÓN

Si los puntos A (1, 2) y B (3, 4) pertenecen a la recta, al sustituir sus coordenadas en la ecuación $y = mx + b$, deben verificarse las igualdades:

$$\left.\begin{array}{l} 2 = m + b \\ 4 = 3m + b \end{array}\right\}$$

Al resolver este sistema, comprobamos que su solución es $m = 1$ y $b = 1$.

Así, la ecuación de la recta es $y = x + 1$.

Recuerda

En la ecuación de una recta, $y = mx + b$, m se denomina pendiente y b, ordenada en el origen.

Recuerda

Ecuación de una recta paralela al eje de abscisas:

$$y = b$$

Ecuación de una recta que pasa por el origen de coordenadas y no es paralela a ninguno de los ejes:

$$y = mx \quad (m \neq 0)$$

Ecuación de una recta que no pasa por el origen de coordenadas y no es paralela a ninguno de los ejes:

$$y = mx + b \quad (m \neq 0, b \neq 0)$$

Ecuación de una recta paralela al eje de ordenadas:

$$x = a$$

Como vemos en la representación de la recta obtenida en el ejemplo anterior:

> La ordenada en el origen de una recta, b, coincide con la ordenada del punto de corte de la recta con el eje OY.

En nuestro caso $b = 1$.

La pendiente de la recta representa el cociente entre el incremento de la variable y respecto al incremento de la variable x. Por tanto, en el ejemplo anterior podríamos haber calculado la pendiente de este modo:

$$m = \frac{\Delta y}{\Delta x} = \frac{4-2}{3-1} = \frac{2}{2} = 1$$

Observamos que este valor coincide con la tangente del ángulo que forma la recta con el semieje positivo OX, que en este caso es de 45°.

$$m = tg\ 45° = \frac{4-2}{3-1} = 1$$

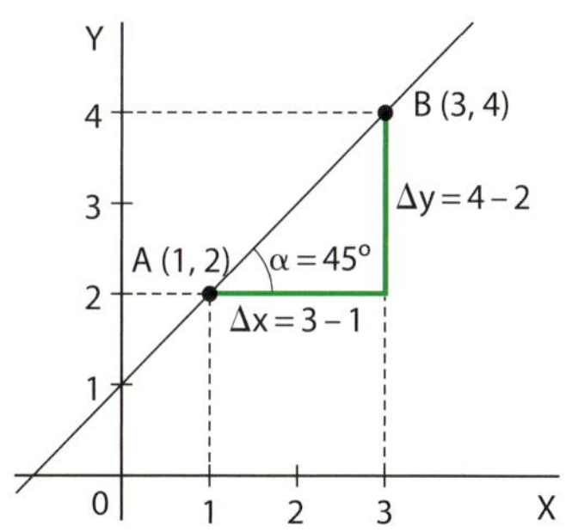

> La **pendiente** de una recta es la **tangente del ángulo** que forma la recta con el semieje positivo de abscisas.

Actividades

10. Determina la ecuación de la recta que pasa por los puntos A (−3, 3) y B (3, 1).

11. Halla la ecuación de la recta de pendiente 2 que pasa por el punto de coordenadas (4, −3).

12. Determina la expresión algebraica de la recta que pasa por el punto P (−3, 5) y forma un ángulo de 45° con el semieje positivo de abscisas.

13. Obtén la expresión algebraica de la recta que pasa por el punto P (−3, 5) y forma un ángulo de 135° con el semieje positivo de abscisas.

14. Determina la ecuación de la recta cuya gráfica está representada en la figura de la derecha.

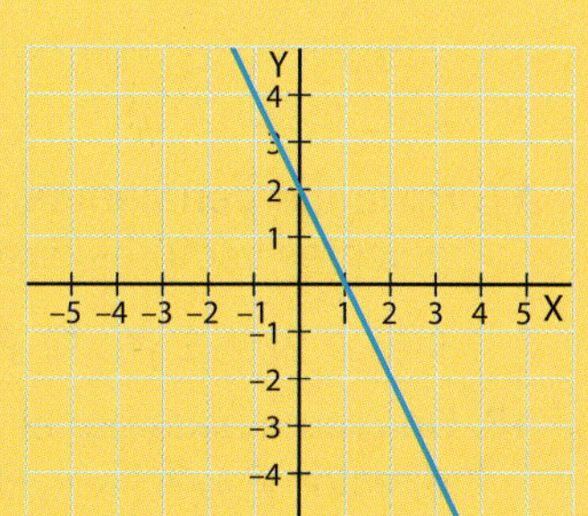

Una recta también queda definida por un punto y una dirección.

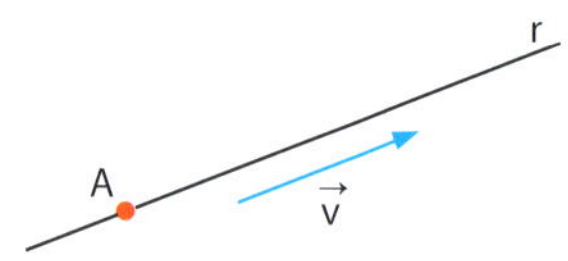

Un vector que tenga la dirección de una recta se denomina **vector director** de esta.

Si conocemos dos puntos de una recta, el vector libre que tiene un representante con origen en uno de ellos y el extremo en el otro es un vector director de la recta.

A partir de las componentes del vector director de una recta, $\vec{v} = (v_1, v_2)$, podemos calcular su pendiente de este modo:

$$m = \frac{v_2}{v_1}$$

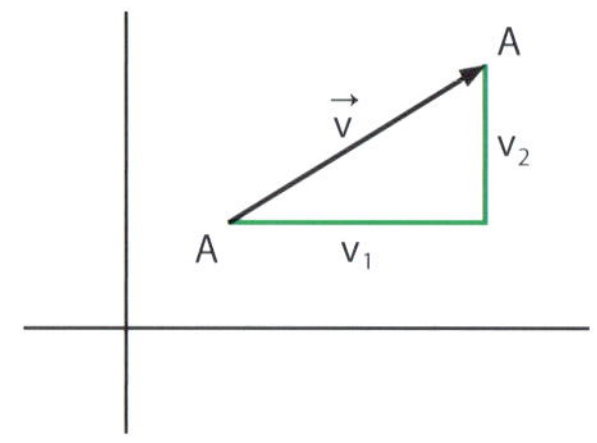

Veamos un ejemplo:

Ejemplo 7

Determina la ecuación de la recta que pasa por el punto A (4, 5) y que tiene por vector director

$$\vec{v} = \vec{i} - 2\vec{j}$$

COMPRENSIÓN

Contamos como datos con un punto de la recta y su vector director. Podemos calcular directamente la pendiente de la recta y, a continuación, la ordenada en el origen.

RESOLUCIÓN

Calculamos la pendiente de la recta a partir de las componentes del vector director.

$$m = \frac{v_2}{v_1} = \frac{-2}{-1} = 2$$

La ecuación de la recta será $y = 2x + b$. Puesto que el punto A pertenece a la recta, sus coordenadas deberán satisfacer la ecuación de esta. Consecuentemente, sustituiremos x e y por las coordenadas del punto A.

$$5 = 2 \cdot 4 + b$$

$$b = 5 - 2 \cdot 4 = -3$$

La ecuación de la recta es $y = 2x - 3$.

Actividades

15. Un vector director de una recta es $\vec{v} = \vec{i} - 2\vec{j}$. Indica si los siguientes vectores también serán vectores directores de la recta:

a) $\vec{v} = -\vec{i} + 2\vec{j}$ b) $\vec{v} = 2\vec{i} + 2\vec{j}$ c) $\vec{v} = 3\vec{i} - 6\vec{j}$

— Señala un procedimiento para obtener diferentes vectores directores de una recta si ya conocemos uno.

16. Determina dos vectores directores de la recta que pasa por los puntos A (–1, 2) y B (3, 1).

17. Halla las pendientes de las rectas que tienen los siguientes vectores directores:

a) $\vec{v} = 2\vec{i} - 2\vec{j}$ b) $\vec{v} = 3\vec{i} - 2\vec{j}$ c) $\vec{v} = 2\vec{i} + 4\vec{j}$

18. Una recta pasa por el punto A (3, –2) y tiene por vector director $\vec{v} = 2\vec{i} + \vec{j}$. Determina gráficamente si el punto B (5, 3) pertenece a la recta.

19. Una recta pasa por el punto A (–1, 2) y tiene por vector director $\vec{v} = 2\vec{i} + 3\vec{j}$.

a) Calcula gráficamente las coordenadas de otros dos puntos de la recta.

b) Calcula la pendiente de la recta.

c) Determina la ecuación de la recta.

20. Calcula la ecuación de la recta que pasa por el punto A (–3, 3) y tiene por vector director $\vec{v} = \vec{i} - 2\vec{j}$.

21. Determina la ecuación de la recta de la figura.

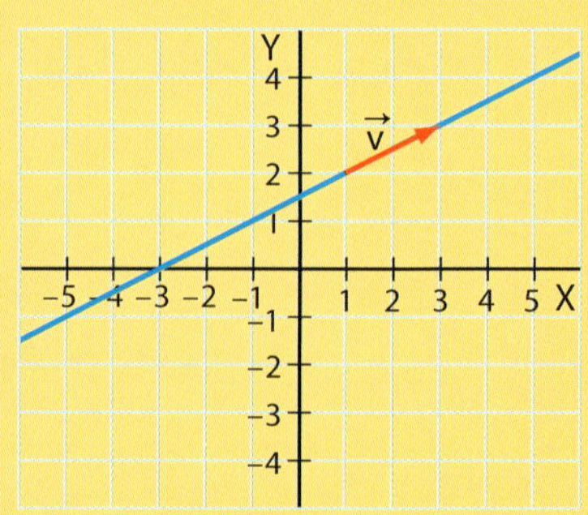

3.1. Posición relativa de dos rectas

Dos rectas en el plano pueden ser *secantes, paralelas* o *coincidentes*.

Rectas secantes	Rectas paralelas	Rectas coincidentes
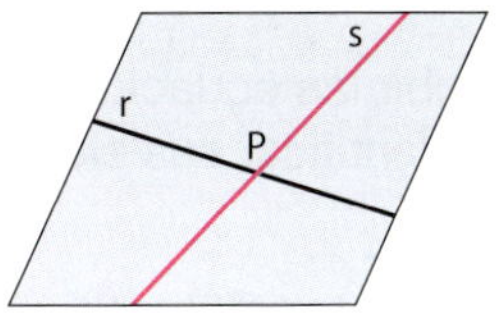	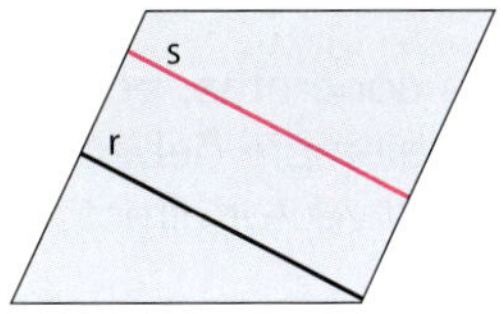	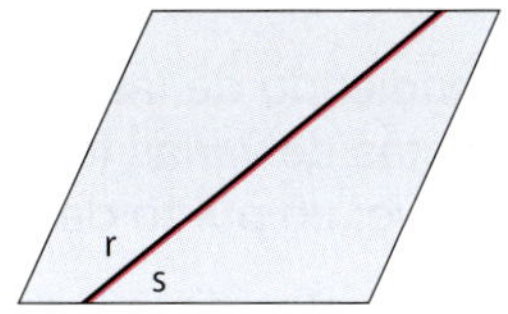
Tienen **un único punto** en común.	No tienen **ningún punto** en común.	Tienen **todos los puntos** en común.

@ Accede a este enlace: **http://links.edebe.com/5e87**, repasa los conceptos tratados en la unidad y resuelve las diversas actividades autocorrectivas propuestas.

Para determinar la posición relativa de dos rectas, podemos resolver el sistema formado por sus ecuaciones:

- Si tiene **una única solución,** las rectas son **secantes.**
- Si **no tiene solución,** las rectas son **paralelas.**
- Si tiene **infinitas soluciones,** las rectas son **coincidentes.**

Ejemplo 8

Determina la posición relativa de las rectas $y = 2x + 4$ *e* $y = 2x - 3$.

Resolvemos el sistema formado por las ecuaciones de las dos rectas para saber los puntos que tienen en común.

$$\left.\begin{aligned} y &= 2x + 4 \\ y &= 2x - 3 \end{aligned}\right\}$$

Utilizamos, por ejemplo, el método de igualación.

$$2x + 4 = 2x - 3$$

$$2x - 2x = -3 - 4$$

$$0x = -7$$

El sistema no tiene solución, ya que no hay ningún número que multiplicado por 0 dé −7. Esto nos indica que las rectas no tienen ningún punto en común; son rectas paralelas. Observa que tienen la misma pendiente, pero difieren en la ordenada en el origen.

Comprueba que en la imagen de la derecha se verifica que:

Ecuaciones de las rectas	Posición relativa	Condición
$y = mx + b$	Secantes	$m \neq m'$
	Perpendiculares (secantes)	$m = -\dfrac{1}{m'}$
$y = m'x + b'$	Paralelas	$m = m'$ y $b \neq b'$
	Coincidentes	$m = m'$ y $b = b'$

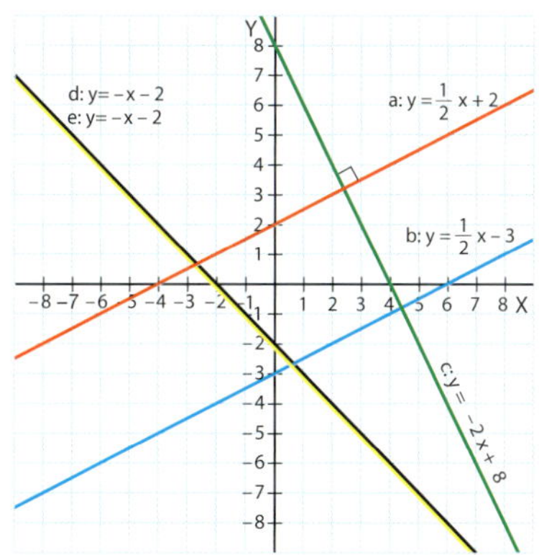

Actividades

22. Determina la posición relativa de las rectas *r* y *s* mediante el sistema de ecuaciones que forman.

a) $r: y = \dfrac{1}{2}x - \dfrac{5}{2}$ $\qquad s: y = -2x - 10$

b) $r: 2y = 4x - 7$ $\qquad s: y = 2x + 2$

c) $r: y = -2x + 1$ $\qquad s: -3y = 6x - 3$

23. Indica la posición de la recta $r: y = -2x - 2$ respecto a cada una de las siguientes rectas, a partir de sus parámetros:

a) $2y = -4x - 4$

b) $y = \dfrac{1}{2}x - 2$

c) $y = -2x + 5$

d) $y = -\dfrac{1}{2}x + 2$

3.2. Ecuaciones de la recta

Ya conocemos diversas maneras de definir una recta y las posiciones relativas entre ellas.

Para caracterizar una recta, es necesario conocer un punto por el que pase y su vector director.

Dependiendo de las situaciones concretas, podemos escribir las ecuaciones de las rectas de varias formas, pero siempre debemos poder identificar sus elementos clave: un punto de la recta y su vector director.

Veamos estas distintas maneras de expresar la ecuación de una recta:

Ecuación vectorial

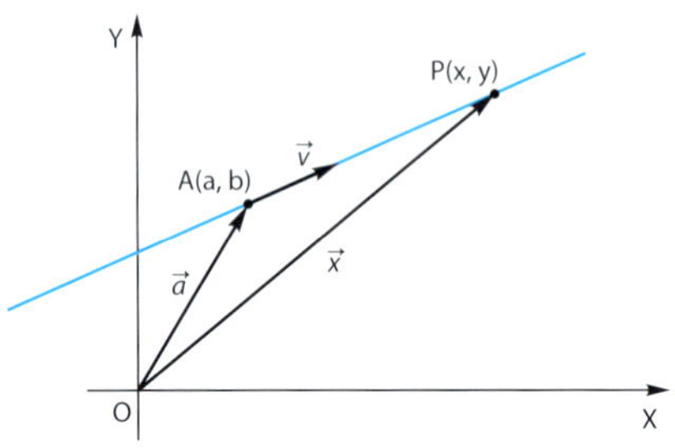

Si P es un punto genérico de la recta, su vector de posición es $\vec{x} = \overrightarrow{OP}$. Este vector puede expresarse en función de un punto por el que pasa la recta A (con vector de posición $\vec{a}$) y su vector director $\vec{v} = (v_1, v_2)$ como sigue:

$$\vec{x} = \vec{a} + \lambda \vec{v} \qquad \lambda \in \mathbb{R}$$

λ es un parámetro que, al recorrer todos los números reales, alarga, comprime y cambia de sentido el vector director $\vec{v}$ (manteniendo siempre la misma dirección) de modo que se recorran todos los puntos de la recta.

En función de las coordenadas de los vectores, la ecuación anterior puede escribirse:

$$(x, y) = (a, b) + \lambda\,(v_1, v_2) \qquad \lambda \in \mathbb{R}$$

Ecuaciones paramétricas

Para que la ecuación vectorial anterior sea cierta, debe verificarse que sean iguales las componentes a ambos lados de la igualdad. Por tanto, podemos escribir:

$$\left.\begin{aligned} x &= a + \lambda v_1 \\ y &= b + \lambda v_2 \end{aligned}\right\} \quad \lambda \in \mathbb{R}$$

Que son las llamadas ecuaciones **paramétricas** de la recta.

Como en ambas expresiones el parámetro λ debe tener el mismo valor simultáneamente, podemos apoyarnos en este hecho para eliminarlo.

Ecuación continua

Despejando el parámetro de las ecuaciones anteriores e igualando, se obtiene la ecuación de la recta en forma **continua.**

$$\lambda = \frac{x-a}{v_1} \text{ y } \lambda = \frac{y-b}{v_2}$$

$$\frac{x-a}{v_1} = \frac{y-b}{v_2}$$

En esta forma de expresión de la ecuación de la recta, en la que las componentes del vector director aparecen en los denominadores, una de ellas puede ser 0. En este contexto esto es correcto, ya que solo implica que el numerador de la fracción también debe ser nulo.

Ten en cuenta

Dependiendo del punto y del vector director elegidos, una misma recta puede tener distintas expresiones para su ecuación.

Así, la recta $\frac{x+1}{2} = \frac{y-1}{1}$ también pasa por el punto $B = (3, 3)$ por lo que podríamos expresarla como $\frac{x-3}{2} = \frac{y-3}{1}$.

También podríamos utilizar como vector director cualquiera proporcional a $\vec{v} = (2, 1)$. Por ejemplo:

$$\frac{x+1}{-2} = \frac{y-1}{-1}$$

Todas las ecuaciones anteriores representan la misma recta.

Ejemplo 9

Expresa en forma vectorial, paramétrica y continua la ecuación de la recta que pasa por el punto $A\,(1, -2)$ y su vector director es $\vec{v} = (2, 3)$.

COMPRENSIÓN

Podemos empezar por la ecuación de la recta en forma vectorial e ir pasando al resto de expresiones, o bien, directamente identificamos el punto y el vector director en cada una de las ecuaciones.

RESOLUCIÓN

— Vectorial:

$(x, y) = (1, -2) + \lambda(2, 3)$

— Paramétricas:

$$\left.\begin{array}{l} x = 1 + 2\lambda \\ y = -2 + 3\lambda \end{array}\right\}$$

— Continua:

$$\frac{x-1}{2} = \frac{y+2}{3}$$

Ejemplo 10

Expresa la siguiente recta en forma vectorial y paramétrica:

$$\frac{x-4}{-2} = \frac{y+5}{3}$$

COMPRENSIÓN

Debemos identificar un punto por el que pase la recta y su vector director para, seguidamente, determinar las ecuaciones solicitadas con estos elementos.

RESOLUCIÓN

Un punto de la recta puede ser $A\,(4, -5)$ y un vector director, $\vec{v} = (-2, 3)$. Por tanto, las ecuaciones paramétricas y vectorial son:

— Paramétricas:

$$\left.\begin{array}{l} x = 4 - 2\lambda \\ y = -5 + 3\lambda \end{array}\right\}$$

— Vectorial:

$(x, y) = (4, -5) + \lambda(-2, 3)$

Ecuación punto-pendiente

Operando con la ecuación continua, podemos expresarla como:

$$y - b = \frac{v_2}{v_1}(x - a)$$

Esta es la ecuación **punto-pendiente** de la recta. La recta pasa por el punto $A\,(a, b)$ y tiene pendiente $m = \frac{v_2}{v_1}$, por lo que podemos escribirla en la forma más conocida:

$$y - b = m(x - a)$$

- Las **rectas paralelas al eje *OX*** tienen pendiente 0. Su ecuación es:

  $$y - b = 0 \Rightarrow y = b$$

  Ecuación que ya conocíamos de la unidad 6.

- Las **rectas paralelas al eje *OY*** tienen pendiente infinita. Su ecuación es la siguiente:

  $$x - a = \frac{v_1}{v_2}(y - b)$$

  En este caso, $\frac{v_1}{v_2} = 0$. Por tanto, la ecuación degenera en $x = a$.

Fíjate

El cociente $m = \frac{v_2}{v_1} = \frac{y-b}{x-a}$ es la pendiente de la recta y, como podemos ver en la imagen, es la tangente del ángulo que forma la recta con el eje *OX*.

$$m = \frac{v_2}{v_1} = \text{tg}\ \alpha$$

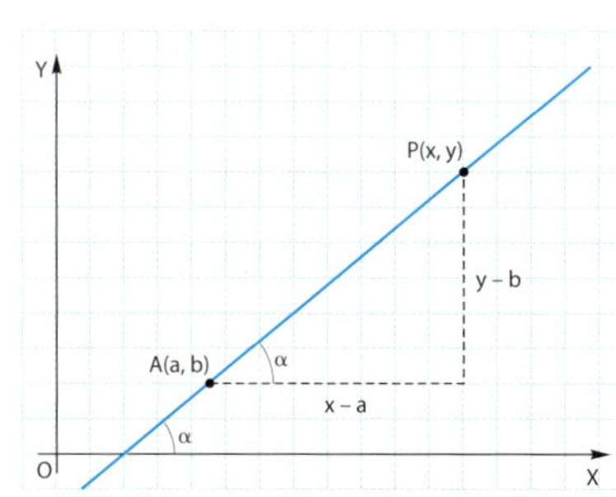

Fíjate

Si en la ecuación explícita igualamos $x = 0$, se obtiene el valor $y = n$. El punto $(0, n)$ es el punto en el que la recta corta al eje de ordenadas. Por esto, el valor de n se denomina **ordenada en el origen.**

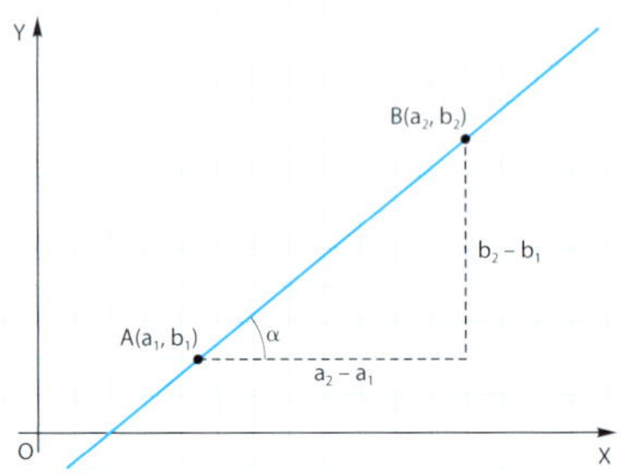

Ecuación explícita

Despejando de la ecuación punto-pendiente, obtenemos que $y = mx - ma + b$. Si llamamos $n = -m\,a + b$, esta expresión queda:

$$y = mx + n$$

Que es conocida como ecuación **explícita** de la recta.

Ecuación general o implícita

Operando en la ecuación continua, podemos llegar a la expresión: $v_2x - v_1y - av_2 + bv_1 = 0$. Si llamamos $A = v_2$, $B = -v_1$ y $C = av_2 + bv_1$, resulta la expresión de la ecuación **general** o **implícita** de la recta:

$$Ax + By + C = 0$$

En este caso, el vector director de la recta es $\vec{v} = (B, -A)$ o $\vec{v} = (-B, A)$.

Ecuación de la recta que pasa por dos puntos

En la ecuación punto-pendiente, si conocemos dos puntos de la recta, podemos escribir la expresión de la pendiente de este modo:

$$y - b_1 = \frac{b_2 - b_1}{a_2 - a_1}(x - a_1)$$

Que representa la ecuación de la recta que pasa por los puntos $A\,(a_1, b_1)$ y $B\,(a_2, b_2)$.

Ejemplo 11

Escribe las ecuaciones punto-pendiente, explícita y general de la recta que pasa por el punto A $(1, -2)$ y cuyo vector director es $\vec{v} = (2, 3)$.

COMPRENSIÓN

Tenemos que identificar en cada forma de la ecuación de la recta el punto por el que pasa y su vector director, además de la relación de estos elementos con la pendiente.

RESOLUCIÓN

— Punto-pendiente:

Calculamos la pendiente de la recta: $m = \dfrac{v_2}{v_1} = \dfrac{3}{2}$

Y, teniendo en cuenta las coordenadas del punto A, la ecuación es: $y + 2 = \dfrac{3}{2}(x - 1)$

— Explícita:

Operando en la expresión anterior, llegamos a: $y = \dfrac{3}{2}x - \dfrac{7}{2}$

— General:

De nuevo, podemos operar en la expresión anterior, para llegar a la forma general:

$$3x - 2y - 7 = 0$$

Comprobamos que podemos retomar el vector director de la recta a partir de los coeficientes de esta ecuación $\vec{v} = (-B, A) = (2, 3)$.

Actividades

24. Halla todas las ecuaciones de la recta que pasan por los puntos $A\,(2, -1)$ y $B\,(3, 4)$.

25. Dada la recta r: $2x - y + 1 = 0$, obtén todas sus otras ecuaciones.

26. Dada la recta r: $2x - y + 6 = 0$, halla las ecuaciones de las rectas paralela y perpendicular a r que pasan por el punto $P\,(2, -1)$.

27. Comprueba que las rectas r: $x + y - 2 = 0$ y s: $x - 2y + 4 = 0$ son secantes y halla su punto de intersección.

4. Vectores y rectas con GeoGebra

Podemos efectuar todas las actividades y las operaciones de la unidad utilizando GeoGebra. Veamos algunos ejemplos:

1. Podemos sumar, restar y alargar o contraer vectores.

   — Mediante la herramienta **Vector** dibujamos dos vectores que unan dos puntos. GeoGebra los nombra **u** y **v** (sin la flecha de vector).

   — En la barra de **Entrada** vamos escribiendo y pulsando Enter: **u+v**, **u-v** y **2u**. GeoGebra calcula y representa los vectores resultantes: w, a y b.

   — Como representante del vector libre resultado de las operaciones, GeoGebra muestra el representante canónico.

   — Las coordenadas de los vectores se indican por columnas.

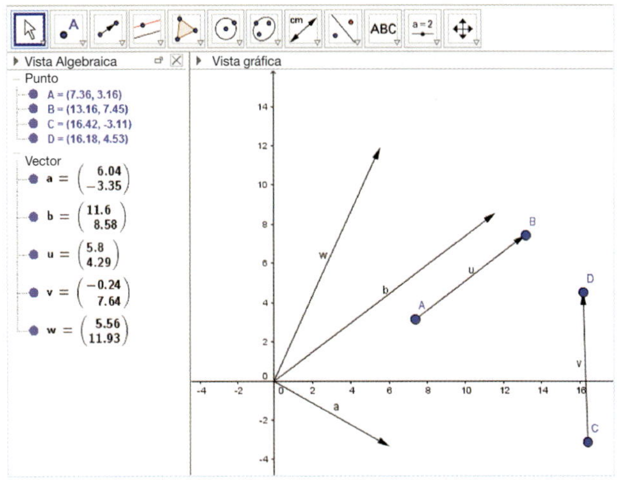

2. Obtenemos vectores equipolentes y calculamos el módulo de un vector.

   — Con la herramienta obtenemos un vector equipolente a *u*, *c*, aplicado en un punto concreto, *E*.

   — La opción calcula el módulo del vector si le indicamos los puntos de origen y el destino de este, *E* y *E'*.

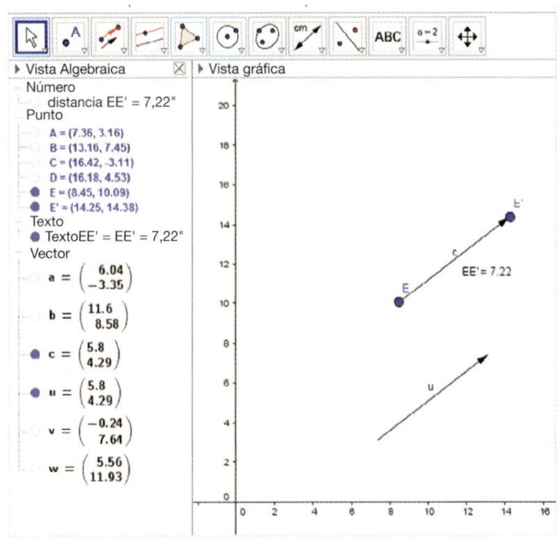

3. Rectas paralelas y perpendiculares.

   — Para obtener la recta que tenga como vector director uno dado, utilizamos la herramienta , indicándole los puntos extremos del vector.

   — GeoGebra también permite la opción de obtener rectas paralelas y perpendiculares a una dada que pasan por un punto externo a la primera. Utilizamos las opciones y .

   — A partir de sus ecuaciones, podemos comprobar que se verifican las condiciones de paralelismo y perpendicularidad analizadas en el punto 3.1. de la unidad.

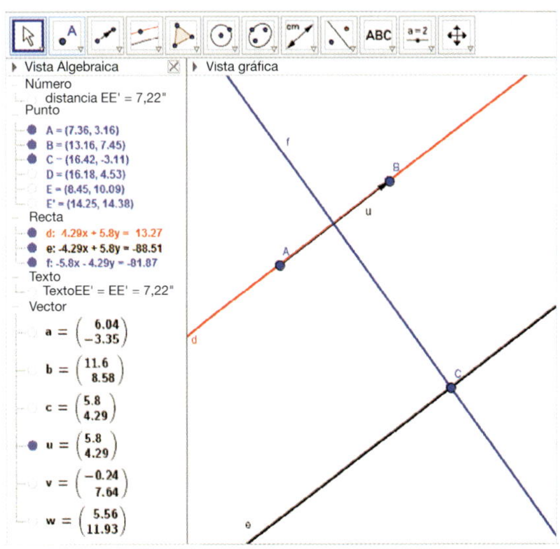

ACTIVIDADES RESUELTAS

Halla las coordenadas del punto medio del segmento cuyos extremos son $A\,(-3, 1)$ y $B\,(5, -5)$.

Comprender

— ¿Entiendes en qué consiste el problema?
— ¿Sabes a qué queremos llegar?
— ¿Tenemos datos suficientes?

Tenemos las coordenadas de los extremos del segmento del que queremos obtener su punto medio.

Pretendemos obtener las coordenadas de este punto.

Planificar

— Confecciona un esquema del problema.
— Busca una expresión para resolverlo.
— Utiliza coordenadas.

— El punto medio del vector, M, verificará que: $[\overrightarrow{AB}] = 2 \cdot [\overrightarrow{AM}]$

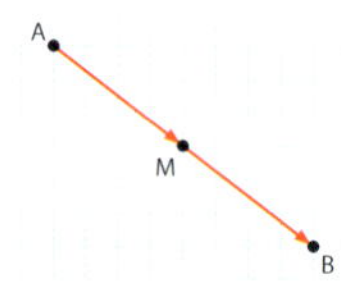

— Sean $A(a_1, a_2)$ y $B(b_1, b_2)$ las coordenadas de los puntos A y B, extremos del segmento AB, y $M(m_1, m_2)$ las coordenadas de su punto medio. Si sustituimos en la expresión anterior, se tiene:

$$(b_1 - a_1, b_2 - a_2) = 2 \cdot (m_1 - a_1, m_2 - a_2)$$

— Igualamos componentes.

$$\left.\begin{aligned} b_1 - a_1 &= 2 \cdot (m_1 - a_1) \\ b_2 - a_2 &= 2 \cdot (m_2 - a_2) \end{aligned}\right\}$$

— Si operamos y despejamos m_1 y m_2, obtenemos:

$$m_1 = \frac{a_1 + b_1}{2} \qquad m_2 = \frac{a_2 + b_2}{2}$$

Ejecutar el plan

Efectúa las operaciones necesarias a partir de las expresiones obtenidas en la fase de planificación.

Procedemos tal y como lo hemos planificado. Así pues, dados los puntos $A\,(-3, 1)$ y $B\,(5, -5)$, las coordenadas de su punto medio son:

$$m_1 = \frac{-3+5}{2} = 1 \qquad m_2 = \frac{1+(-5)}{2} = -2$$

Así pues, $M\,(1, -2)$.

Revisar

— ¿Podría haber otra estrategia más sencilla de resolución?
— ¿Puede extenderse la solución del problema a un caso general?

La estrategia utilizada parece la más sencilla de implementar.

Llegamos a la conclusión de que el punto medio del vector (o segmento) que une dos puntos se obtiene como el promedio de las coordenadas de los puntos extremos.

Actividades

28. Halla las coordenadas del punto medio del segmento de extremos $P\,(-5, 1)$ y $Q\,(7, 3)$.

29. Determina los puntos, M y N, que dividen al segmento de extremos $A\,(1, 0)$ y $B\,(4, 5)$ en tres partes iguales.

SÍNTESIS

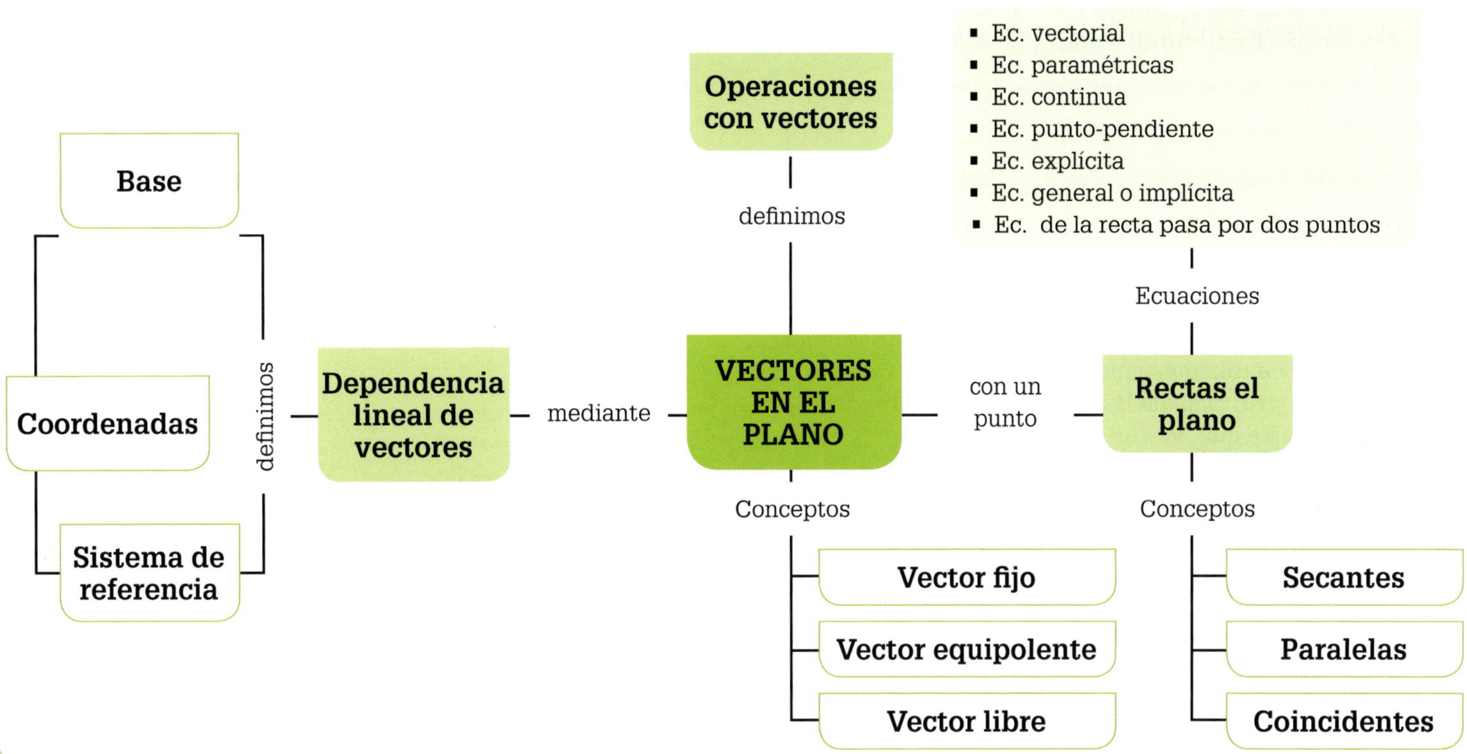

Actividades finales

Nota: Podrías efectuar muchas de estas actividades con los conocimientos que ya tienes de GeoGebra, utilizando el programa directamente o resolviéndolas en tu cuaderno, y comprobándolas después con el *software*.

Vectores en el plano

30. ★☆☆ Representa gráficamente los siguientes vectores:

a) $\vec{u} + \vec{v}$
b) $3\,\vec{u}$
c) $\vec{u} - \vec{v}$
d) $-2\,\vec{v}$
e) $\vec{v} - \vec{u}$
f) $2\,\vec{u} + \vec{v}$

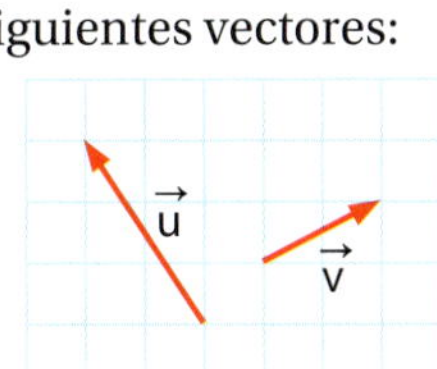

31. ★★☆ Observa el cuadrado de esta figura:

A continuación, indica el vector resultante de las siguientes operaciones:

a) $\overrightarrow{AD} + \overrightarrow{DB}$

b) $\overrightarrow{AM} - \overrightarrow{AB}$

c) $\overrightarrow{AD} - \overrightarrow{AB} - \overrightarrow{BC}$

d) $\overrightarrow{AB} + \dfrac{1}{2}\overrightarrow{BD}$

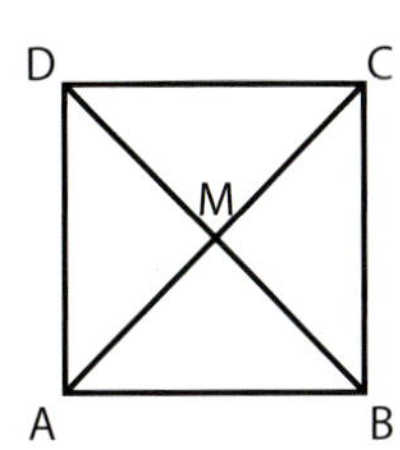

32. ★★☆ Expresa los vectores representados en esta figura como combinación lineal de $\vec{u}$ y $\vec{v}$:

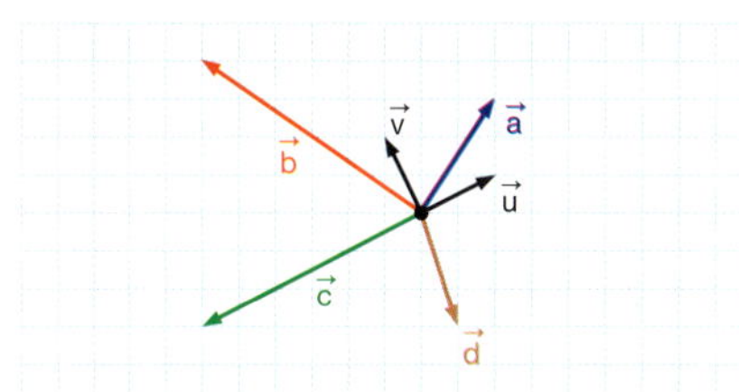

33. ★★☆ Indica las componentes de los vectores $\vec{a}$, $\vec{b}$ y $\vec{c}$ representados en la siguiente figura en la base $B = \{\vec{u}, \vec{v}\}$:

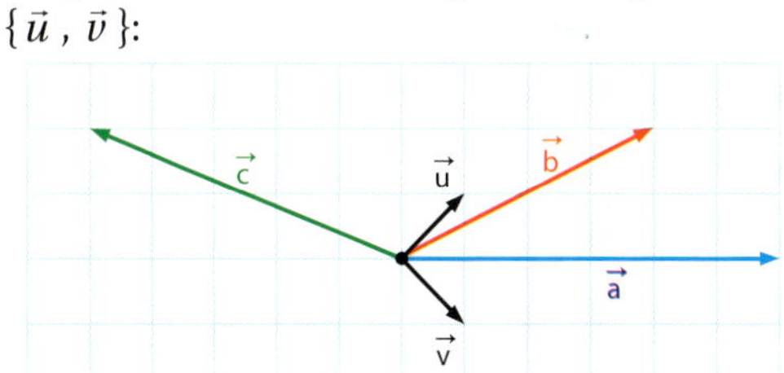

— Representa los vectores $\vec{p}$ y $\vec{q}$ cuyas componentes en la base B son $(-1, 3)$ y $(-2, 4)$, respectivamente.

Actividades finales

34. ★★☆ Las componentes de los vectores $\vec{r}$ y $\vec{s}$ en una cierta base son $\vec{r} = (3, 1)$ y $\vec{s} = (-2, 2)$. Calcula las componentes respecto de la misma base de:

a) $\vec{r} + \vec{s}$

b) $\vec{s} - 2\vec{r}$

c) $2\vec{r} - \vec{s}$

d) $\dfrac{-2}{3}\vec{r}$

e) $-\vec{r} - \vec{s}$

f) $3\vec{r} - \dfrac{1}{2}\vec{s}$

35. ★★☆ Sabiendo que las componentes de los vectores $\vec{u}$, $\vec{v}$ y $\vec{w}$ en una determinada base son: $\vec{u} = (5, 2)$, $\vec{v} = (3, 4)$ y $\vec{w} = (0, 2)$, halla las componentes de un vector $\vec{x}$ si se cumple que $3\vec{u} - 5\vec{v} + 2 \cdot (\vec{w} - \vec{x}) = 2\vec{v}$.

Sistema de referencia

36. ★★☆ Calcula las coordenadas del punto P en los siguientes sistemas de referencia:

a) $R_1 = \{O; \vec{i}, \vec{j}\}$

b) $R_2 = \{O; \vec{j}, \vec{i}\}$

c) $R_3 = \{Q; \vec{u}, \vec{v}\}$

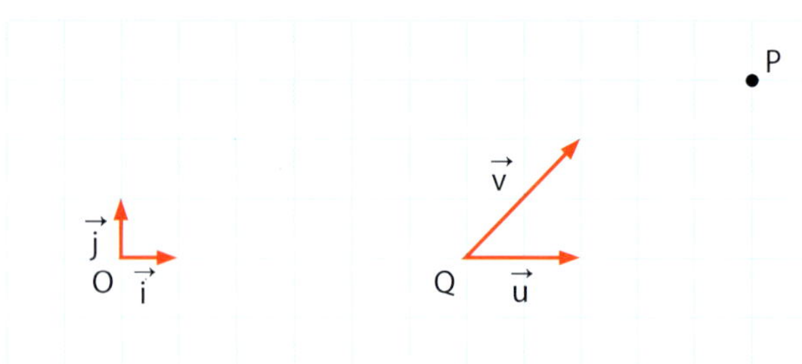

37. ★★☆ Dados los puntos A (–1, 3), B (1, 7) y C (4, 2), halla las coordenadas de un punto D para que $ABCD$ sea un paralelogramo.

38. ★★☆ La distancia entre los puntos A (1, 3) y B (5, m) es 5. Halla el valor de m.

39. ★★☆ Los vértices de un triángulo son los puntos A (1, 1), B (8, 2) y C (4, 4).

a) Halla las componentes de estos vectores:

$\overrightarrow{AB}$, $\overrightarrow{BC}$ y $\overrightarrow{CA}$

b) Halla el perímetro del triángulo.

40. ★★☆ Las rectas que contienen los lados de un paralelogramo son $x = 1$, $x = 5$, $y = 2$ e $y = 4$.

a) Halla las coordenadas de los cuatro vértices del paralelogramo.

b) Halla la longitud de la diagonal del paralelogramo.

41. ★★☆ Halla las coordenadas del punto medio del segmento AB.

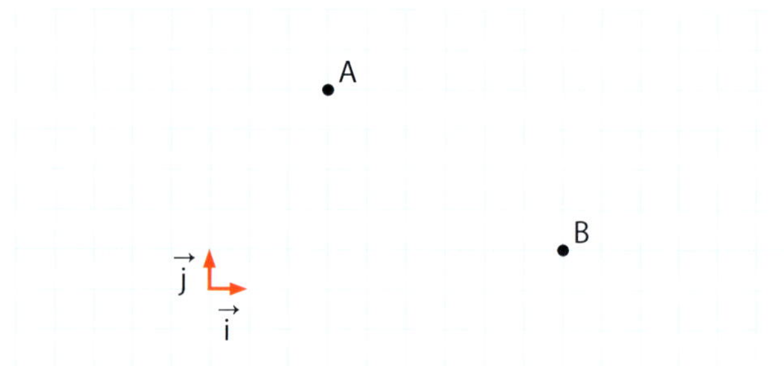

42. ★★☆ El punto medio de un segmento $\overrightarrow{AB}$ es M (3, 8) y uno de los extremos es A (1, 5). Halla las coordenadas del otro extremo del segmento.

Rectas en el plano

43. ★☆☆ Relaciona cada una de las siguientes rectas con su pendiente y con un punto que pase por ellas:

Recta	Pendiente	Punto
$x - y = 0$	3	A (0, 2)
$2x + 3y - 6 = 0$	–2	B (0, 0)
$y = 3x + 4$	1	C (–1, 1)
$y = -2x + 11$	$\dfrac{-2}{3}$	D (1, 9)

44. ★☆☆ Indica las coordenadas de cuatro puntos de la recta $y = -2x - 3$.

45. ★★☆ Calcula las coordenadas del punto en que se cortan las siguientes rectas:

$$y = \frac{1}{2}x - 2 \qquad y = -x + 1$$

46. ★★☆ Tres de los vértices del cuadrado $ABCD$ son A (–3, 0), B (0, –3) y C (3, 0).

a) Halla las coordenadas del vértice D.

b) Halla las ecuaciones de las rectas que contienen los lados del cuadrado.

47. ★★☆ Halla el área del triángulo que determina la recta

$y = -\frac{1}{2}x + 3$ con los ejes de coordenadas.

48. ★★☆ Relaciona con su ecuación la recta determinada en cada uno de los siguientes casos:

a) Pasa por el punto A (5, 3) y tiene pendiente –2.

b) Pasa por los puntos A (5, –2) y B (3, 2).

c) Forma un ángulo de 45° con el sentido positivo del eje de abscisas.

d) Pasa por el punto A (5, –11) y tiene por vector director $\vec{v} = (-2, 4)$.

1. $y = -2x - 1$ **3.** $y = -2x + 8$

2. $y = -2x + 13$ **4.** $y = x + 4$

49. ★★☆ Calcula la ecuación de la recta paralela a $3x + 2y + 6 = 0$ y que pasa por el punto A (1, –1).

50. ★★☆ Determina la posición relativa de las rectas r, s y t.

a) r: $y = 2x + 3$ s: $y = -2x + 3$ t: $2y = 10x + 6$

b) r: $2x + y = 2$ s: $-3y - 6 = 6x$ t: $\frac{y}{2} = -x + 1$

c) r: $\frac{1}{2}x = 5y + 4$ s: $10y - x = -8$ t: $y = -\frac{x}{10} - \frac{4}{5}$

51. ★★☆ Dadas las rectas p, q, r y s cuyas ecuaciones respectivas son:

p: $y = x$ q: $y = x + 2$

r: $x = y - 2$ s: $y = -x + 3$

Indica cuáles son coincidentes, cuáles paralelas y cuáles secantes.

52. ★★☆ Representa gráficamente con GeoGebra las rectas de la actividad anterior.

53. ★★☆ Sean A (2, –3) y B (1, 5) dos puntos de una recta. Halla la ecuación vectorial de dicha recta.

54. ★★☆ Halla la ecuación vectorial que pasa por los puntos A (6, 2) y B (0, –7). Determina otro punto de esa recta.

55. ★★☆ Halla las ecuaciones paramétricas de la recta que pasa por los puntos A (–3, 2) y B (3, –2).

56. ★★☆ Halla las ecuaciones paramétricas de la recta AB representada en la siguiente gráfica:

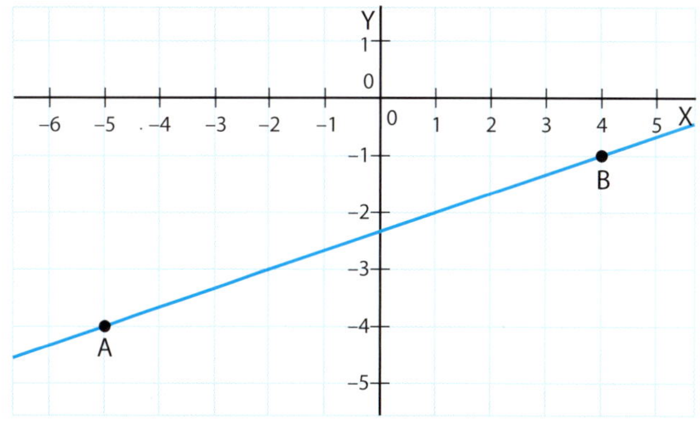

57. ★★☆ Halla la ecuación continua de la recta que pasa por el punto A (10, –3) y la dirección del vector es $\vec{v} = (-2, 4)$.

58. ★★☆ Halla la ecuación continua de la recta cuyas ecuaciones paramétricas se exponen a continuación. Verifica si el punto (–1, 7) pertenece a ella.

$$\left.\begin{aligned} x &= 5 - 2t \\ y &= -1 + 3t \end{aligned}\right\}$$

59. ★★☆ Una recta pasa por un punto $A\left(\frac{2}{3}, -5\right)$ y tiene como vector director $\vec{v} = (-1, 4)$. Halla su ecuación punto-pendiente.

60. ★★☆ Halla la ecuación explícita de la recta que pasa por el punto $A\left(-\frac{3}{5}, -1\right)$ y la dirección del vector es $\vec{v} = (-2, 10)$.

61. ★★☆ Halla la ecuación general de la recta que tiene la siguiente ecuación continua:

$$\frac{x+3}{-4} = \frac{y-5}{2}$$

62. ★★☆ Halla la ecuación que pasa por dos puntos de la siguiente recta:

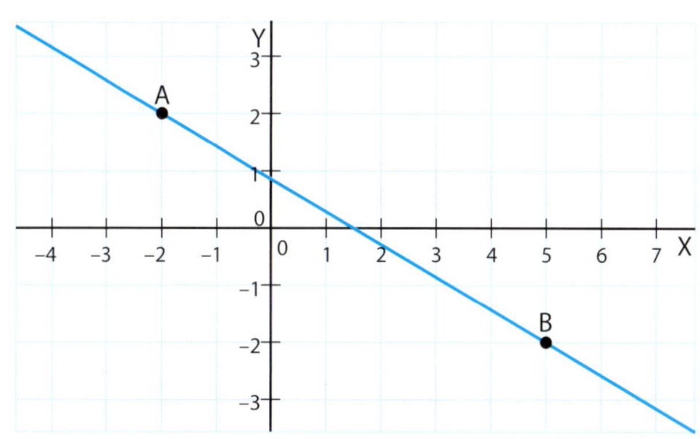

Actividades finales

63. ★★☆ En grupos de tres, elaborad, con ordenador y utilizando el programa GeoGebra para mostrar los ejemplos, un resumen de los conceptos tratados en la unidad. Aplicad la **técnica cooperativa** *Rompecabezas:*

— Previamente, determinad en clase el reparto de la tarea en tres partes.

— Cada miembro del equipo se encargará de preparar una parte de la tarea.

— A continuación, agrupaos los miembros de cada grupo encargados de la misma tarea y consensuadla.

— Por último, cada miembro regresa a su grupo y se desarrolla una puesta en común para conseguir tener todos los conceptos de la unidad con ejemplos de GeoGebra.

Problemas

64. ★★☆ Define un sistema de referencia adecuado y calcula el área del triángulo rectángulo *ABC.*

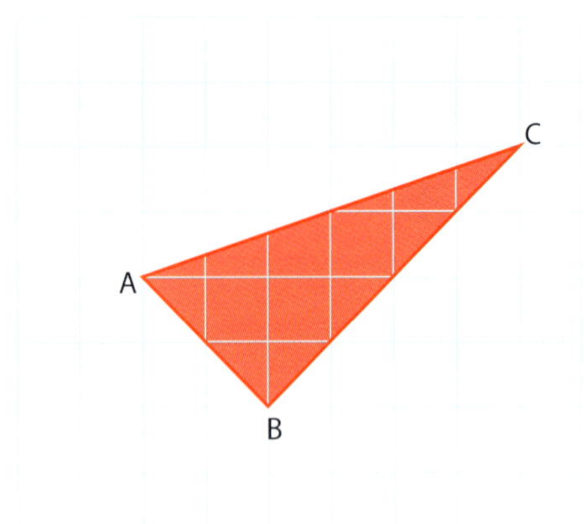

65. ★★☆ Determina las coordenadas del centro de la circunferencia en el sistema de referencia $R = \{O, i, j\}$ y calcula su perímetro. Presenta el resultado con un decimal.

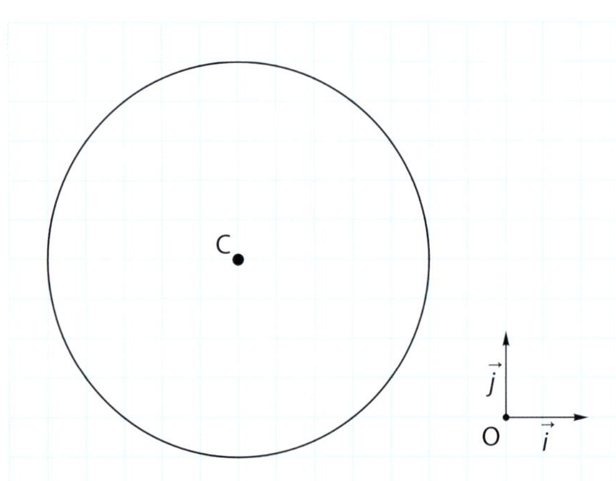

66. ★★☆ Una tortuga se desplaza en línea recta desde el punto A (2, 1) hasta el punto B (5, 7). Parte del punto A y efectúa una parada cada vez que recorre $\frac{1}{3}$ del camino.

a) ¿Qué distancia ha recorrido?

b) ¿Cuáles son las coordenadas de los puntos en los que se detiene?

67. ★★☆ Los pueblos *A, B, C* y *D* están unidos por dos carreteras rectas que se cortan. Si superponemos un sistema de ejes de coordenadas encima de un plano en el que se hallan estos pueblos, las coordenadas de los puntos en que se encuentran son A (–1, –2), B (5, – 2), C (6, 5) y D (2, 4). Determina analíticamente, en este sistema de referencia, las coordenadas del punto de corte de las dos carreteras.

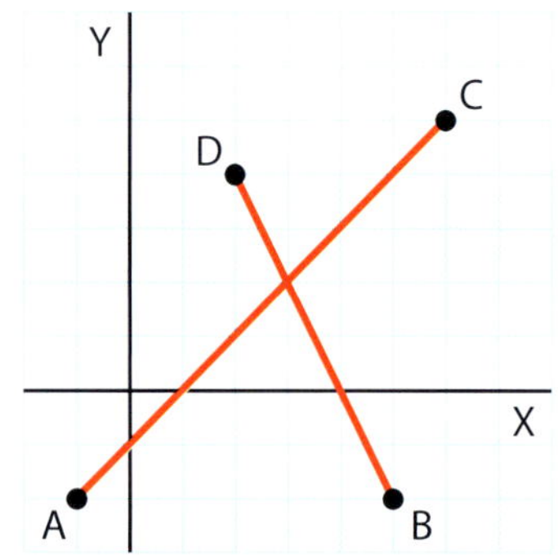

68. ★★☆ Un excursionista que sigue la recta $y = x$ se detiene para descansar en un punto que se halla a la misma distancia de dos árboles situados en los puntos A (1, 4) y B (4, 7). ¿En qué punto se ha detenido?

69. ★★☆ Un bote se desplaza por un canal por la acción de dos fuerzas, $\vec{f_1}$ y $\vec{f_2}$.

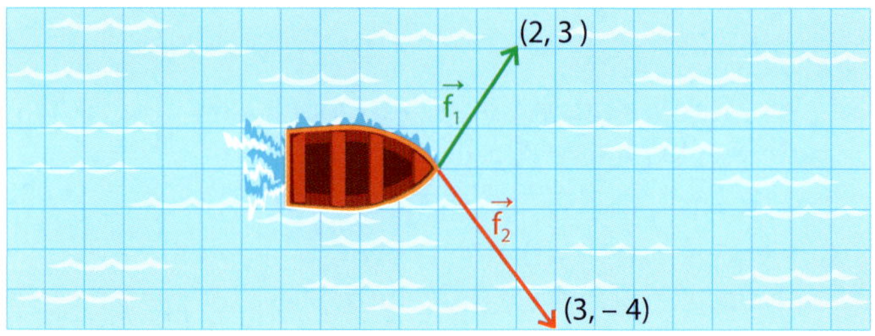

a) Determina las componentes del vector resultante de la acción de estas dos fuerzas.

b) Cambia una de las componentes de $\vec{f_2}$ de modo que la fuerza resultante tenga la dirección del canal.

70. ★★☆ Determina el punto de intersección de la recta *AB* con la recta *r*, de ecuación $y = -x + 8$.

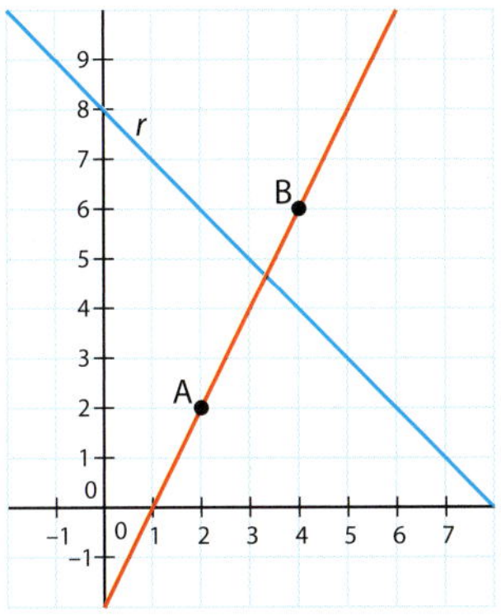

71. ★★★ Determina analíticamente el centro de la homotecia de razón 2 que transforma el pentágono regular *ABCDE* en el pentágono regular *A'B'C'D'E'*.

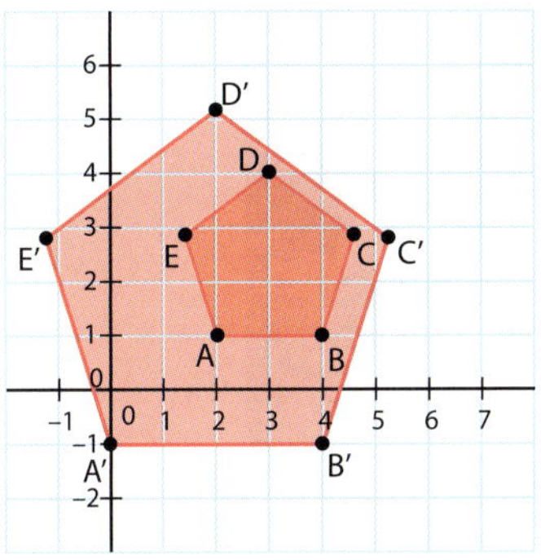

72. ★★★ Sean los puntos $P(6, 6)$ y $Q(-2, 2)$. Halla las coordenadas de un punto alineado con *P* y *Q*, y cuya distancia a *Q* es el triple que su distancia a *P*.

73. ★★★ Fíjate en estos seis vectores representados en el espacio:

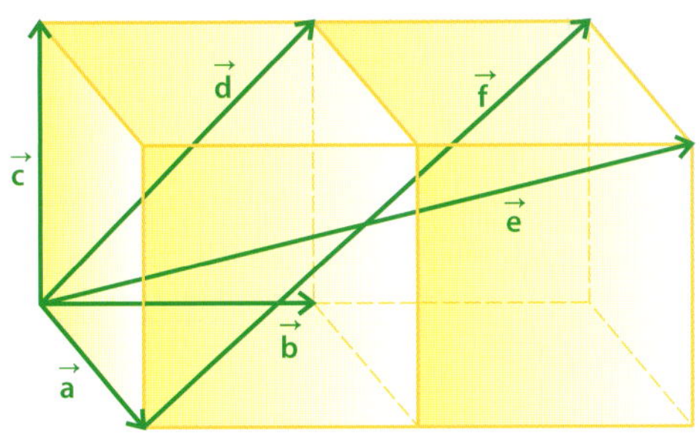

a) Indica si los vectores $\vec{a}, \vec{b}$ y $\vec{c}$ son linealmente independientes.

b) Expresa cada uno de los vectores $\vec{d}, \vec{e}$ y $\vec{f}$ en función de los vectores $\vec{a}, \vec{b}$ y $\vec{c}$.

c) Cualquier base del plano tiene dos, y solo dos vectores. ¿Cuántos vectores tendrá una base en el espacio?

74. ★★★ Determina las coordenadas de los dos puntos que se encuentran a una distancia de $\sqrt{2}$ unidades de longitud del punto $A(1, 2)$ y pertenecen a la recta $y = x + 1$.

75. ★★★ La distancia entre los puntos $A(1, 1)$ y $B(4, a)$ es $d(A, B) = 5$. Calcula la pendiente de la recta que pasa por *A* y *B*.

76. ★★★ Tres rectas se cortan en un punto y los ángulos que forman entre ellas son iguales. Sabiendo que una de las rectas es paralela al eje de las abscisas, calcula las pendientes de las rectas.

77. ★★★ De dos rectas perpendiculares, sabemos que una pasa por el punto $A(1, 3)$ y forma un ángulo de 45º con el eje de las abscisas, y que la otra pasa por el punto $B(-3, -3)$. Calcula las pendientes de las rectas y el punto de corte.

78. ★★★ Las tres rectas $r\!: y - 2x = 0$, $s\!: x - 5 = 0$ y $t\!: 2x + 3y = 12$ y el eje de coordenadas forman un polígono de cuatro lados y vértices *A, B, C y D.*

a) Dibuja el polígono.

b) Determina los vectores libres $\overrightarrow{AB}$, $\overrightarrow{BC}$, $\overrightarrow{CD}$ y $\overrightarrow{DA}$ que permiten pasar de un vértice cualquiera a otro vértice adyacente.

79. ★★★ Un objeto está atado a dos cuerdas simétricamente según la figura. El objeto pesa 2 000 N *(P).*

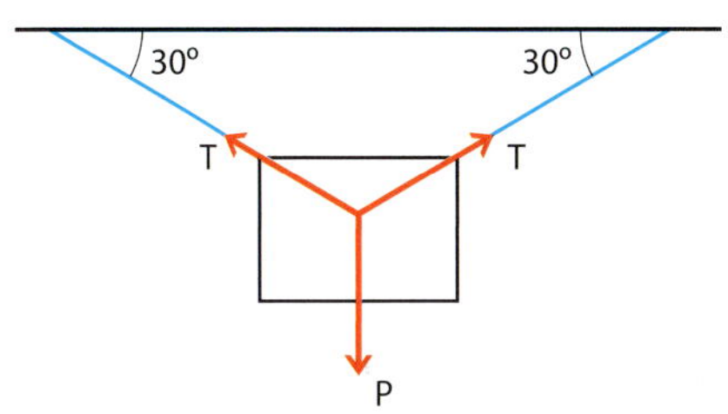

— Calcula la fuerza de tensión de cada cuerda *(T)* para que entre las dos cuerdas compensen el efecto de gravedad.

Indicación: La tensión se puede descomponer en dos fuerzas T_x y T_y, horizontal y vertical, respectivamente.

80. ★★★ Determina las ecuaciones de las tres rectas que forman el siguiente triángulo rectángulo:

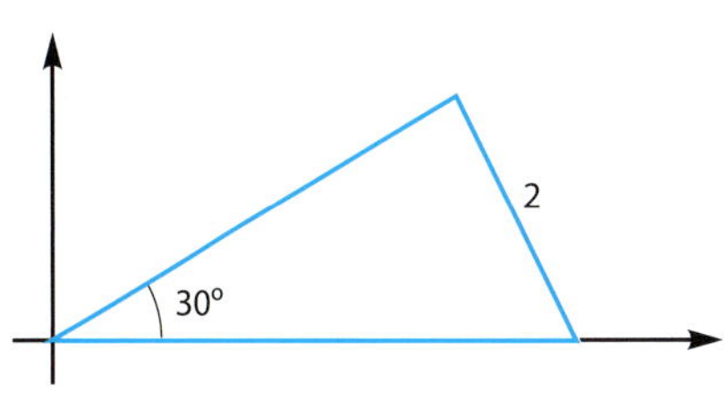

MATEMÁTICAS A TU ALCANCE

PBL: **Las cónicas en el arte y la arquitectura**

Existen muchas curvas, más o menos difíciles de estudiar desde el punto de vista de la geometría analítica, que se encuentran a nuestro alrededor. Por ejemplo, las superficies regladas son muy utilizadas en la arquitectura y el arte porque pueden reproducirse plásticamente mediante hilos tirantes y generarse con un conjunto de rectas.

Las cónicas se utilizan, en la pintura en general y, en los cómics en particular, para modelizar las composiciones de los artistas como paso previo a la generación de la obra definitiva. Esta estará basada en estas curvas tan recurrentes.

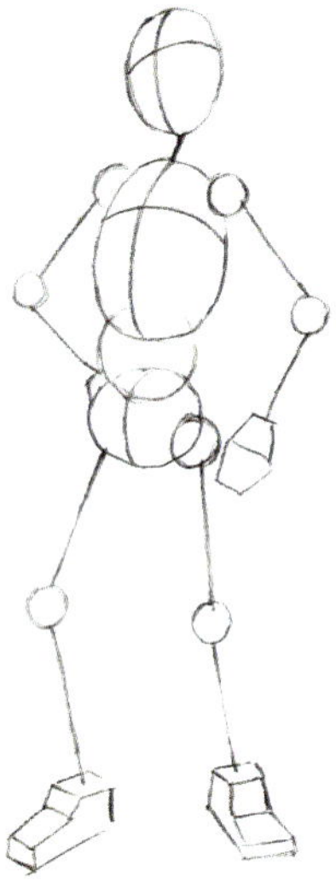

Fíjate en cómo el apunte de *Ironman* de la imagen se genera con las formas cónicas.

Esta profusión de formas geométricas es común en todo tipo de arte. Para comprobarlo, puedes visitar distintos museos o monumentos. Por suerte, hoy día la tecnología hace posible la visita de los museos sin salir del aula o de casa.

Los siguientes enlaces son un buen ejemplo:

@ **http://links.edebe.com/6pe**

@ **http://links.edebe.com/p73v5**

— Dividid la clase en grupos de cuatro o cinco miembros en los que cada uno elija una manifestación artística (pintura, escultura, arquitectura...).

— Efectuad una visita real o virtual a un museo, una galería de arte, un monumento... según la manifestación artística elegida.

— Preparad una exposición fotográfica con las distintas formas geométricas que se esconden tras las obras que os llamen la atención.

— Elaborad una presentación digital en la que se categoricen (curvas, rectas, cónicas...) y expliquen las distintas formas analizadas y sus características geométricas.

— Exponed la presentación en clase.

Cre@ctividad: Puntos notables con GeoGebra

Vamos a utilizar GeoGebra para demostrar lo siguiente:

Si G es el baricentro de un triángulo cuyos vértices son A, B y C, se verifica que $\overrightarrow{GA} + \overrightarrow{GB} + \overrightarrow{GC} = \vec{0}$.

Recordemos que el baricentro de un triángulo es el punto donde se cortan las medianas; es decir, los segmentos que unen cada vértice con el punto medio del lado opuesto.

— Dibujamos un triángulo cualquiera con .

— Generamos la mediatriz de cada lado del triángulo con .

— Obtenemos el punto de intersección de las mediatrices con los lados del triángulo mediante .

— Representamos los segmentos que unen cada vértice con el punto medio del lado opuesto gracias a .

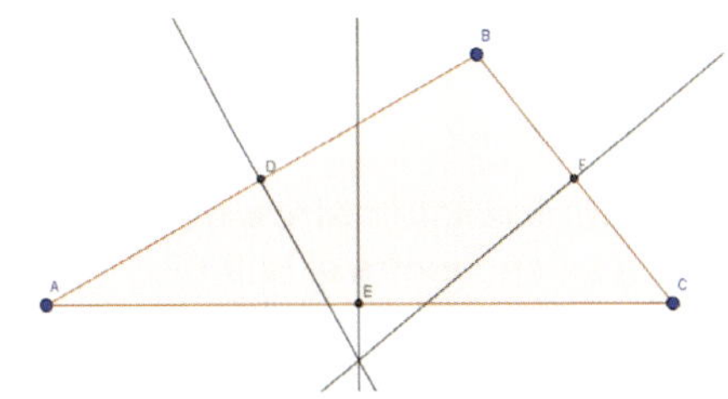

— Obtenemos la intersección de los segmentos anteriores. Este es el baricentro, *G*.

— Establecemos los segmentos $\overrightarrow{GA}, \overrightarrow{GB}$ y $\overrightarrow{GC}$ como ya vimos en la unidad.

— Calculamos la suma de estos vectores.

En nuestro caso, el vector suma es $\vec{s}$ y, efectivamente, se verifica que es nulo.

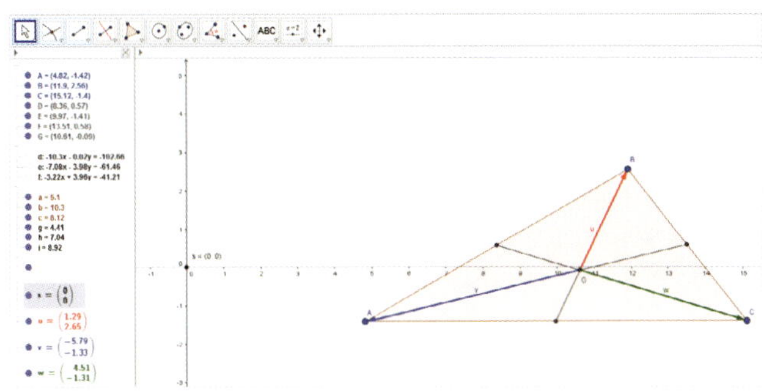

a) ¿Se te ocurre alguna aplicación práctica para esta propiedad del baricentro del triángulo?

b) Busca información para recordar las definiciones de otros puntos notables del triángulo (el ortocentro, el circuncentro y el incentro), y represéntalos con GeoGebra.

Visión 360º

Sabemos que la velocidad de los vientos se representa con vectores que indican su intensidad, su dirección y su sentido. En estos enlaces, encontrarás información sobre este tema:

@ **http://links.edebe.com/26wczf**

@ **http://links.edebe.com/izd8k**

@ **http://links.edebe.com/ezgfe**

Responde a las siguientes preguntas:

— ¿Qué dieciséis direcciones señala la rosa de los vientos? ¿Qué ángulo forma cada una de las direcciones?

— Observa el mapa del viento de hoy en Europa, España y Canarias. Indica sus direcciones y sus velocidades.

Pon a prueba tus competencias

1. Una embarcación navega hacia el este a 10 km de la costa, con una velocidad media de 20 km/h. Las corrientes empujan al barco con una velocidad media de 4 km/h en dirección sur.

a) Dibuja un vector libre que represente la velocidad media del barco.

b) Dibuja un vector libre que represente la velocidad media de las corrientes.

c) Dibuja el vector suma de los dos vectores libres. ¿Qué representa?

d) Transcurrida una hora, ¿cuántos kilómetros ha recorrido la embarcación?

e) ¿A cuántos kilómetros de la costa se encuentra el barco?

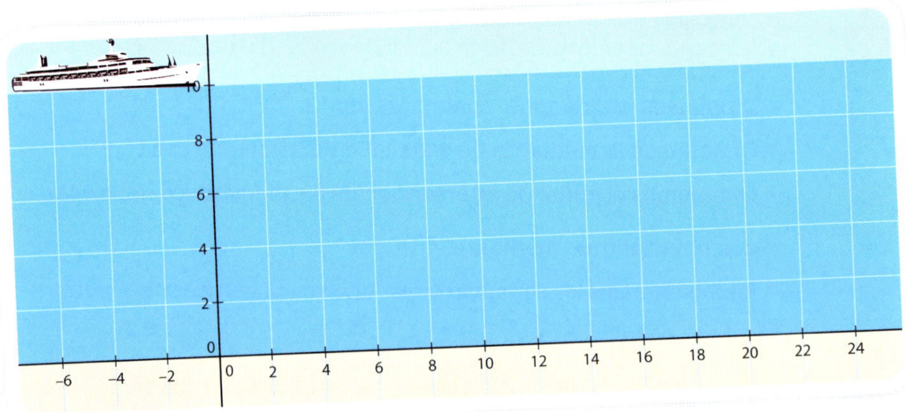

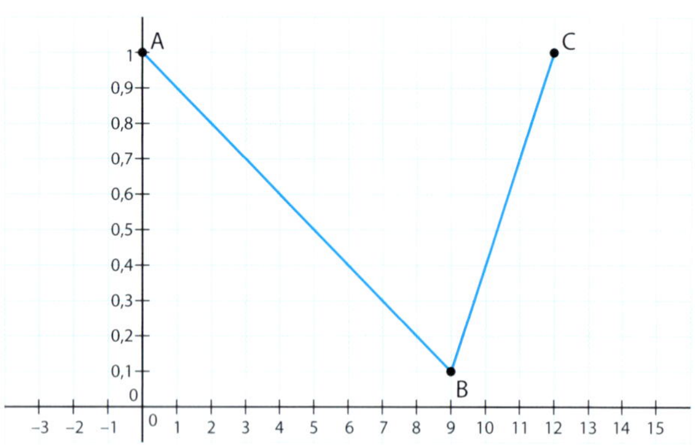

2. La batería de una tableta estaba totalmente cargada, tal y como se muestra en la siguiente gráfica:

a) Halla la ecuación vectorial de la recta que pasa por los puntos *A* y *B*.

b) Halla las ecuaciones paramétricas de la recta que pasa por los puntos *B* y *C*.

c) ¿Cuántas horas después de estar totalmente cargada la batería tendrá una carga del 10 %?

d) ¿Qué ha sucedido transcurrido este tiempo?

e) ¿Cuánto tiempo falta para que la batería esté nuevamente cargada al 100 %?

3. Un tren se acerca a una estación. El maquinista (O_1) se fija en una pasajera (O_2) que se prepara para la llegada del tren (O_3).

a) Determina las coordenadas de la pasajera (O_2) respecto al sistema de referencia $R_1 = \{O_1, \vec{i_1}, \vec{j_1}\}$.

b) Determina las coordenadas del maquinista (O_1) respecto al sistema de referencia $R_2 = \{O_2, \vec{i_2}, \vec{j_2}\}$.

c) El tren recorre la vía hasta la estación a una velocidad media de 5 m/s. ¿Cuántos segundos ha tardado en llegar a la estación?

d) ¿Cuántos metros dista la vía del tren del edificio de la estación?

e) Determina las coordenadas del maquinista cuando el tren ya está en la estación (O_3) respecto al sistema de referencia $R_2 = \{O_2, \vec{i_2}, \vec{j_2}\}$.

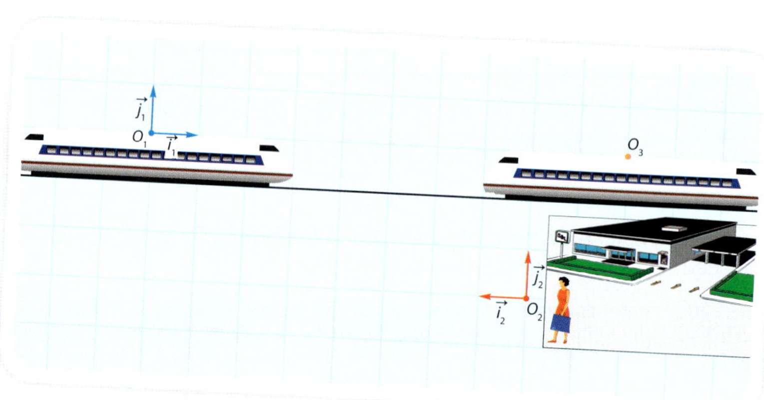

4. María salió de su casa (A) y se encontró con su amiga Lourdes en la playa de Ipanema (C), en Río de Janeiro (Brasil). Después, se fueron juntas hasta un bar para tomar un refresco y, a continuación, se dirigieron al apartamento de Lourdes (E).

En el siguiente mapa, a una escala 1:5 000, puede observarse el recorrido de las dos amigas.

a) Determina la ecuación explícita de la recta que pasa por los puntos *A* y *B*, en la que María caminó sola.

b) Determina la ecuación implícita de la recta que pasa por los puntos *D* y *E*, en la que las dos amigas caminaron juntas.

c) Calcula las coordenadas del punto de encuentro entre las dos amigas en la playa (C). Expresa las coordenadas con dos decimales.

d) ¿Cuál fue la distancia, en metros, recorrida desde la playa (C) hasta el bar (D)?

e) ¿Cuál fue la distancia recorrida, en metros, por María y Lourdes desde el bar (D) hasta el apartamento de Lourdes (E)?

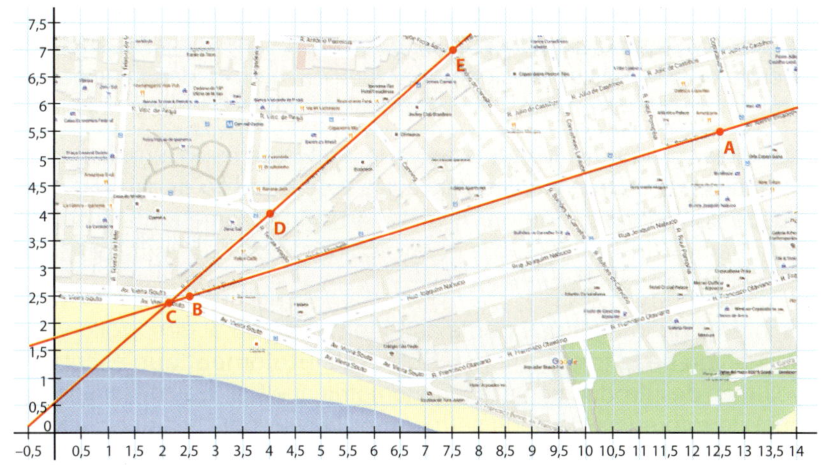

Google maps

5. Una pelota de baloncesto es lanzada a 1,8 m de altura con una velocidad inicial de 20 km/h.

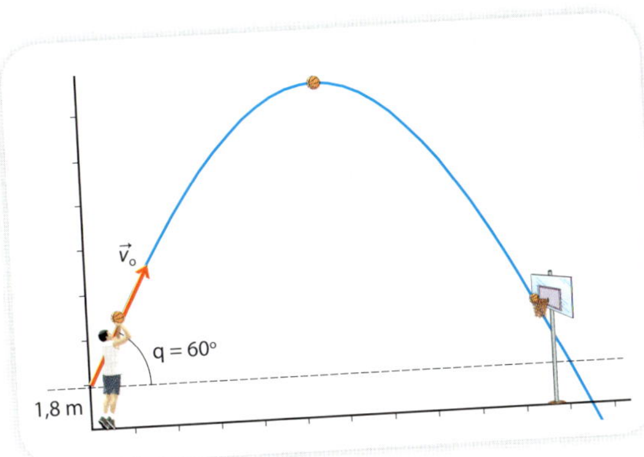

a) Determina las componentes v_{0x} y v_{0y} del vector velocidad inicial.

b) Determina la ecuación de la trayectoria que recorre la pelota respecto al tiempo, sabiendo que es del tipo $y = -\frac{1}{2}gt^2 + v_{0x}t + y_0$.

c) Calcula el tiempo de vuelo de la pelota.

d) Sabiendo que la pelota alcanza su altura máxima en $v_{0y}t - \frac{1}{2}gt^2 + y_0$, calcula su altura máxima.

e) Sabiendo que la distancia horizontal recorrida por la pelota es $v_{0x}t$, determina a qué distancia cayó en el suelo.

Reflexiona

Diario de aprendizaje

— ¿Crees que los sistemas de referencia son importantes en ámbitos cotidianos?

— ¿Dominas las nuevas formas de expresar la recta? ¿Sabes diferenciar en cada situación cuál es más conveniente utilizar?

— ¿Has usado las nuevas funcionalidades mostradas de GeoGebra? ¿Te han sido útiles?

Nacimiento y primer desarrollo de la trigonometría a lo largo de la historia

Aunque el origen de la palabra *trigonometría* es griego (*trigonos,* 'triángulo', y *metría,* 'medida'), su origen se remonta a los babilónicos y los egipcios. A los primeros se debe la medida de los ángulos en grados, minutos y segundos (utilizaban el sistema en base 60) y los segundos fueron los que más aplicaciones realizaron en actividades tales como la agricultura, el urbanismo y la construcción de sus grandes pirámides.

La siguiente figura importante en el desarrollo de esta rama de las matemáticas se sitúa en la Grecia clásica y es **Hiparco de Nicea,** al que puede considerarse como el inventor de la trigonometría tal y como la conocemos. Investigó sobre la resolución de triángulos a partir de la medida de ángulos centrales.

El interés de los griegos por la astronomía ayudó al desarrollo y consolidación de la trigonometría. Sobresale **Ptolomeo,** que escribió un volumen de introducción a la trigonometría que fue, durante siglos, manual de referencia para los astrónomos. En su obra más conocida, el ***Almagesto,*** también aparecían importantes avances.

Los matemáticos hindúes y árabes bebieron de los conocimientos griegos y utilizaron la trigonometría como herramienta inseparable de la astronomía.

Siglos después, ya en Europa, matemáticos como **François Viète, John Napier** y, sobre todo, el omnipresente **Leonhar Euler,** consolidaron la trigonometría como una rama independiente de las matemáticas y la fundamentaron convenientemente.

Origen de las coordenadas cartesianas

Un personaje que ha influído de manera decisiva en la historia de las matemáticas ha sido el filósofo y matemático francés del siglo XVII **René Descartes.** Sus reflexiones filosóficas son muy conocidas e influyeron decisivamente en el desarrollo de la filosofía y la ciencia posterior a él. Hoy utilizamos el adjetivo *cartesiano* como reflejo de su influencia.

La máxima de su filosofía era situar la razón en el centro de todo, lo que se llamó el **racionalismo.** Llevó estas mismas ideas a las matemáticas. Para él era fundamental el tomar «un punto de partida» sobre el que edificar todo conocimiento científico. En matemáticas tomó un «punto de origen cartesiano» para fundamentar la geometría, tanto plana como tridimensional. Este punto es la intersección de dos o tres rectas perpendiculares sobre las que se miden las distancias. Este sistema de referencia se denomina **coordenadas cartesianas.**

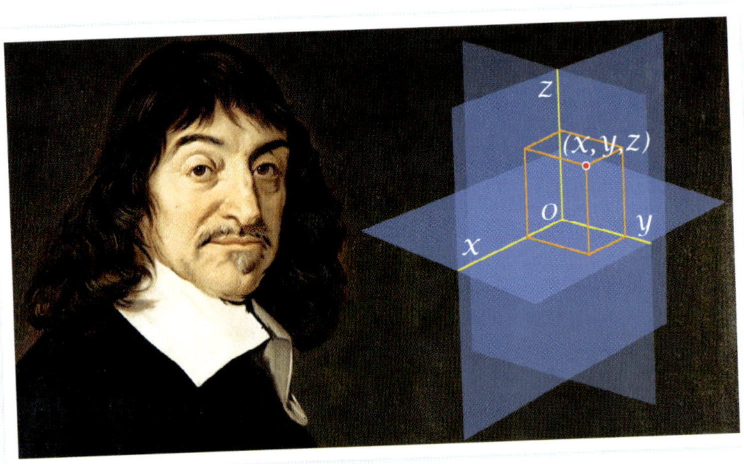

Es esclarecedora respecto a su personalidad la conocida anécdota que cuenta que, debido a su mala salud, Descartes, cuando era niño, pasó muchas horas en cama. En una de estas convalecencias fijó su atención en una mosca que volaba por la habitación. Su mente se puso en seguida a pensar cómo podría establecer la posición del insecto en cada instante. Parece ser que dio un gran salto de la cama y empezó a garabatear rectas perpendiculares sobre las que establecer las coordenadas del insecto, idea que había surgido de verlo moverse en las aristas de las paredes con el techo.

Medida de las distancias Tierra-Luna y Tierra-Sol

Cuando uno se sumerge en la historia de las matemáticas, se llega siempre a una conclusión: la gran capacidad de abstracción y el gran ingenio de los sabios griegos ha sido fundamental en la creación y desarrollo de nuevos conocimientos. Es bien conocida la acertadísima aproximación que **Eratóstenes de Cirene,** director de la biblioteca de Alejandría, hizo del radio de la Tierra a partir de la sombra de los rayos del Sol en las ciudades de Siena y Alejandría.

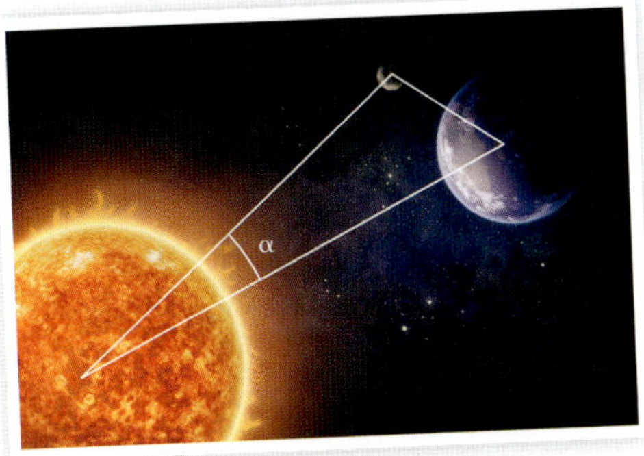

Un hito de semejante valor fue la determinación por parte de **Aristarco de Samos** de las distancias Tierra-Luna y Tierra-Sol.

El sabio midió el ángulo aparente de la Luna observada desde la Tierra y obtuvo una medida de 0,51°. Para determinar la distancia buscada, Aristarco se basó, como otros muchos en otras muchas situaciones, en un eclipse total lunar y estimó que el radio de la Luna era 1/3 del de la Tierra. Una vez efectuados los cálculos, arrojaron un valor de la distancia Tierra-Luna de 480 000 km, lo que supone un error del 25 % respecto del valor aceptado actualmente de 384 000 km. Basándose en el método de Aristarco, **Hiparco de Nicea** obtuvo una mejor aproximación: 386 000 km.

Como se conocía la distancia Tierra-Luna, Aristarco se propuso calcular la de la Tierra al Sol. Con el dato anterior y midiendo el ángulo α (obtuvo un valor de 87°), y utilizando las herramientas trigonométricas que conocía (tenía el valor de un cateto y el ángulo, y se proponía calcular la hipotenusa), obtuvo un valor unas veinte veces menor que la distancia actualmente aceptada.

El error se debía principalmente a la dificultad para determinar los ángulos necesarios (lo hacía prácticamente «a ojo»), pero esto no elimina el mérito del método utilizado y el gran ingenio que demostró.

La proporción cordobesa

En la unidad 1, hemos tratado el concepto y las características de los números irracionales. También hablamos de algunos números irracionales famosos. Uno de los más curiosos e importantes es el número de oro: $\phi = \frac{1+\sqrt{5}}{2}$. Este número ha generado toda una leyenda, por lo que también se le denomina *divino.* Los griegos atribuían su conocimiento a Pitágoras y se aplicacó a construcciones arquitectónicas como el Partenón de Atenas.

Este número parecía representar una especie de gusto universal por las proporciones estéticas atractivas para la mente humana. En una prueba a un grupo de arquitectos en Córdoba (España) en el año 1951, se les pedía que dibujaran un rectángulo que les pareciese ideal, el más bello. La idea era que los que se aproximaran más al rectángulo de oro obtendrían la máxima puntuación. La sorpresa fue que la mayoría representaban uno, similar entre ellos, pero distinto al áureo, menos esbelto, cuya proporción era aproximadamente 1,3.

Investigaciones posteriores llegaron a determinar que esta proporción es exactamente $\frac{1}{\sqrt{2-\sqrt{2}}}$ y se encuentra en diversos lugares de la ciudad de los califas: Mezquita, la puerta del Al-Hakam, la fachada del Mihrab…

Actividades

1. Investiga otro tipo de coordenas distintas a las cartesianas. Indica sus características y sus usos.
2. Como hemos visto en estas reseñas históricas, la primera medida de la distancia Tierra-Luna presentaba un error considerable. Investiga las causas de este error y cómo las solucionó Hiparco de Nicea para obtener un valor mucho más exacto.
3. ¿Cuáles crees que son las causas de la existencia de un número que indica un canon estético de belleza distinto al áureo en Córdoba?

Evaluación de competencias

1. Se quiere restaurar una piscina rectangular de dimensiones 13,60 m × 6 m y 2,05 m de profundidad. Concretamente, se desea:

- Recubrir el suelo con baldosas cuadradas de 40 cm de anchura.
- Pintar las paredes con pintura impermeable.
- Recubrir el borde superior con tiras largas y estrechas (como las que se utilizan para los zócalos).

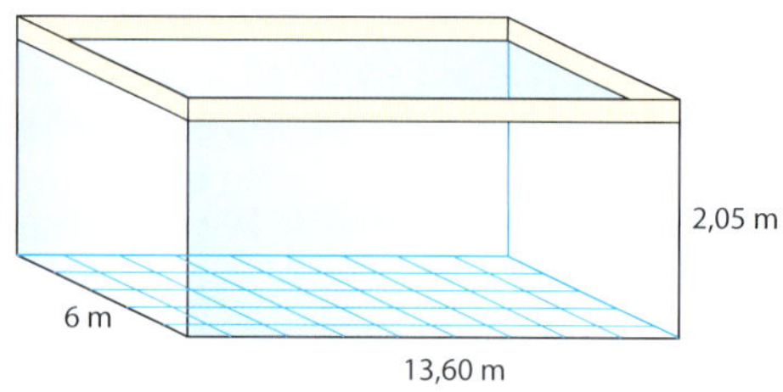

a) Calcula cuántas baldosas nos harán falta para recubrir el suelo.

b) Para pintar las paredes se utilizarán botes de pintura impermeable de 4 L, cada uno de los cuales cuesta 14 € y contiene cantidad suficiente para pintar 5 m^2.

—¿Cuántos botes de pintura necesitaremos?

—¿Cuánto nos va a costar la pintura?

c) ¿Cuántos metros de tiras largas necesitaremos para recubrir el borde de la piscina?

d) Finalmente, hay que llenar la piscina de agua. Para que no rebose, es necesario dejar un margen de 10 cm desde el borde.

—¿Cuántos litros de agua se emplearán?

2. En una región de China usan un tipo de sombrero cónico de 47 cm de diámetro y 28 cm de generatriz. Recubren cada sombrero con hojas por dentro y por fuera.

Considera que las áreas interior y exterior del sombrero son iguales, y calcula los metros cuadrados de hojas necesarios para confeccionar 1 000 sombreros.

3. Dibuja, por el método de radiación, una figura semejante a la siguiente, con centro de homotecia en el punto *O* y razón de semejanza 3:

4. La maqueta de una bicicleta a escala 1:15 tiene una longitud de 12 cm.

—¿Cuánto mide de largo la bicicleta?

—Calcula la longitud de una maqueta de la misma bicicleta a escala 1:18.

—¿Cuál sería la escala en la que la bicicleta midiese 18 cm?

5. Un agricultor quiere cercar una parcela rectangular para proteger el cultivo. Uno de los lados mayores del rectángulo debe cerrarse con un cercado que cuesta 500 € por hectómetro. En los otros tres lados puede utilizarse una valla cuyo precio es de 300 € por hectómetro. Sabiendo que el perímetro de la parcela es de 30 hm y que el lado largo del rectángulo mide 2 hm más que el lado corto, ¿cuántos metros de cercado utilizará? ¿Cuánto tendrá que pagar?

6. Un edificio de oficinas tiene la forma de un prisma pentagonal regular de 34 m de altura. Lo han construido con una abertura en el centro de su parte superior, que también es un prisma pentagonal regular.

El lado del pentágono exterior mide 40 m y su apotema, 27,5 m. El lado del pentágono interior mide 10 m y su apotema, 6,9 m. Calcula:

— El área total de las fachadas interior y exterior.

— La superficie de la azotea.

7. Desde la torre de un faro se observa un barco bajo un ángulo de 24°. Si el barco se acerca 450 m al faro, el ángulo pasa a ser de 34°. Calcula la altura del faro y la distancia de este al barco en cada una de las observaciones.

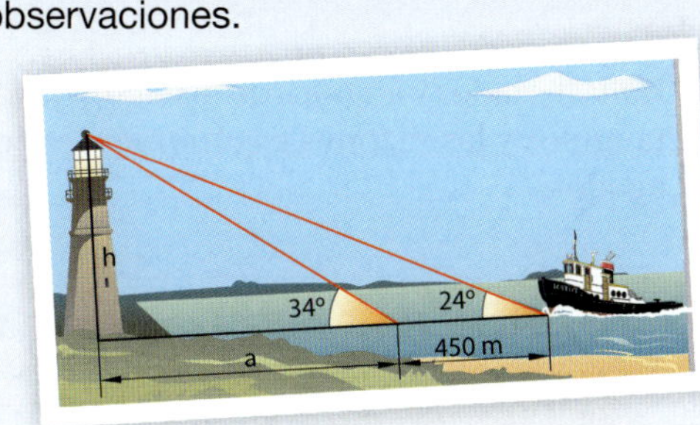

8. Dos triángulos rectángulos iguales tienen un cateto dos veces mayor que el otro cateto.

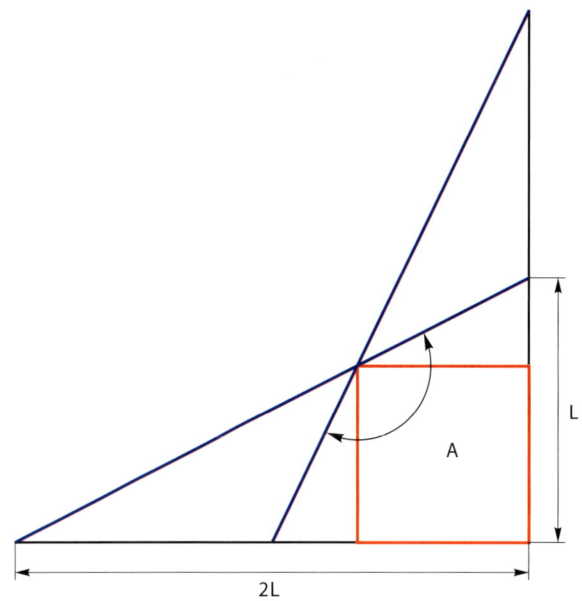

a) Identifica los triángulos semejantes.

b) Calcula el ángulo $\widehat{A}$.

9. Aplica a la siguiente figura las transformaciones que se piden:

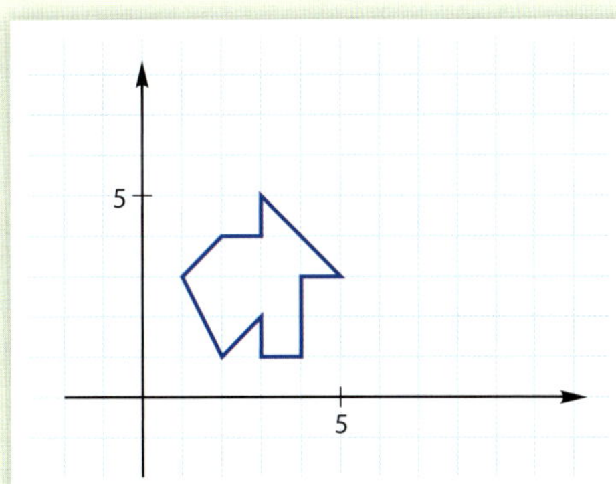

a) Una homotecia de centro O (2, −4) y razón $k = \frac{1}{3}$.

b) Una homotecia de centro O (0, 0) y razón $k = -\frac{3}{2}$.

c) Una traslación de 3 unidades de longitud siguiendo el sentido positivo del eje de las x y, a continuación, una homotecia de centro O (0, 3) y razón $k = \frac{1}{2}$.

Actividades de síntesis

1. Di si las siguientes afirmaciones son verdaderas o falsas, y justifícalo mediante ejemplos:

a) Dos triángulos isósceles son siempre semejantes.

b) Dos prismas son semejantes si sus bases son polígonos semejantes.

c) Dos esferas son siempre semejantes.

2. El área total de un cilindro es 25 veces mayor a la de otro semejante a este. ¿Cuál es la razón de semejanza entre ambas figuras? ¿Cuál es la razón entre sus volúmenes?

3. En un mapa dibujado a escala 1 : 300 000, la distancia que separa dos poblaciones es 11,2 cm. ¿Cuál es la distancia real entre las dos ciudades?

4. Indica a qué cuadrante pertenece cada uno de estos ángulos:

a) 1 340° c) 40° e) – 450° g) 3 330°

b) –250° d) 1 435° f) 720° h) –150°

5. Sin utilizar la calculadora, halla las razones trigonométricas de 240° y 300°.

6. Sabiendo que sen $\alpha = 0{,}8$ y que el ángulo a está en el segundo cuadrante, calcula cos α y tg α.

7. ¿Cuál es la relación entre las razones trigonométricas de dos ángulos suplementarios? ¿Y de dos ángulos complementarios?

8. ¿Se pueden sumar siempre dos vectores fijos? Razona tu respuesta.

9. Indica las coordenadas de cinco puntos de la recta $y = 2x + 5$.

10. Completa esta tabla en tu cuaderno sabiendo que ABC y $A'B'C'$ son dos triángulos rectángulos semejantes:

Triángulo ABC						**Triángulo A′B′C′**					
Lados (cm)			*P* (cm)		*A* (cm²)	Lados (cm)			*P* (cm)		*A* (cm²)
a	b	c				a	b	c			
2	1,5		6							12	
					30		36	39			270

(P = perímetro ; A = área)

11. Un archivador tiene como dimensiones 10 cm de ancho, 35 cm de alto y 30 cm de profundidad. Calcula las dimensiones de otro archivador semejante de volumen 6 076,4 cm³.

12. Las coordenadas de los vértices de un polígono son las siguientes: $A(2, 2)$, $B(3, 5)$, $C(8, 3)$ y $D(5, 1)$. Dibújalo y halla las coordenadas de la figura homotética a la primera:

a) Con centro de homotecia $O(0, 0)$ y razón $k = 3$.

b) Con centro $O(0, 0)$ y razón de homotecia $k = -\frac{1}{2}$.

— ¿Cómo son estos polígonos respecto al primero?

13. Aplica a la figura una traslación de vector $\vec{v}$ y, a continuación, una homotecia de centro O y razón $k = \frac{3}{2}$.

¿Cuáles son las coordenadas de la nueva figura?

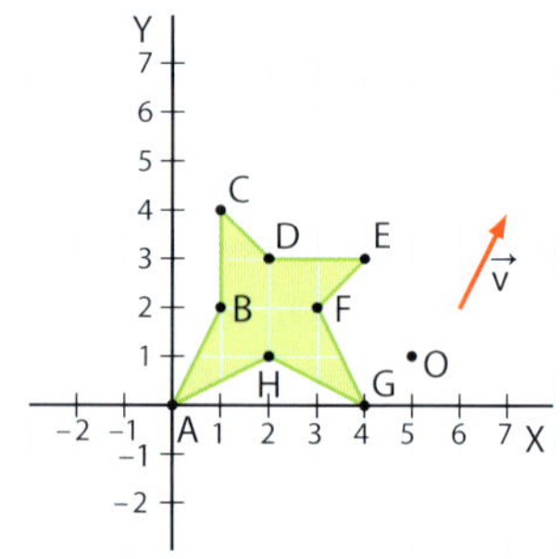

14. Halla los lados y ángulos de los siguientes triángulos rectángulos y las razones trigonométricas de sus ángulos agudos:

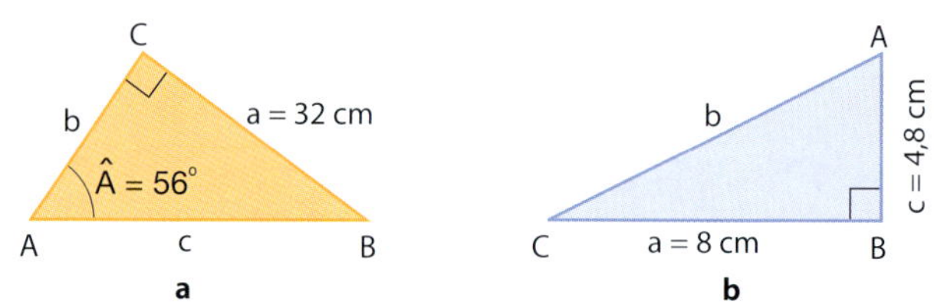

15. Sabiendo que sen $\alpha = \frac{4}{5}$, calcula los valores de los ángulos, de los lados y de las diagonales del rombo de la derecha.

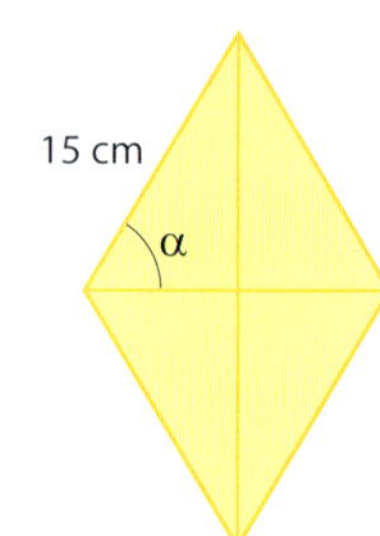

— ¿Cuáles serían las medidas de los ángulos y de los lados de un rombo semejante a este y más pequeño, con razón de semejanza $k = \frac{3}{4}$?

16. Efectúa gráficamente las operaciones indicadas.

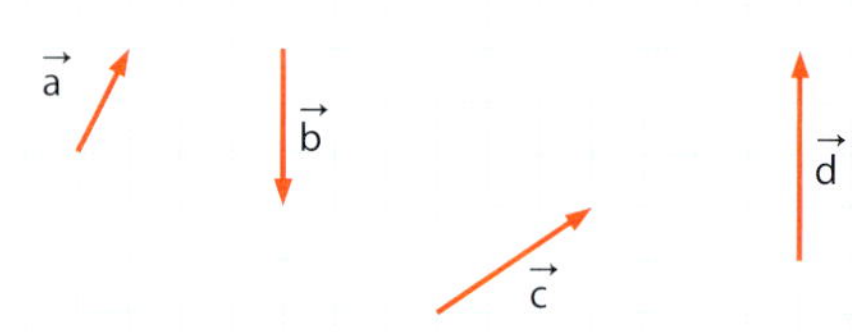

a) $\vec{a} + \vec{b}$ c) $\vec{a} - \vec{b} - \vec{c}$ e) $2\vec{a} - \vec{d}$

b) $\vec{c} - \vec{d} - 3\vec{a}$ d) $-3\vec{a}$ f) $\vec{a} + \vec{c} - 2\vec{b}$

17. Expresa el vector $\vec{a}$ como combinación lineal de los vectores $\vec{u}$ y $\vec{v}$.

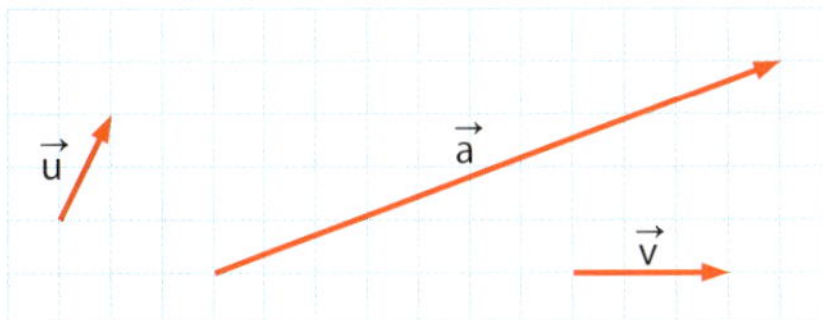

— ¿Cuáles son las componentes de $\vec{a}$ en la base $\{\vec{u}, \vec{v}\}$?

18. Calcula las coordenadas del punto P en el sistema de referencia $\{O; \vec{i}, \vec{j}\}$, en el sistema $\{O; \vec{j}, \vec{i}\}$ y en el sistema $\{A; \vec{u}, \vec{v}\}$.

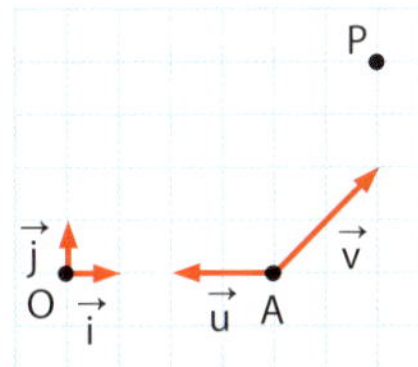

19. Obtén las coordenadas del punto medio del segmento MN.

20. Indica la pendiente y la ordenada en el origen de las rectas r y t, y escribe la ecuación de cada una de ellas.

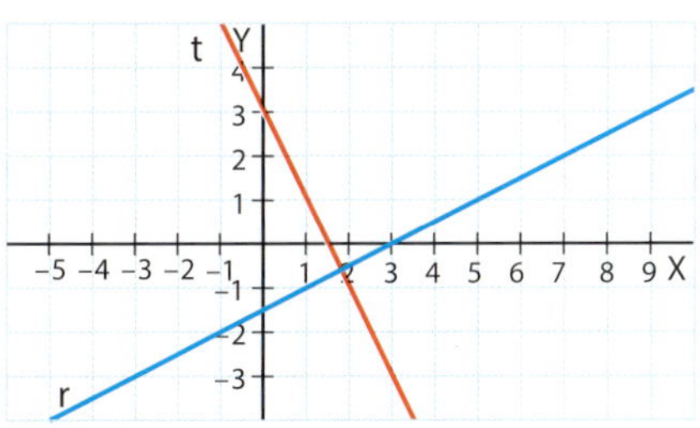

21. Halla la ecuación de la recta paralela a $y = 2x + 3$ que pasa por el punto (1, 2).

22. Halla las coordenadas del punto en que se cortan las rectas $y = -2x - 8$ e $y = \frac{1}{3}x - 1$.

23. La escala gráfica de un mapa viene representada por la siguiente figura:

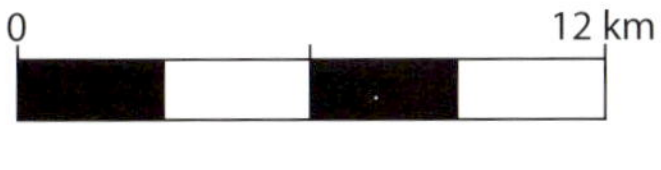

a) ¿Qué distancia real representará una longitud de 2,5 cm en el mapa?

b) ¿Qué distancia en el mapa representará una distancia real de 16 km?

c)¿Cuál es la escala del mapa?

— Si fotocopiamos el mapa y lo reducimos un 20 %, ¿cuál será la nueva escala del mapa?

24. Las dimensiones en el plano de una habitación rectangular son 2,2 × 3,5 cm. ¿Cuál es la superficie real de la habitación si el plano está dibujado a escala 1:250?

25. Las medidas de la maqueta de un coche a escala 1:42 son 8,4 cm de longitud, 3,5 cm de anchura y 3,2 cm de altura. ¿Cuáles son las medidas reales del coche?

— Una maqueta del mismo vehículo a escala 1:8 ¿será más grande o más pequeña que la maqueta a 1:42? ¿Qué relación habrá entre las medidas de ambas maquetas?

26. ¿Cuál es la profundidad de este pozo?

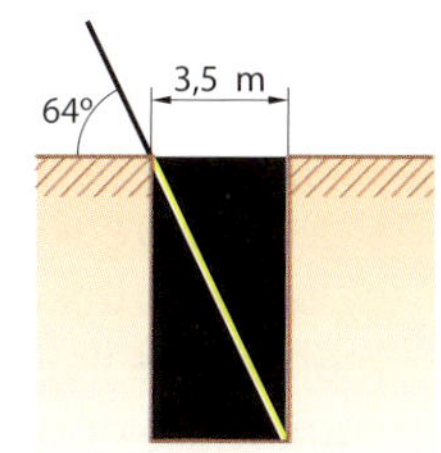

27. Desde cierto punto, observamos un globo en el aire bajo un ángulo de 59°. Si retrocedemos 250 m, observamos el globo, que no se ha movido, bajo un ángulo de 45°. Calcula la altura a la que está el globo y la distancia de su vertical al punto de nuestra primera observación.

28. Una antena de televisión está situada en la terraza de un edificio a 75 m del suelo. Desde la ventana de una casa adyacente, se observa la antena con un ángulo de elevación de 49° y la base del edificio con un ángulo de depresión de 21°.

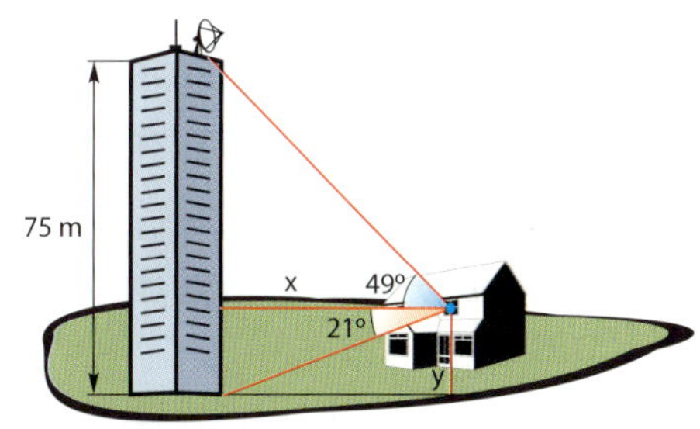

a) ¿Qué distancia hay entre la casa y el edificio?

b) ¿A qué altura del suelo se encuentra la ventana?

29. Observa esta figura:

a) Indica las coordenadas de los vértices de los triángulos ABC y DEF.

b) Escribe la ecuación de la recta que contiene cada uno de los lados de los dos triángulos.

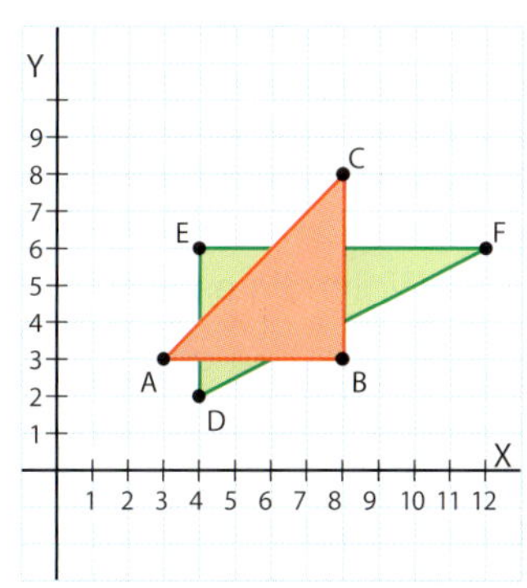

c) Halla los puntos de corte de los triángulos ABC y DEF.

11 ESTADÍSTICA Y PROBABILIDAD

Estadística

Una compañía eléctrica llevó a cabo un estudio sobre la relación entre la calidad de la iluminación de las calles y el número de delitos que se cometían en ellas. Los datos aportaron que, en la zona de estudio, el 95 % de las calles estaban mal iluminadas y que el 90 % de los delitos se cometían en estas.

Podría parecer que estos datos muestran que la buena iluminación de las calles aporta seguridad a la zona, pero si analizamos los datos más detenidamente, nos llevamos una sorpresa. Resulta que si alguien vive en una calle mal iluminada, podrá sentirse más seguro que si lo hace en una bien iluminada.

Sin embargo, se constata que las calles bien iluminadas suponen solo un 5 % del total, pero en ellas se perpetran el 10 % de los delitos; es decir, el mayor número de siniestros se produce en estas.

Las ratios correctas serían las siguientes:

- En las calles mal iluminadas (90/95), de promedio menos de un siniestro por calle.
- En las calles bien iluminadas (10/5), de promedio dos delitos por calle.

CONTENIDOS

1. Estadística unidimensional
2. Estadística bidimensional

PBL: Noticias estadísticas

Cre@ctividad: Diagrama de cajas y bigotes con hoja de cálculo

Rutina de pensamiento

TITULARES

A partir de la lectura del texto:

— Agrupaos en parejas y escribid un titular si la noticia solo consistiera en el primer párrafo del texto.

— Volved a escribir un titular para toda la noticia.

— Poned en común en la clase los dos titulares de cada pareja.

— Elegid uno para el texto completo y uno para el primer párrafo.

— ¿Cambiaríais alguno de los titulares tras la puesta en común?

1. Estadística unidimensional

Para que la muestra sea **significativa** y **representativa** de la población, se debe escoger con sumo cuidado. Algunas técnicas de elección de muestras son:

- **Muestreo aleatorio simple.** Los individuos se eligen al azar.
- **Muestreo sistemático.** Los individuos se eligen siguiendo algún patrón.
- **Muestreo estratificado.** Los individuos se clasifican por grupos y, posteriormente, se escogen utilizando uno de los métodos anteriores.

1.1. Conceptos

La estadística es la parte de las matemáticas que se ocupa de recoger, organizar y analizar grandes cantidades de datos con el fin de determinar las características del colectivo estudiado.

Existen dos ramas principales de la estadística. La **estadística descriptiva** se ocupa de obtener, presentar y analizar un conjunto de datos con el fin de determinar sus características. Por otro lado, la **estadística inferencial** trabaja con muestras y, a partir de ellas, trata de conocer las características de toda la población.

En todo estudio estadístico, aparecen los siguientes conceptos:

Población: conjunto de elementos que son objeto del estudio. Cada uno de estos elementos se denomina individuo.

Muestra: subconjunto extraído de la población y que se pretende que represente a su totalidad.

Variable estadística: propiedad o característica de la población que estamos interesados en estudiar. Si toma valores numéricos, es una **variable cuantitativa;** en caso contrario, es una **variable cualitativa.**

En aquellos casos en que la variable cuantitativa no puede tomar valores intermedios entre dos valores consecutivos, diremos que es una variable cuantitativa discreta. Si por el contrario, puede tomar cualquier valor de un intervalo, diremos que es **cuantitativa continua.**

La elaboración de un estudio estadístico consta de varias fases:

Fase	Tareas
Concepción	• Definición del objetivo del estudio: qué se desea conocer y qué variables estadísticas se utilizarán. • Determinación de la población y valoración de la necesidad de tomar una muestra. • Previsión del costo económico.
Obtención de datos	• Obtención y selección de los datos para el análisis posterior. • Si los datos proceden de una encuesta: redacción de las preguntas, selección y formación del personal encuestador, diseño del plan de actuación y ejecución de la recogida de datos.
Análisis de los datos	• Tratamiento de los datos obtenidos. • Obtención de los parámetros estadísticos relevantes. • Confección de tablas y gráficos.
Presentación de los resultados	• Elaboración de un informe. • Análisis crítico de los resultados obtenidos.

Actividades

1. Considera el estudio estadístico que trata de determinar las preferencias de los alumnos de ESO sobre videojuegos.

Sabiendo que dicho estudio se lleva a cabo en un centro educativo de Educación Secundaria a partir de la selección al azar de 10 alumnos de cada clase, indica cuál es la población objeto de estudio, la variable estadística y la representatividad de la muestra.

2. Se desea llevar a cabo un estudio estadístico sobre los temas de lectura preferidos de los alumnos de ESO de un centro educativo y se considera que estas dependen del curso en el que estén escolarizados.

El total de alumnos que estudian ESO en este centro educativo es: 1.º, 1 300; 2.º, 1 250; 3.º, 1 100; 4.º, 1 350.

Indica cómo elegirías una muestra de 300 alumnos representativa de este centro educativo.

1.2. Tablas y gráficos

Las tablas y los gráficos estadísticos nos permiten ordenar y presentar para, posteriormente analizar, los datos recogidos en un estudio estadístico.

Debido a la gran cantidad de datos con los que se suele trabajar y las excelentes funcionalidades que han alcanzado los diversos programas de tratamiento de datos, hoy por hoy estos son insustituibles en la estadística.

A lo largo de toda la unidad, trabajaremos con **Calc,** la hoja de cálculo de **OpenOffice** que ya conocemos.

Tablas

Al construir las tablas estadísticas, debemos tener en cuenta si los datos aparecen agrupados o no.

En los estudios en que las variables estadísticas son cualitativas o cuantitativas discretas, los datos suelen presentarse no agrupados. Veamos un ejemplo.

Recuerda

- La **frecuencia absoluta** ***(n_i)*** de un valor de la variable estadística es el número de veces que se repite dicho valor.
- La **frecuencia relativa** ***(f_i)*** de un valor de la variable estadística es el resultado de dividir su frecuencia absoluta entre el número total de datos ***(N)***.
- La **frecuencia absoluta acumulada** ***(N_i)*** de un valor de la variable estadística es el resultado de sumar a su frecuencia absoluta las frecuencias absolutas de los valores anteriores.
- La **frecuencia relativa acumulada** ***(F_i)*** de un valor de la variable estadística es el resultado de sumar a su frecuencia relativa las frecuencias relativas de los valores anteriores.

Ejemplo 1

Confecciona la tabla de distribución de frecuencias con la siguiente serie de datos correspondiente al número de mascotas o animales domésticos que tienen los alumnos de una clase de 4.º de ESO:

1, 3, 2, 0, 1, 3, 4, 2, 1, 0, 2, 3, 1, 4, 1, 1, 2, 3, 2, 2, 7, 2

Introducimos los datos del número de mascotas y su frecuencia absoluta y, a partir de aquí, utilizamos los comandos de **Calc** para efectuar los cálculos:

Frecuencia relativa acumulada (Fi)

	Número de mascotas	Frecuencia absoluta (n_i)	Frecuencia relativa (f_i)	Frecuencia abosulta acumulada (N_i)	Frecuencia relativa acumulada (F_i)
	0	2	0,0909	2	0,0909
	1	6	0,2727	8	0,3636
	2	7	0,3182	15	0,6818
	3	4	0,1818	19	0,8636
	4	2	0,0909	21	0,9545
	7	1	0,0455	22	1
TOTALES:		22	1		

En esta tabla hemos utilizado la **función SUMA()** de **Calc** para calcular los valores totales y las sumas correspondientes a las frecuencias relativa, absoluta acumulada y relativa acumulada.

Recuerda que cuando las operaciones se repiten en las celdas, definimos la operación en la primera de ellas y, posteriormente, arrastramos esa celda desde la esquina inferior derecha hasta completar el resto.

No olvides también que, para introducir una función o indicar una operación, debes escribir previamente los signos "+" o "=" en la celda.

Actividades

3. Construye la tabla de distribución de frecuencias de la siguiente serie de datos correspondientes al número de hermanos que tienen los 25 alumnos y alumnas de una clase:

2, 1, 1, 2, 2, 3, 1, 3, 2, 2, 3, 4, 2, 1, 2, 2, 4, 2, 3, 3, 2, 2, 3, 5, 2

4. Confecciona la tabla de distribución de frecuencias referente al número de hermanos de los 25 alumnos y alumnas de una clase si dispones de la siguiente información:

a) La frecuencia absoluta acumulada del dato *0 hermanos* es 2.

b) La frecuencia relativa acumulada del dato *1 hermano* es 0,4.

c) Hay alumnos que tienen *2 hermanos.*

d) La frecuencia relativa del dato *3 hermanos* es 0,16.

e) La frecuencia absoluta del dato *4 hermanos* es 1.

> Existen programas y lenguajes específicos de estadística con opciones en cuanto a la selección de intervalos a partir de los datos iniciales.
>
> Como *software* libre podríamos citar **R:**
>
> **https://www.r-project.org/**

Datos agrupados

En los casos de variables cuantitativas continuas o cuantitativas discretas en los que la variable adopta muchos valores diferentes, antes de la construcción de la tabla es necesario agrupar los datos en **intervalos.**

- Con frecuencia se toma un número de intervalos aproximadamente igual a $\sqrt{N}$ siendo N el número total de datos, y suele estar entre 5 y 20.
- La amplitud de los intervalos se obtiene dividiendo el recorrido, diferencia entre los valores máximo y mínimo que toma la variable, entre el número de intervalos elegido y aproximando por exceso.
- Los intervalos son semiabiertos por la derecha, de modo que el extremo inferior del primero sea algo menor que el dato más pequeño y el extremo superior del último sea algo mayor que el dato más grande, y se ordenan según su situación en la recta real. Estos intervalos reciben el nombre de **intervalos de clase.**
- Se toma como representante de cada intervalo de clase su *valor central,* que recibe el nombre de **marca de clase.**

Veamos mediante un ejemplo cómo proceder para efectuar la agrupación en intervalos de una serie de datos.

Ejemplo 2

Confecciona la tabla de distribución de frecuencias correspondiente a la edad de los trabajadores de una empresa que se muestra en el recuadro adjunto.

38	29	58	26	50	49
23	40	51	39	49	57
47	53	39	35	52	60
54	34	62	39	58	27
42	40	48	53	33	
52	39	53	45	41	

COMPRENSIÓN

Estableceremos el número de intervalos y calcularemos sus respectivas marcas de clase. Igual que en el ejemplo anterior utilizaremos el programa **Calc** que nos facilitará los cálculos.

RESOLUCIÓN

— El valor máximo es 62 y el valor mínimo, 23. Por tanto, el recorrido es: $62 - 23 = 39$.

— Número de intervalos: $\sqrt{34} \simeq 5{,}83 \rightarrow 6$ intervalos.

— Puesto que $39 : 6 = 6{,}5$, tomamos los intervalos con una amplitud de 7 unidades.

— Consideramos los siguientes intervalos de clase:

$[22, 29)$, $[29, 36)$, $[36, 43)$, $[43, 50)$, $[50, 57)$, $[57, 64)$

— Las correspondientes marcas de clase son:

25,5; 32,5; 39,5; 46,5; 53,5; 60,5

La tabla de frecuencias correspondiente a las edades de los trabajadores es la que se muestra, en la que hemos utilizado la función **SUM()** para calcular los valores totales y las frecuencias absoluta acumulada y relativa acumulada.

Edad	Marca de clase	Frecuencia absoluta (n_i)	Frecuencia relativa (f_i)	Frecuencia absoluta acumulada (N_i)	Frecuencia relativa acumulada (F_i)
[22,29)	25,5	3	0,0882	3	0,0882
[29,36)	32,5	4	0,1176	7	0,2059
[36,43)	39,5	9	0,2647	16	0,4706
[43,50)	46,5	5	0,1471	21	0,6176
[50,57)	53,5	8	0,2353	29	0,8529
[57,64)	60,5	5	0,1471	34	1
TOTALES:		34	1		

Actividades

5. Construye la tabla de distribución de frecuencias de la siguiente serie de datos correspondientes a la temperatura mínima registrada en una ciudad a lo largo del mes de febrero:

8,4 - 8 - 7 - 2,6 - 4,6 - 2,4 - 1,2 - 1 - 2 - 2,2 - 3 - 3,6
4,4 - 4,6 - 3 - 2,4 - 1,4 - 2,4 - 1,2 - 2,2 - 2 - 7,8 - 6,6
5,2 - 1,6 - 4 - 3,8 - 5

6. Construye la tabla de distribución de frecuencias de la siguiente serie de datos correspondientes al tiempo, en minutos, que tardan los alumnos de un curso en ir a su escuela:

10, 0, 2, 21, 24, 3, 7, 8, 5, 9, 8, 6, 5,
6, 12, 14, 4, 1, 2, 3, 4, 3, 4, 16, 6

Gráficos

Los gráficos estadísticos facilitan la interpretación de las tablas. Te mostramos, a continuación, los más empleados. Una vez que tenemos tabulados los datos en **Calc,** podemos crear nosotros mismos muchos de ellos, en la ruta **Insertar>Gráfico...**

Datos no agrupados

Diagrama de barras

Trazamos unos ejes de coordenadas y representamos en abscisas los valores de la variable y en ordenadas sus frecuencias. Para cada valor de la variable, levantamos una barra vertical de altura el valor de su frecuencia.

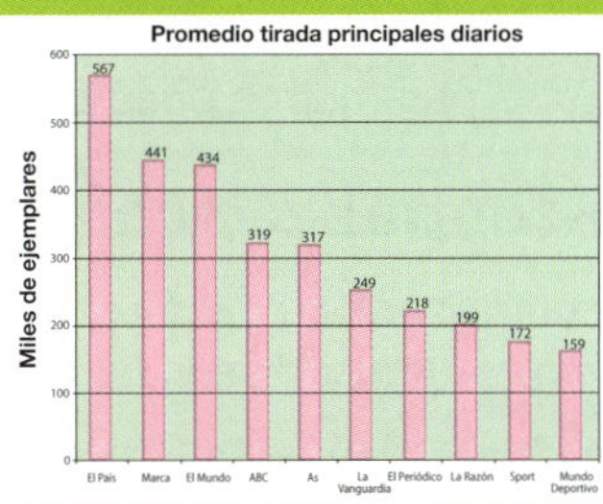

Diagrama de cajas y bigotes

Calculamos la caja como la diferencia entre el primer y el tercer cuartil. Los valores límites son los que están 1,5 veces por encima y por debajo del rango intercuartílico. Los valores extremos se representan con puntos.

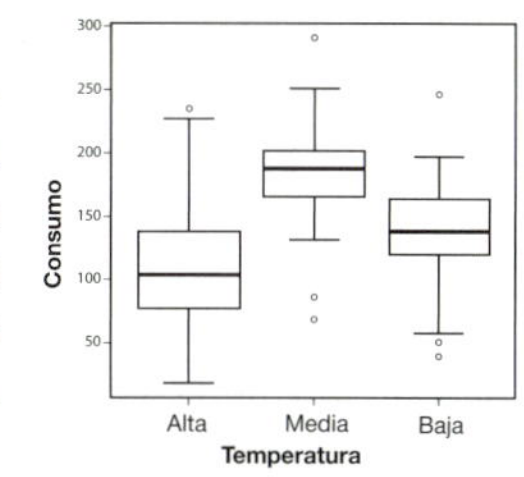

Pictograma

En este gráfico las barras se han sustituido por dibujos representativos de la variable estudiada.

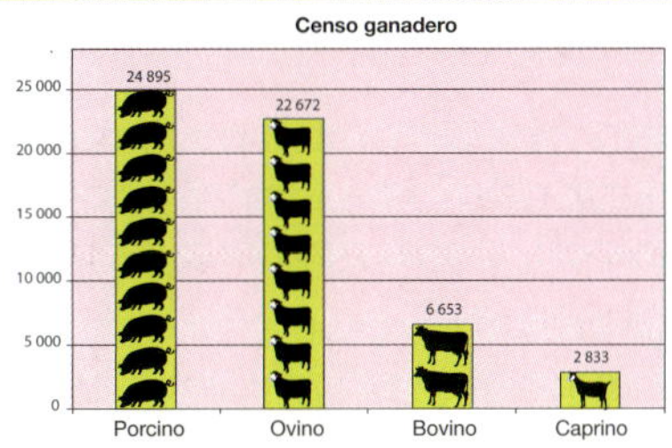

Diagrama de sectores

Es un círculo dividido en sectores de amplitud proporcional a las frecuencias de los valores de la variable.

Suele acompañarse del porcentaje que representa cada sector.

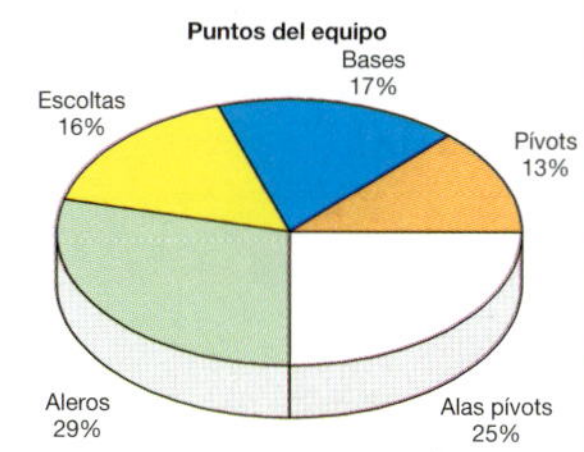

Datos agrupados

Histograma

Trazamos unos ejes de coordenadas y representamos en abscisas los intervalos de clase y en ordenadas sus frecuencias. Sobre cada intervalo de clase levantamos un rectángulo de altura el valor de su frecuencia.

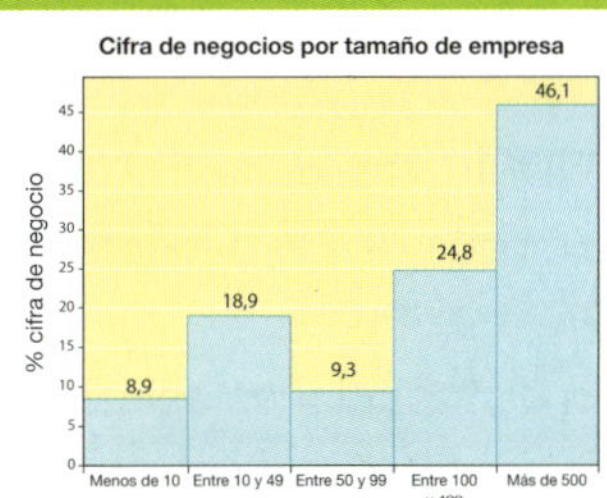

Polígono de frecuencias

En los histogramas de frecuencias absolutas o relativas es frecuente trazar una línea poligonal que una los puntos medios de las bases superiores de los rectángulos.

Es lo que se denomina polígono de frecuencias.

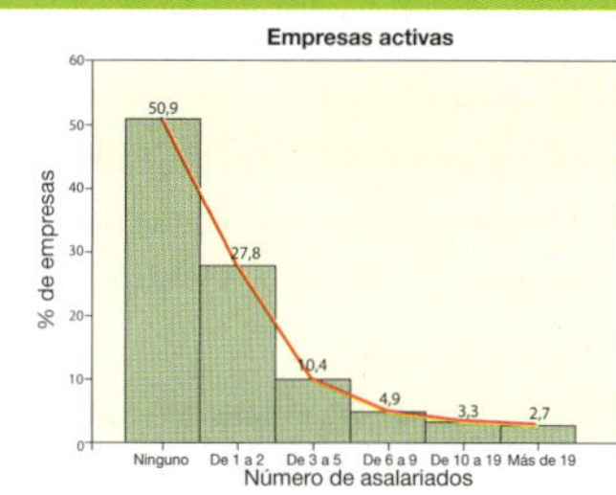

Otros gráficos

Cartograma

Suelen ser mapas coloreados por zonas, según los valores que toma la variable en ellas.

Se acompañan de un código que indica el significado de cada color.

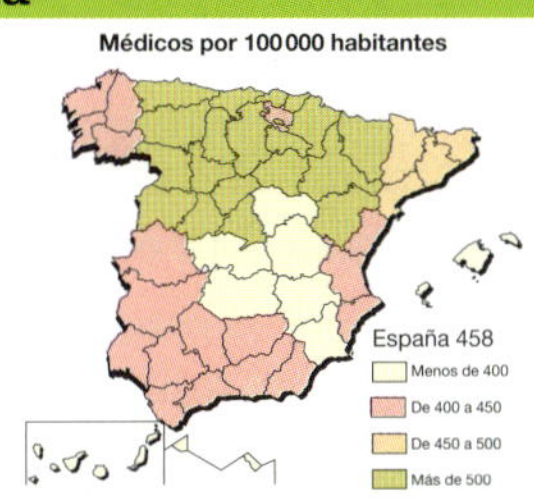

Pirámide de población

Son dos histogramas horizontales que comparten el eje que contiene los intervalos de clase.

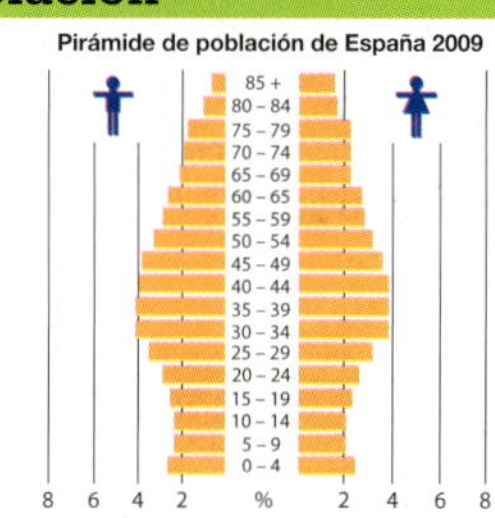

Gráfico evolutivo

Los gráficos evolutivos se utilizan para representar la evolución en el tiempo de la variable. En este caso, los datos reciben el nombre de serie temporal.

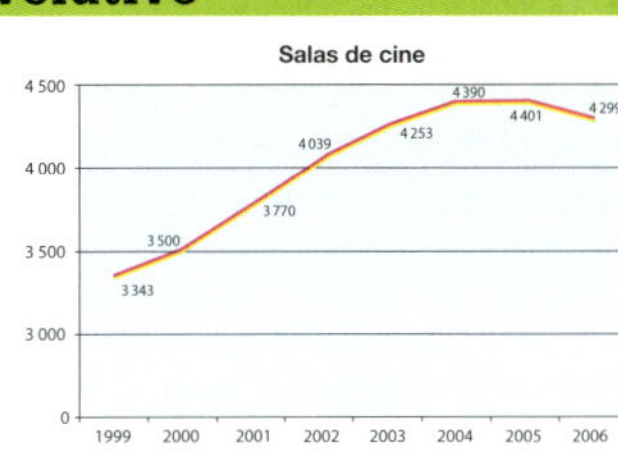

Gráfico comparativo

En ocasiones, se superponen dos o más gráficos para comparar los datos representados.

Se habla entonces de gráfico comparativo.

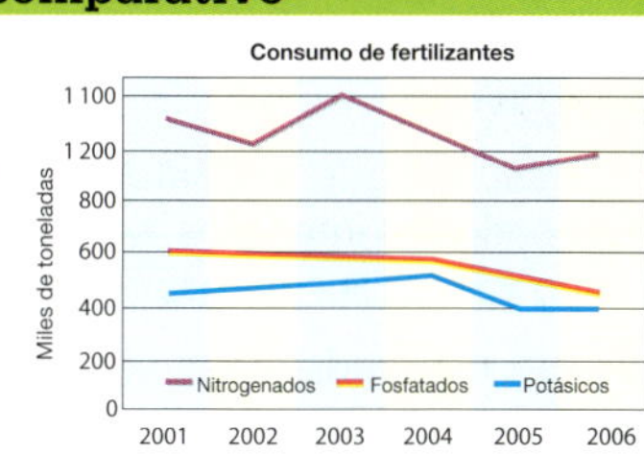

Actividades

7. El número de socios de una ONG, por edades, es el siguiente: 16 634 menores de 30 años; 41 395 de entre 30 y 40 años; 58 011 de 40 a 50 años; 39 409 de 50 a 60 años; 14 936 de 60 a 70 años, y 10 222 mayores de 70 años. Confecciona el diagrama de barras y el diagrama de sectores.

1.3. Análisis de datos

La etapa final de un estudio estadístico es el análisis de los datos con el fin de **extraer conclusiones** que puedan ser de interés. En el caso de la estadística unidimensional, la idea consiste en resumir la información del comportamiento global del fenómeno estudiado, que está contenida en tablas y gráficos, mediante ciertos valores, denominados *parámetros estadísticos,* que tratan de representar toda la distribución de datos. Estos parámetros pueden ser de *centralización* o de *dispersión.*

Fíjate

Calc puede calcular directamente los parámetros que veremos en este apartado (moda, mediana, media aritmética, cuartil y percentil) mediante las funciones **MODA(), MEDIANA(), PROMEDIO(), CUARTIL() y PERCENTIL().**

Parámetros de centralización y posición

Los parámetros de centralización indican valores respecto a los que los datos parecen agruparse. Los más utilizados son la *moda,* la *media aritmética* y la *mediana.*

La **moda** es un dato que representa la mayoría (esto puede ser muy relevante en algunos casos, en las elecciones, por ejemplo). Además, es fácil de deducir a partir de la tabla o gráfico, y es el único parámetro que puede aplicarse a variables cualitativas.

Por el contrario, como inconvenientes podemos citar que en su determinación no intervienen todos los datos de la distribución, puede no existir o estar en un extremo de la distribución, lo que desvirtúa su carácter centralizador.

La **media aritmética** es el valor promedio de todos los valores de una variable. Puede considerarse como el «centro de gravedad» de la distribución. Es el parámetro más utilizado por ser muy fácil de calcular y representar a todos los datos.

Conviene utilizarla cuando los datos se distribuyen simétricamente respecto a su valor.

Su principal inconveniente es que es muy sensible a valores extremos.

La **mediana** es el valor que divide a los datos de una variable en dos grupos con el mismo número de integrantes.

Conviene utilizarla en distribuciones asimétricas de datos.

Su principal ventaja es que no es sensible a los datos extremos y presenta el inconveniente de ser simplemente un valor posicional que no hace referencia al resto de los datos.

Moda

La **moda, *Mo,*** es el valor de la variable con mayor frecuencia absoluta.

En caso de que los datos estén agrupados en intervalos, suele considerarse que la moda es la marca de clase del intervalo con la mayor frecuencia absoluta. Dicho intervalo recibe el nombre de **clase modal.**

Media aritmética

La ***media aritmética,*** $\overline{x}$, es el valor que resulta al dividir la suma de todos los datos entre el número total de ellos.

En caso de que los datos estén agrupados en intervalos, se toman como valores las marcas de clase.

Se calcula mediante la siguiente fórmula:

$$\overline{x} = \frac{\sum_i x_i \cdot n_i}{N}$$

x_i: valor de la variable

n_i: frecuencia absoluta de x_i

N: número total de datos

Mediana

La **mediana, *Me,*** es el valor que ocupa el lugar central en un conjunto de datos ordenados.

Si el número de datos es impar, la mediana coincide con el valor del dato que ocupa el lugar central. Y si es par, es la media aritmética de los dos datos que ocupan los lugares centrales.

En caso de que los datos estén agrupados en intervalos, se define la **clase medianal** como el intervalo que contiene la mediana.

Si el número de datos es impar, la clase medianal es el intervalo que contiene el dato central. Y si es par y los datos pertenecen a un mismo intervalo, la clase medianal es dicho intervalo. En ambos casos puede determinarse con mayor precisión mediante la siguiente fórmula:

$$Me = L_i + h \cdot \frac{\frac{N}{2} - N_{i-1}}{n_i}$$

L_i: extremo inferior de la clase medianal

h: amplitud de la clase medianal

N: número total de datos

N_{i-1}: frecuencia absoluta acumulada del intervalo anterior a la clase medianal

n_i: frecuencia absoluta de la clase medianal

Si el número de datos es par y los datos centrales pertenecen a distintos intervalos, se toma la mediana como la media aritmética entre el extremo inferior del primer intervalo y el extremo superior del segundo.

La mediana es un caso particular de **cuantil.** Los **cuantiles** son el conjunto de medidas de posición que dividen la distribución en partes iguales.

Cuantiles

$$C_k = L_i + h \cdot \frac{\frac{k \cdot N}{r} - N_{i-1}}{n_i}$$

Si $r = 2$, obtenemos la mediana (divide la distribución en 2 partes iguales); si $r = 4$, obtenemos los cuartiles (dividen la distribución en 4 partes iguales); si $r = 10$ y $r = 100$, obtenemos deciles y percentiles (dividen la distribución en 10 y 100 partes iguales).

Cuartiles

$$Q_k = L_i + h \cdot \frac{\frac{k \cdot N}{4} - N_{i-1}}{n_i} \quad k = 1, 2, 3$$

Observa que el segundo cuartil ($k = 2$) coincide con la mediana.

Deciles

$$D_k = L_i + h \cdot \frac{\frac{k \cdot N}{10} - N_{i-1}}{n_i} \quad k = 1, 2, \ldots, 9$$

El quinto decil ($k = 5$) se corresponde con el valor de la mediana.

Percentiles

$$P_k = L_i + h \cdot \frac{\frac{k \cdot N}{100} - N_{i-1}}{n_i} \quad k = 1, 2, \ldots, 99$$

Entre cada dos percentiles consecutivos se sitúa un 1 % de los datos.

Ejemplo 3

La siguiente tabla recoge el número de páginas de los libros de una colección de literatura juvenil:

Intervalo de clase	*[100, 120)*	*[120, 140)*	*[140, 160)*	*[160, 180)*	*[180, 200)*	*[200, 220)*
n_i	*5*	*6*	*15*	*18*	*17*	*5*

Calcula la moda, la media aritmética y la mediana de la distribución de datos. Calcula también el tercer cuartil, el quinto decil y el nonagésimo percentil.

COMPRENSIÓN

Tenemos una tabla con datos agrupados, por lo que representaremos cada intervalo por su marca de clase. Aplicaremos las expresiones correspondientes para calcular cada uno de los parámetros solicitados.

RESOLUCIÓN

— La clase modal de la distribución de datos es [160, 180) y, por lo tanto, tomamos como moda la marca de clase, $Mo = 170$.

— Aplicamos la fórmula correspondiente para calcular la media aritmética:

$$\overline{x} = \frac{5 \cdot 110 + 6 \cdot 130 + 15 \cdot 150 + 18 \cdot 170 + 17 \cdot 190 + 5 \cdot 210}{66} = 165{,}45$$

— La clase medianal es [160, 180), puesto que el dato que ocupa el lugar central, el 33 (66 : 2 = 33), pertenece a este intervalo. Aplicamos la fórmula correspondiente para calcular la mediana:

$$Me = 160 + 20\frac{33 - 26}{18} = 167{,}78$$

Así pues, tenemos $Mo = 170$ páginas, $\overline{x} = 165{,}45$ páginas y $Me = 167{,}78$ páginas.

— El tercer cuartil se encontrará en la clase cuya frecuencia acumulada comprenda al valor $\frac{3 \cdot N}{4} = \frac{3 \cdot 66}{4} = 49{,}5$. Por tanto, la clase es [180, 200) y el tercer cuartil será $Q_3 = 180 + 20 \cdot \frac{49{,}5 - 44}{17} = 186{,}47$.

— El quinto decil se encontrará en la clase [160,180), pues $\frac{5 \cdot N}{10} = \frac{5 \cdot 66}{10} = 33$. Por tanto, $D_5 = 160 + 20 \cdot \frac{33 - 26}{18} = 167{,}78$.

— El nonagésimo percentil se encuentra en la clase [180, 200), pues $\frac{90 \cdot N}{100} = \frac{90 \cdot 66}{100} = 59{,}4$. Así, $P_{90} = 180 + 20 \cdot \frac{59{,}4 - 44}{17} = 198{,}12$.

Investiga cómo puedes calcular directamente con Calc los parámetros de dispersión de este apartado.

Parámetros de dispersión

Son valores que indican si los datos se encuentran más o menos agrupados respecto a los parámetros de centralización.

Recorrido

— El **recorrido, *r*,** es la diferencia entre el valor máximo y el valor mínimo de la serie de datos.

En caso de que los datos estén agrupados en intervalos, suele considerarse como recorrido la diferencia entre el extremo superior del último intervalo y el extremo inferior del primero.

Desviación media

— La **desviación media, d_m,** es la media aritmética de las desviaciones de todos los datos respecto a su media aritmética.

En caso de que los datos estén agrupados en intervalos, se toman como valores de la variable las marcas de clase.

Se calcula mediante la siguiente fórmula:

$$d_m = \frac{\sum_i |x_i - \bar{x}| \cdot n_i}{N}$$

x_i: valor de la variable — n_i: frecuencia absoluta de x_i

$\bar{x}$: media aritmética — N: número total de datos

Varianza

— La **varianza,** σ^2, es la media aritmética de los cuadrados de las desviaciones de todos los datos respecto a su media aritmética.

En caso de que los datos estén agrupados en intervalos, se toman las marcas de clase de los diferentes intervalos como los distintos valores de la variable x_i y sus frecuencias absolutas como n_i.

Se calcula mediante estas fórmulas equivalentes:

$$\sigma^2 = \frac{\sum_i |x_i - \bar{x}|^2 \cdot n_i}{N} \quad \text{o} \quad \sigma^2 = \frac{\sum_i x_i^2 \cdot n_i}{N} - \bar{x}^2$$

x_i: valor de la variable — n_i: frecuencia absoluta de x_i

$\bar{x}$: media aritmética — N: número total de datos

Desviación típica

— La **desviación típica,** σ, es la raíz cuadrada positiva de la varianza.

Abreviadamente podemos escribir: $\sigma = \sqrt{\sigma^2}$.

Rango intercuartílico

Se define como la diferencia entre el tercer y el primer cuartil:

$$IQR = Q_3 - Q_1$$

Coeficiente de variación

Es el cociente entre la desviación típica y la media aritmética:

$$CV = \frac{\sigma}{\bar{x}}$$

Se utiliza para comparar poblaciones. Cuando menor sea el *CV*, los datos estarán más concentrados alrededor de la media y esta será más representativa.

Ejemplo 4

Calcula todos los parámetros de dispersión de la distribución de datos del ejemplo anterior.

RESOLUCIÓN

$$d_m = \frac{|110-165,45|\cdot 5 + |130-165,45|\cdot 6 + |150-165,45|\cdot 15 + |170-165,45|\cdot 18 + |190-165,45|\cdot 17 + |210-165,45|\cdot 5}{66} = 21,87$$

$$\sigma^2 = \frac{|110-165,45|^2\cdot 5 + |130-165,45|^2\cdot 6 + |150-165,45|^2\cdot 15 + |170-165,45|^2\cdot 18 + |190-165,45|^2\cdot 17 + |210-165,45|^2\cdot 5}{66} = 712,67$$

— Puesto que $\sigma^2 = 712,67$, tendremos que la desviación típica es $\sigma = \sqrt{712,67} = 26,70$.

— Calculando el primer cuartil, obtenemos que: IQR = 186,47 − 147,33 = 39,14

— Por último, el coeficiente de variación es: $CV = \frac{26,70}{165,45} = 0,16$

Actividades

8. El histograma de la derecha corresponde a un estudio estadístico sobre el peso de los recién nacidos en una maternidad durante una semana.

¿Cuál es la media del peso que tienen los recién nacidos en esta maternidad? ¿Es un dato representativo? ¿Podemos tomarlo como referencia? Para argumentarlo, calcula el coeficiente de variación.

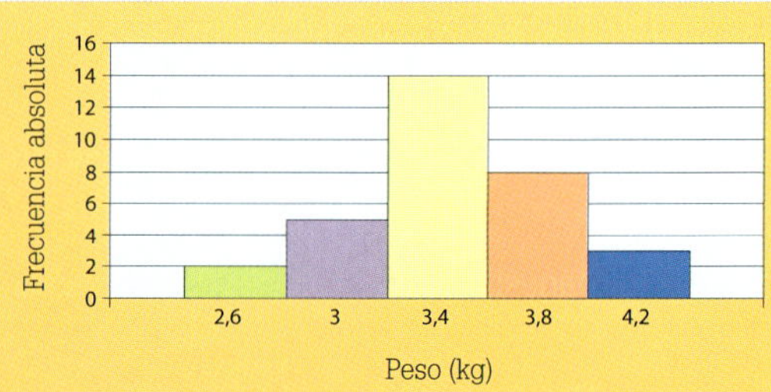

2. Estadística bidimensional

2.1. Conceptos

Ya sabemos que la estadística unidimensional estudia por separado una característica de una población.

Sin embargo, en ocasiones, resulta interesante estudiar conjuntamente dos características de una misma población, lo que constituye el objeto de estudio de la estadística bidimensional.

Así, por ejemplo, observa los datos de la tabla 1 que corresponden a la *cilindrada (X)* y la *velocidad máxima (Y)* de los distintos modelos de coche de una determinada marca.

Anotamos los valores obtenidos de cada coche en forma de par ordenado:

(1,0, 138) (1,4, 157) (1,6, 170) (1,8, 177) (2,0, 195) (1,7, 210) (2,0, 198)

Fíjate en que cada uno de estos pares ordenados es un dato que procede de la observación conjunta de dos variables estadísticas unidimensionales.

Luego:

Una variable **estadística bidimensional** es la que se obtiene al considerar conjuntamente dos variables estadísticas unidimensionales *X* e *Y* relativas a una misma población. Se representa por ***(X, Y)***.

El conjunto de todos los datos procedentes de la observación de una variable estadística bidimensional se denomina **distribución bidimensional.**

Ejemplo 5

¿Cuál es la variable estadística considerada en un estudio de las edades de los padres y las madres de los alumnos de una clase de 4.° de ESO de un centro educativo?

COMPRENSIÓN

Debemos recordar los conceptos de población y variable estadística.

RESOLUCIÓN

Observa que estamos estudiando dos características de una población, constituida por los alumnos de una clase de 4.° de ESO.

Por lo tanto, definimos la variable estadística bidimensional *(X, Y)*, en la que *X* = *edad del padre* e *Y* = *edad de la madre.*

Fíjate

En los estudios de estadística bidimensional son igualmente utilizables los conceptos de *población, individuo, muestra* y *representatividad.*

Cilindrada (L)	Velocidad máxima (km/h)
1,0	138
1,4	157
1,6	170
1,8	177
2,0	195
1,7	210
2,0	198

Tabla 1

@

Si accedes a la página **http://links.edebe.com/z2u**, encontrarás algunos ejemplos de variables estadísticas bidimensionales.

Actividades

9. Si se lleva a cabo un estudio estadístico del peso y de la estatura de los alumnos de una clase de 4.° de ESO de un centro educativo, indica la variable estadística considerada.

10. Considera el estudio estadístico que trata de determinar el número de horas de televisión y el número de horas de estudio semanales de los alumnos de 4.° de ESO de una determinada localidad.

Dicho estudio se lleva a cabo a partir de seleccionar al azar, de cada centro educativo de dicha población, 15 alumnos de la clase de 4.° de ESO. Indica la variable estadística considerada y la representatividad de la muestra.

(5,4)	(3,1)	(3,1)	(5,3)	(3,2)
(4,2)	(4,2)	(2,2)	(4,2)	(5,3)
(6,3)	(4,2)	(4,3)	(3,3)	(6,4)
(4,4)	(6,4)	(3,1)	(1,1)	(4,2)
(3,2)	(4,2)	(4,2)	(4,2)	(5,3)
(6,4)	(5,3)	(5,3)	(5,3)	(2,1)

Tabla 2

2.2. Tablas y gráficos

Las tablas y los gráficos estadísticos nos permiten ordenar y, posteriormente, analizar los datos que se recogen en un estudio estadístico.

El programa **Calc** ofrece muchas opciones para trabajar, analizar y presentar tablas y gráficos. Lo utilizaremos a lo largo de este apartado.

Datos no agrupados

La tabla 2 recoge los datos obtenidos al estudiar las variables X = *número de primos* e Y = *número de hermanos* en una clase de 30 alumnos de 4.º de ESO.

Observa cómo hemos calculado cada una de las columnas y las filas de que consta la tabla de doble entrada.

Hallamos la frecuencia absoluta de cada par de valores de la variable estadística bidimensional (X, Y). Para ello, contamos el número de veces que se repite ese par de valores en la distribución y lo anotamos en la casilla correspondiente.

Así, por ejemplo, observa que el par (5, 3) aparece seis veces; el (2, 2), una sola vez; y el (3, 4), ninguna.

Construimos una tabla con tantas columnas como valores tome X y con tantas filas como valores tome Y en la distribución.

Si observamos los datos, vemos que X toma valores 1, 2, 3, 4, 5 y 6, e Y toma los valores 1, 2, 3 y 4. Luego, en este caso, la tabla constará de 6 columnas y 4 filas.

	A	B	C	D	E	F	G	H	I
1									
2			**1**	**2**	**3**	**4**	**5**	**6**	**Total**
3		**1**	1	1	3	0	0	0	5
4		**2**	0	1	2	8	0	0	11
5		**3**	0	0	1	1	6	1	9
6		**4**	0	0	0	1	1	3	5
7		**Total**	1	2	6	10	7	4	30
8									

La suma de las frecuencias absolutas de una columna es la frecuencia absoluta del valor de la X correspondiente a esa columna. La suma de las frecuencias absolutas de una fila es la frecuencia absoluta del valor de Y correspondiente a esa fila. En ambos casos, pueden calcularse estos totales con la función **Suma()** de **Calc.**

Fíjate en que la última fila y la última columna de la tabla de doble entrada contienen, respectivamente, las frecuencias absolutas de las variables X e Y, consideradas por separado.

Podemos concluir que lo más frecuente es tener 4 primos y 2 hermanos si tomamos las variables X e Y por separado (frecuencia 10 y 11, respectivamente). Si tomamos las variables conjuntamente, el caso más probable es el (4, 2); es decir, tener 4 primos y 2 hermanos, que tiene una frecuencia absoluta de 8.

Actividades

11. Construye la tabla de doble entrada de los siguientes datos correspondientes al número de plantas y número de viviendas por planta de los edificios de una determinada manzana:

(7, 4), (8, 3), (7, 2), (11, 2), (8, 4), (8, 2), (8, 4), (9, 2), (8, 4), (9, 4), (11, 4), (10, 2)

Datos agrupados

En este caso, la tabla de doble entrada se construye de forma análoga al caso de los datos no agrupados. Sin embargo, antes de la construcción de la tabla y tal como sucedía en la estadística unidimensional, es necesario agrupar los datos en intervalos.

Veamos, mediante un ejemplo, cómo proceder para efectuar la agrupación en intervalos de una serie de datos. Considera los datos de la tabla 3, obtenidos al estudiar las variables X = *temperatura máxima* e Y = *horas de sol* registradas en una ciudad la primera quincena del mes de febrero.

(8,0, 3,3)	(1,2, 7,8)	(3,6, 6,4)
(7,0, 2,3)	(1,0, 0,5)	(4,4, 0,5)
(2,6, 8,4)	(2,0, 8,2)	(4,6, 8,1)
(4,6, 6,7)	(2,2, 8,2)	(5,0, 8,8)
(2,4, 6,7)	(3,0, 7,6)	(8,5, 7,0)

Tabla 3

Intervalos de clase para la variable *X*	Intervalos de clase para la variable *Y*
Buscamos el valor máximo y el valor mínimo que toma la variable X y calculamos su diferencia: 8,5 – 1,0 = 7,5.	Buscamos el valor máximo y el valor mínimo que toma la variable Y y calculamos su diferencia: 8,8 – 0,5 = 8,3.
Decidimos el número de intervalos de clase en que agruparemos los datos (generalmente entre 5 y 20). En este caso, tomaremos 5 intervalos.	Decidimos el número de intervalos de clase en que agruparemos los datos (generalmente entre 5 y 20). En este caso también elegiremos cinco intervalos, pero recordemos que el número no tiene por qué coincidir en ambas variables.
Determinamos la amplitud de cada intervalo. Para ello, dividimos el recorrido entre el número de intervalos elegido y aproximamos el resultado por exceso. $$\frac{7,5}{5} = 1,5 \Rightarrow 2$$	Determinamos la amplitud de cada intervalo. Para ello, dividimos el recorrido entre el número de intervalos elegido y aproximamos el resultado por exceso. $$\frac{8,3}{5} = 1,66 \Rightarrow 2$$

Formamos intervalos semiabiertos por la derecha, de modo que el extremo inferior del primero sea algo menor que el dato más pequeño y el extremo superior del último sea algo mayor que el dato más grande, y los ordenamos según su situación en la recta real. Estos intervalos reciben el nombre de **intervalos de clase.** En este caso, coinciden para ambas variables X e Y.

$$[0, 2), [2, 4), [4, 6), [6, 8), [8, 10)$$

Al trabajar con intervalos, se toma como representante de cada intervalo de clase su valor central, que recibe el nombre de **marca de clase.** Luego, en este caso, las marcas de clase son: 1, 3, 5, 7 y 9.

A la derecha puedes observar la tabla de doble entrada correspondiente a los datos de la tabla 3.

Fíjate en que esta tabla de doble entrada tiene tantas columnas como intervalos de clase hemos tomado para la variable X, y tantas filas como intervalos de clase hemos tomado para la variable Y.

Luego, en este caso, los datos quedan agrupados en una tabla de 5 columnas y 5 filas.

Los números que ocupan cada una de las celdas resultan de contar los datos de la distribución cuyos valores de X e Y pertenezcan, respectivamente, a cada intervalo considerado (frecuencia absoluta).

	A	B	C	D	E	F	G	H
1								
2			[0,2) 1	[2,4) 3	[4,6) 5	[6,8) 7	[8,10) 9	Total
3		[0,2) 1	1	0	1	0	0	2
4		[0,2) 2	0	0	0	1	1	2
5		[0,2) 3	0	0	0	0	0	0
6		[0,2) 4	1	3	1	0	1	6
7		[0,2) 5	0	3	2	0	0	5
8		Tolal	2	6	4	1	2	15
9								

Actividades

12. Construye la tabla de doble entrada de los siguientes datos correspondientes a la inflación y el precio del dinero a lo largo de un año:

(2,9, 6,0), (2,5, 5,8), (2,2, 5,5), (1,7, 5,3), (1,5, 5,3), (1,6, 5,3)

(1,6, 5,3), (1,8, 5,3), (2,0, 5,3), (1,9, 5,0), (2,0, 5,0), (2,0, 4,8)

Gráficos

Tal y como sucede en el caso de la estadística unidimensional, los gráficos estadísticos facilitan la interpretación de las tablas estadísticas de doble entrada.

Como ejemplos más representativos, vamos a estudiar los **diagramas de barras tridimensionales** y los **diagramas de dispersión o nube de puntos** que podemos elaborar con **Calc.** Ambos están disponibles seleccionando el rango de datos y siguiendo la ruta **Insertar>Gráfico...** En el **Asistente de gráficos,** podemos seleccionar entre diversas opciones.

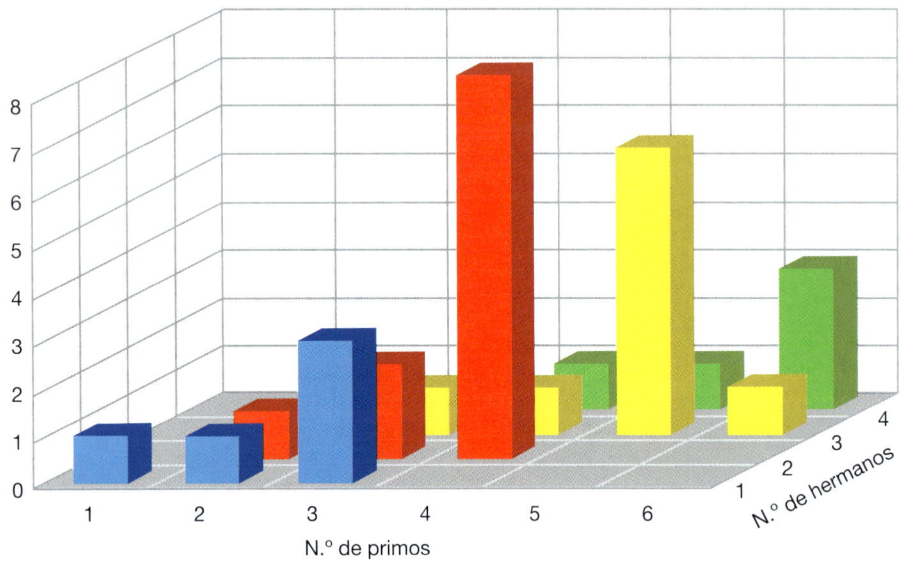

Los diagramas de barras tridimensionales se emplean para representar variables con datos no agrupados. Observa el gráfico elaborado a partir de los datos de la tabla 2.

En cada uno de los ejes representamos una de las variables de la tabla: *N.º de primos (X)* y *N.º de hermanos (Y).*

La altura de la barra que se levanta sobre cada par de valores que puede tomar la variable bidimensional *(X, Y)* es proporcional a su frecuencia absoluta.

En los siguientes apartados analizaremos el fenómeno de la dependencia estadística o correlación. Los diagramas de dispersión serán muy útiles para obtener información sobre la relación entre variables. Veamos un ejemplo de uno de estos gráficos a partir de los datos de la tabla 1.

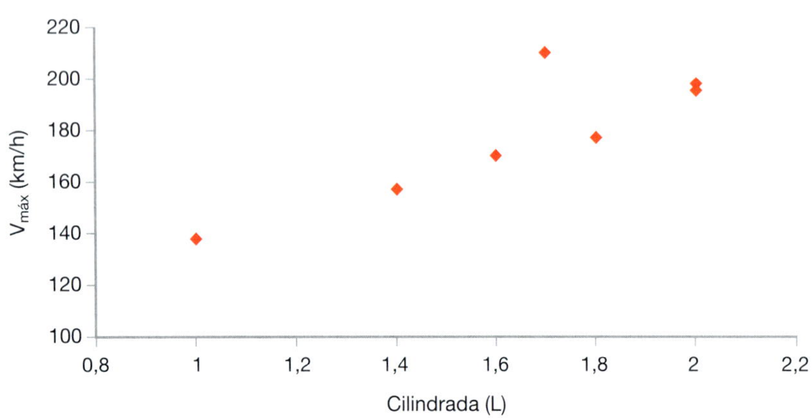

Representamos una de las variables en cada eje.

De este modo, cada modelo de coche está representado por un punto que lleva asociado un par de valores que indican su cilindrada *(X)* y su velocidad máxima *(Y).*

Actividades

13. Los siguientes datos corresponden a los libros leídos por un grupo de alumnos en verano y las horas que ven la televisión al día:

(1, 4), (2, 3), (0, 6), (1, 5), (5, 1), (0, 5), (6, 1), (3, 3), (5, 1), (2, 4), (2, 4), (4, 3), (4, 2), (7, 1), (2, 5), (3,3)

Construye la tabla de doble entrada de la distribución y representa el diagrama de barras tridimensionales y el diagrama de dispersión o nube de puntos.

2.3. Análisis de datos

Del mismo modo que en la estadística unidimensional, la etapa final de un estudio estadístico en el que intervenga una variable estadística bidimensional, obtenida a partir de dos variables estadísticas unidimensionales referidas a una misma población, es el *análisis* de los datos obtenidos con el fin de extraer *conclusiones* que puedan ser de interés.

En el caso de la estadística bidimensional, resulta interesante averiguar si las dos variables estadísticas unidimensionales que forman una variable estadística bidimensional presentan algún tipo de *relación* entre ellas y cuáles son las características de esta relación.

Entre dos variables estadísticas puede existir una *dependencia funcional,* una *dependencia estadística* o no existir relación, ser *independientes.* Dichas relaciones quedan reflejadas en los siguientes diagramas de dispersión o nubes de puntos.

Dependencia funcional

Supongamos un estudio estadístico en el que las variables estadísticas son:

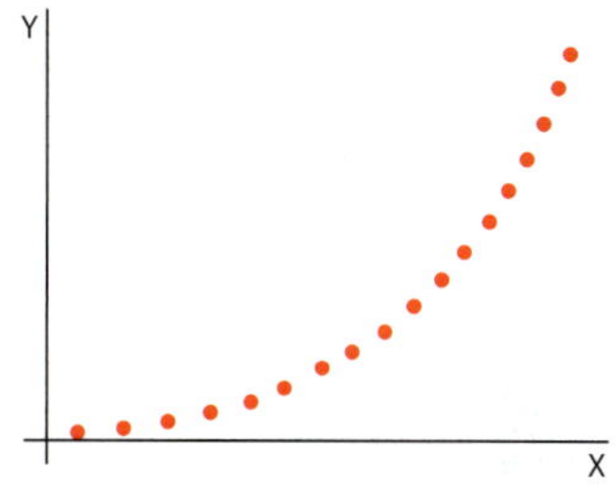

X = consumo anual de energía eléctrica (kW·h)

Y = gasto anual en energía eléctrica (€)

Los valores de *Y* pueden determinarse exactamente a partir de los valores de *X* si conocemos las tarifas de la compañía eléctrica.

> Entre dos variables estadísticas existe **dependencia funcional** si están relacionadas de forma que sea posible determinar con exactitud los valores que toma una de ellas a partir de los que toma la otra.

Al representar el diagrama de dispersión, los puntos de la nube se sitúan sobre una curva cuya expresión matemática se podría determinar.

Independencia

Si las variables estadísticas son:

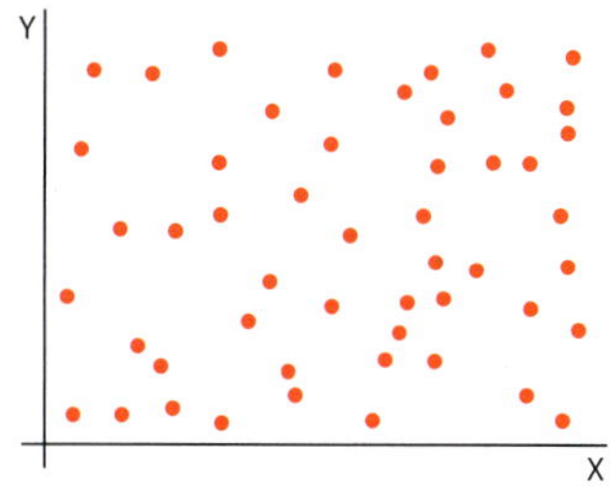

X = ingresos familiares anuales (€)

Y = estatura del padre (cm)

Parece razonable pensar que no existe ninguna relación entre los valores de *X* y los de *Y.*

> Dos variables estadísticas son **independientes** si no puede establecerse ninguna relación entre los valores que toma una de ellas y los que toma la otra.

Al representar el diagrama de dispersión, los puntos de la nube no se agrupan en torno a ninguna curva, están completamente en desorden.

Ejemplo 6

Queremos llevar a cabo un estudio sobre los efectos de la altitud en la presión atmosférica y en la población de una especie vegetal. Para ello, desde diez puntos geográficos distintos, tomamos datos de la altura en metros sobre el nivel del mar, el número de plantas de una determinada especie en un entorno de 1 m² y la presión atmosférica en mmHg.

Los resultados obtenidos se muestran en la tabla. A partir de ellos, indica el tipo de relación entre las dos variables con la altura sobre el nivel del mar.

Altura	0	184	231	481	730	911	1343	1550	1820	2184
N.º de plantas	0	0	4	14	23	18	12	3	0	2
Presión at.	760	745	740	720	700	685	650	630	610	580

COMPRENSIÓN

Para entender la relación entre las variables, podemos representar los datos mediante una nube de puntos e interpretar las gráficas.

RESOLUCIÓN

A la vista de las gráficas, podemos afirmar que la variables *número de plantas* y *altura* son independientes, mientras que existe una relación funcional entre la *presión atmosférica* y la *altura*.

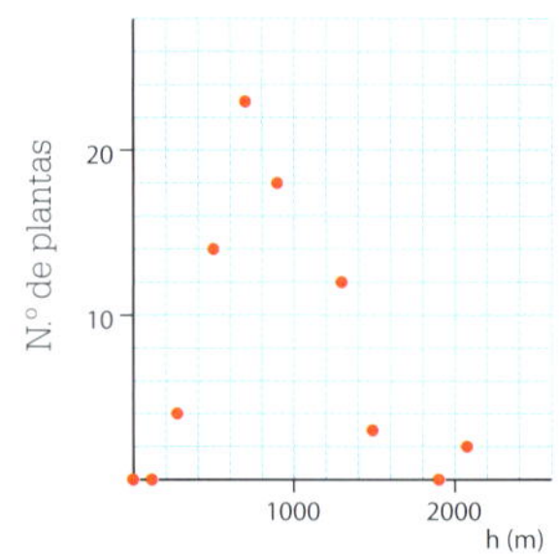

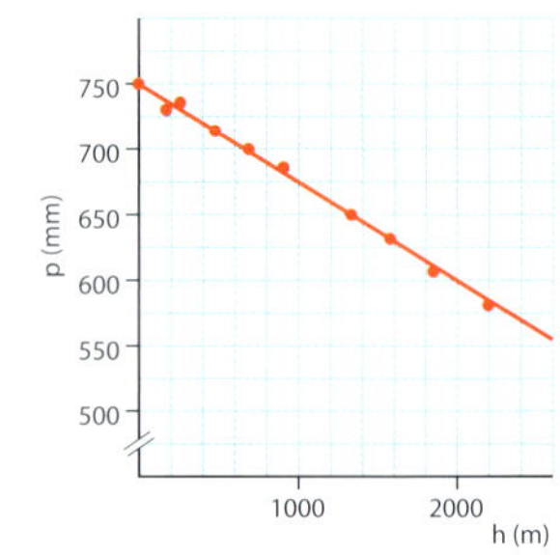

Fíjate

Se dice que existe una **correlación espuria** entre dos variables estadísticas cuando estas se ajustan a una curva sin que exista ninguna relación entre ellas.

Por ejemplo, es muy posible que exista cierta relación entre el número de restaurantes de una ciudad y el número de profesores que trabajan en ella.

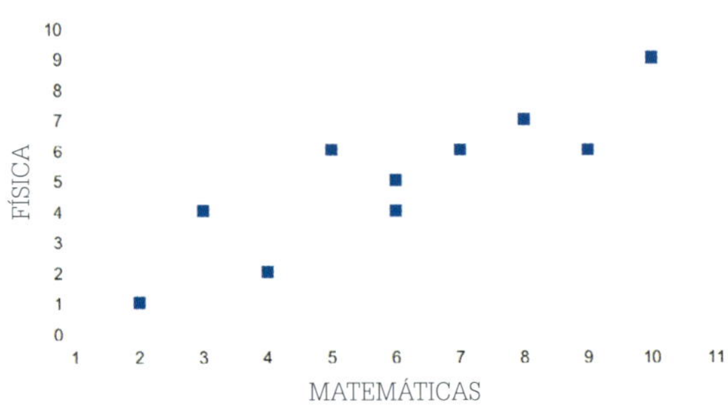

Dependencia estadística o correlación

Veamos el caso en que las variables estadísticas sean:

X = calificaciones de los alumnos en Matemáticas

Y = calificaciones de los alumnos en Física

X	Y
7	6
6	4
8	7
3	4
6	5
9	6
4	2
10	9
2	1
5	6

Los valores de Y no pueden calcularse exactamente solo conociendo los de X. Sin embargo, podemos suponer que los alumnos que obtengan mejores notas en Física, también serán los que mejores calificaciones obtengan en Matemáticas. Así pues, cabe esperar algún tipo de relación entre ambas variables, aunque no sea una relación exacta.

La forma más rápida de comprobarlo es representando gráficamente con **Calc** la nube de puntos, e interpretarla.

En el diagrama de dispersión que obtenemos al representar los puntos de la nube, estos se agrupan en torno a una tendencia lineal, no muy marcada, pero reconocible.

Entre dos variables estadísticas existe **dependencia estadística** o **correlación** cuando los valores que toma una de ellas están relacionados con los valores que toma la otra, pero no de manera exacta.

Actividades

14. Determina si entre los siguientes pares de variables existe dependencia funcional, dependencia estadística o independencia:

a) Talla de zapatos y estatura.

b) Cociente intelectual y peso.

c) Radio y área de un círculo.

d) Color de cabello y profesión.

e) Número de habitaciones de un piso y precio del alquiler.

f) Época del año y horas de sueño diarias.

Entre los casos extremos de dependencia funcional y de independencia existe una amplia gama de situaciones de dependencia estadística o correlación. Observa su clasificación en los siguientes diagramas de dispersión:

Grado de correlación

Correlación fuerte

La nube de puntos se ajusta bastante bien a una curva reconocible.

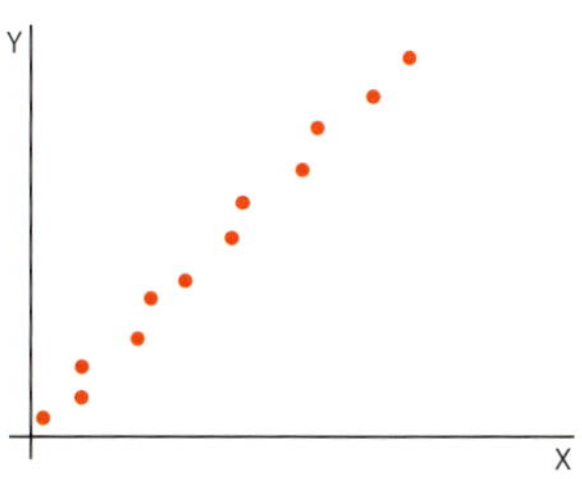

Correlación débil

La nube de puntos se ajusta a una curva, aunque muy ligeramente.

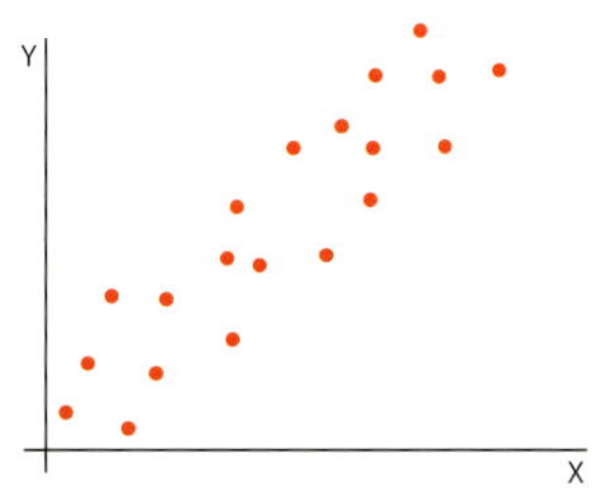

Sentido de correlación

Correlación positiva

Al aumentar los valores de *X*, también aumentan los valores de *Y*.

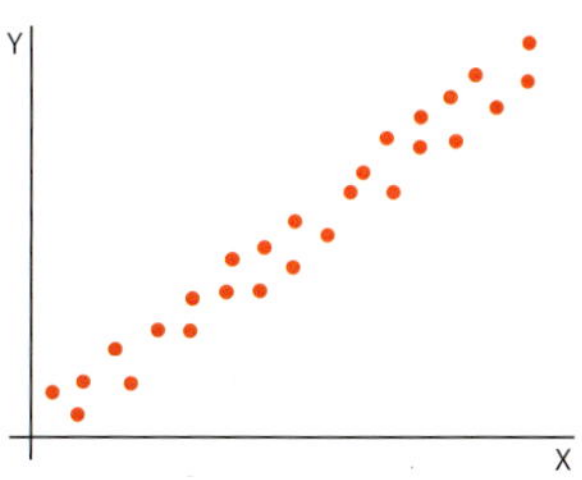

Correlación negativa

Al aumentar los valores de *X*, disminuyen los valores de *Y*.

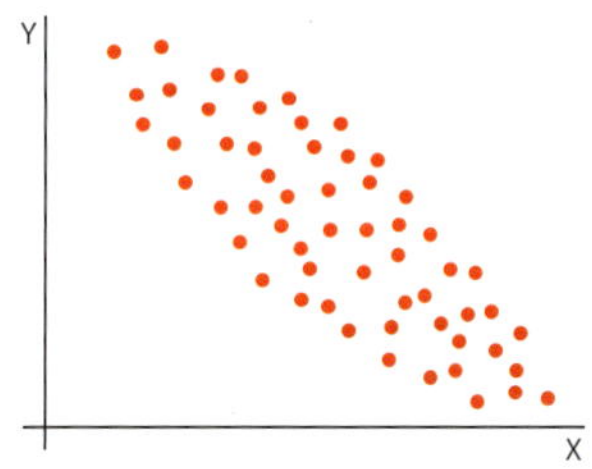

Tipo de correlación

Correlación lineal

La nube de puntos se distribuye en torno a una línea recta.

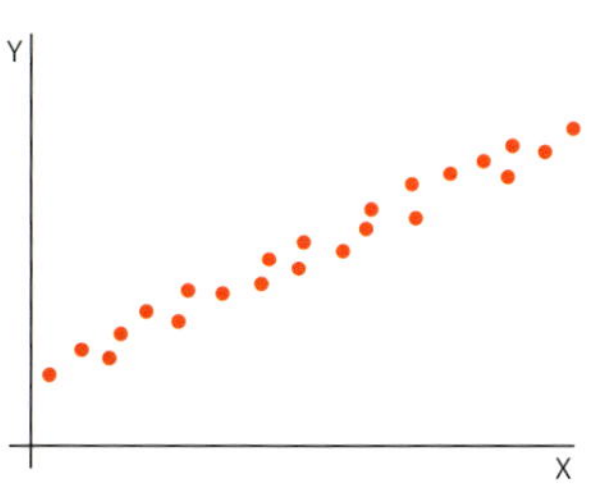

Correlación curvilínea

La nube de puntos se distribuye en torno a una curva no lineal.

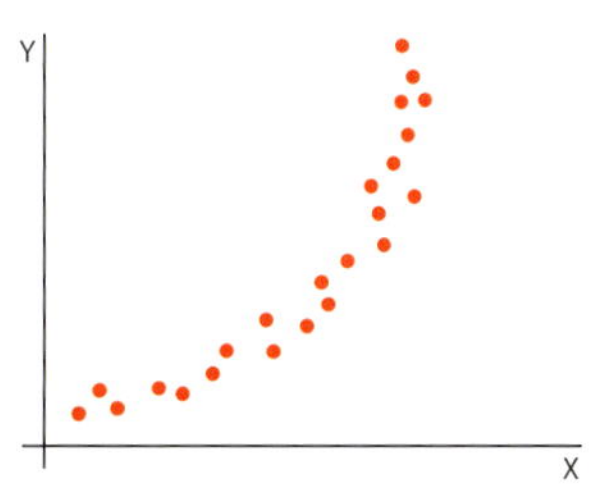

Fíjate

Cuando en un medio de comunicación observes una gráfica o una tabla estadística, debes hacerlo con una visión crítica.

En ocasiones, pueden mostrar visiones interesadas o parciales de la realidad. Es lo que se llama una **falacia estadística.**

Por ejemplo, una gráfica que presente los goles marcados por un futbolista en sus años de profesional. La información debería completarse indicando el tipo de partidos y el país y el nivel de la competición donde ha jugado.

Ágora

Entra en la página **http://links.edebe.com/ugr**

Confecciona una presentación **Gapminder world** y muestra los gráficos de tres indicadores que te resulten más representativos de la labor de esta fundación.

Actividades

15. Dibuja un ejemplo de nube de puntos que corresponda a cada uno de los siguientes casos de correlación:

a) Lineal negativa débil.

b) Lineal negativa fuerte.

c) Lineal positiva débil.

d) Curvilínea negativa débil.

e) Curvilínea positiva débil.

f) Curvilínea negativa fuerte.

Fíjate

$$\sum_{i,j} = \sum_{i} \cdot \sum_{j}$$

Si accedes a la página **http://links.edebe.com/qwa**, podrás utilizar una aplicación que representa los datos y calcula la correlación entre dos variables estadísticas.

Medida de la correlación

A continuación, veremos cómo podemos obtener una medida cuantitativa de la correlación existente entre dos variables estadísticas.

En este curso únicamente estudiaremos la correlación lineal, en cuyo caso se suele utilizar el llamado *coeficiente de Pearson.*

Sin embargo, para obtener la expresión de dicho coeficiente, es necesario definir antes un nuevo parámetro estadístico, llamado *covarianza,* que mide la forma en que varían conjuntamente X e Y.

La **covarianza** de una variable estadística bidimensional *(X, Y)* es el parámetro estadístico definido por una de las siguientes fórmulas equivalentes:

$$\sigma_{xy} = \frac{\sum_{i,j} (x_i - \bar{x}) \cdot (y_j - \bar{y}) \cdot n_{ij}}{N} \quad \text{o} \quad \sigma_{xy} = \frac{\sum_{i,j} x_i \cdot y_j \cdot n_{ij}}{N} - \bar{x} \cdot \bar{y}$$

Donde:

— x_i e y_i son los valores que toman X e Y, en el caso de una variable discreta, y las marcas de clase de los intervalos en que se agrupan los datos, en el caso de una variable continua.

— n_{ij} es la frecuencia absoluta de cada par de valores (x_i, y_j).

— N es el número total de datos de la distribución.

Ahora ya podemos introducir el *coeficiente de Pearson* como medida de la correlación entre dos variables X e Y.

El **coeficiente de Pearson, *r*,** de una variable bidimensional *(X, Y)* es un parámetro estadístico definido por la siguiente fórmula:

$$r = \frac{\sigma_{xy}}{\sigma_x \cdot \sigma_y}$$

Puede demostrarse que este coeficiente está siempre comprendido entre −1 y 1.

Observa en los siguientes diagramas de dispersión la relación que existe entre el coeficiente de Pearson y la correlación:

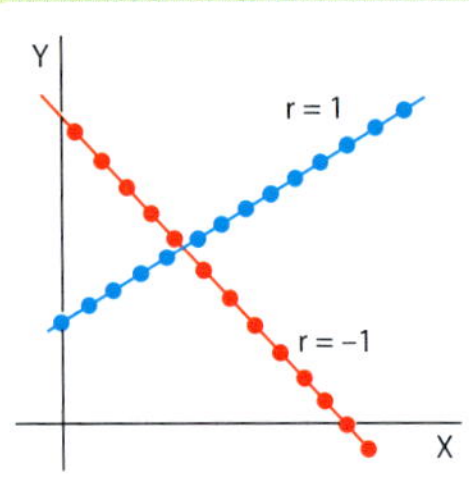

Si $r = 1$ o $r = -1$, existe una **dependencia funcional** entre X e Y que se expresa mediante una recta.

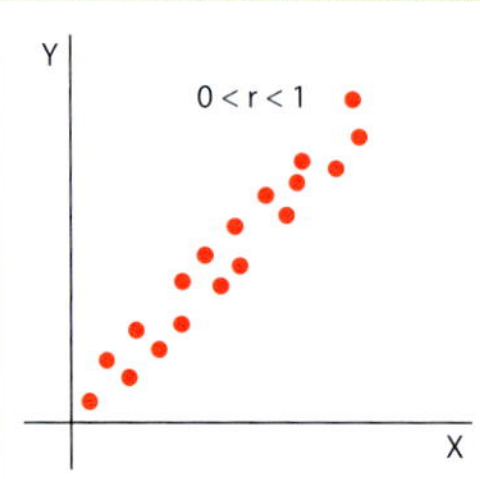

Si $0 < r < 1$, existe **correlación lineal positiva** entre X e Y, tanto más fuerte cuanto más próximo esté r a 1.

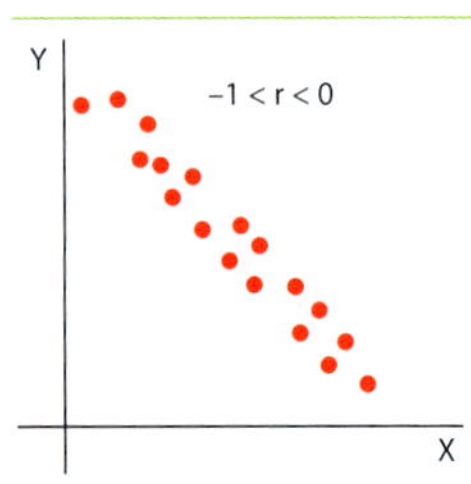

Si $-1 < r < 0$, existe **correlación lineal negativa** entre X e Y, tanto más fuerte cuanto más próximo esté r a −1.

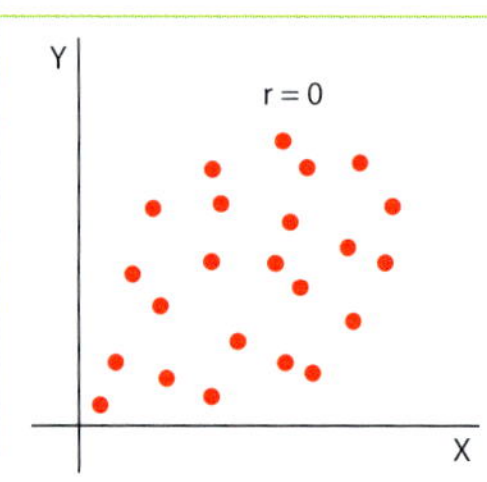

Si $r = 0$, no existe **correlación lineal** entre X e Y.

Esto no excluye que entre las variables X e Y pueda existir algún tipo de correlación curvilínea.

A continuación, veremos, mediante un ejemplo, cómo calcular el coeficiente de Pearson de una distribución bidimensional.

Como las operaciones para hallar este coeficiente son muy largas y tediosas, incluso para el caso de un número bajo de datos, utilizaremos **Calc.** Puedes efectuar las operaciones con la calculadora para comprobar que coinciden.

Ejemplo 7

La siguiente tabla recoge la puntuación de un piloto de rallies en las seis últimas competiciones en los tramos de asfalto (X) *y sobre tierra* (Y).

X = Asfalto	6,8	7,2	7,2	7,5	7,8	7,8
Y = Tierra	7,0	7,8	6,9	8,2	8,2	8,6

¿Crees que el tipo de superficie afecta a los resultados obtenidos por el piloto? Para contestar a esta pregunta, calcula el coeficiente de correlación de Pearson y razona la respuesta a partir del valor obtenido.

COMPRENSIÓN

Para el cálculo del coeficiente, debemos tener muy clara su expresión matemática, el significado de cada uno de los términos y su cálculo. Como en este caso nos vamos a apoyar en **Calc** para efectuar las operaciones, solo tendremos que tener en cuenta la sintaxis de los distintos comandos que utilizaremos. Calcularemos las desviaciones típicas de ambas variables, su covarianza y, a partir de ahí, el valor del coeficiente de correlación. A continuación, lo obtendremos directamente y comprobaremos la equivalencia de ambos procedimientos.

RESOLUCIÓN

— Tabulamos los datos en **Calc** y calculamos las desviaciones típicas de cada una de las variables con el comando **DESVESTP(),** en nuestro caso DESVESTP(B3:B8) para la variable *X* y DESVESTP(C3:C8) para la *Y*.

— Calculamos seguidamente la covarianza de los datos mediante el comando **COVAR().** Como argumentos necesita las dos series de datos; por tanto, en nuestro ejemplo, tecleamos COVAR(B3:B8;C3:C8).

— A continuación, hallamos el coeficiente de correlación a partir de los datos anteriores (**r_calculado**) y directamente (**r_directo**) mediante el comando **PEARSON()** escribiendo como argumento las mismas dos series de datos que para la covarianza. Tecleamos PEARSON(B3:B8;C3:C8).

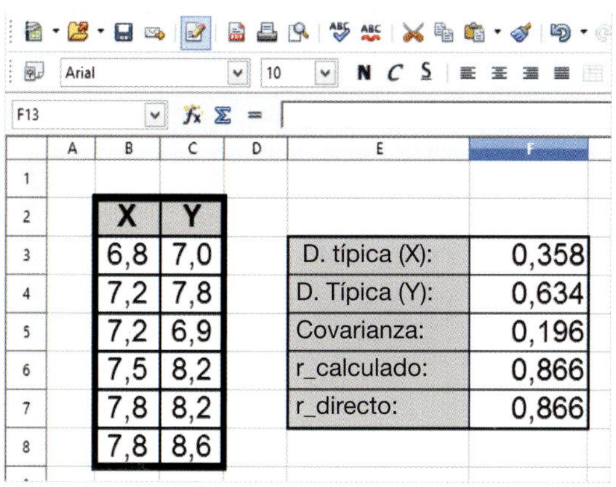

	A	B	C	D	E	F
1						
2		X	Y			
3		6,8	7,0		D. típica (X):	0,358
4		7,2	7,8		D. Típica (Y):	0,634
5		7,2	6,9		Covarianza:	0,196
6		7,5	8,2		r_calculado:	0,866
7		7,8	8,2		r_directo:	0,866
8		7,8	8,6			

El valor de este coeficiente indica una correlación lineal positiva fuerte por su proximidad a 1, lo que debe interpretarse como que este piloto de rallies es muy regular, ya conduzca sobre tramos de asfalto o bien sobre tramos de tierra.

Como era de esperar hemos obtenido el mismo resultado por ambos caminos sin necesidad de confeccionar la tabla de frecuencias. Las funciones de las hojas de cálculo son muy utilizadas, ya que simplifican mucho los cálculos y son totalmente fiables si se emplean correctamente.

Actividades

16. Considera la distribución bidimensional que recoge la tabla de la derecha y resuelve los siguientes apartados:

X	−2	−2	2	2	2	−2	−1	1	0	1	0	−1
Y	2	0	2	−2	0	−2	1	−1	−2	1	2	−1

a) Dibuja el diagrama de dispersión de la distribución y describe el grado, el sentido y el tipo de la correlación que se observa.

b) Calcula el coeficiente de Pearson.

c) Relaciona los resultados obtenidos en los apartados anteriores.

Regresión lineal

Uno de los objetivos que se persiguen al estudiar conjuntamente dos variables *X* e *Y* es encontrar alguna manera de predecir los valores de una de ellas conocidos los de la otra.

En este sentido, es lógico pensar que, si hay una curva en torno a la cual se agrupan los puntos de un diagrama de dispersión, esta ha de dar una aproximación de los valores reales.

El análisis que pretende determinar la curva que mejor aproxima un diagrama de dispersión se llama *regresión.* En este curso solo trataremos aquellas nubes de puntos que pueden aproximarse a una recta; es decir, la **regresión lineal** (fig. 1).

Fig. 1

Rectas de regresión y predicciones

Es fácil hallar una recta que se ajuste aproximadamente a una distribución. Basta con dibujar la que a simple vista nos parezca más representativa de la nube de puntos. Sin embargo, este es un método subjetivo.

Para evitar este problema, se considera algún criterio que permita determinar objetivamente la recta que se ajusta mejor a la distribución. El más utilizado es el llamado criterio de los **mínimos cuadrados.**

El criterio de los mínimos cuadrados proporciona una recta que se ajusta a la distribución de modo que la suma de los cuadrados de las diferencias entre los datos teóricos y los reales sea lo menor posible.

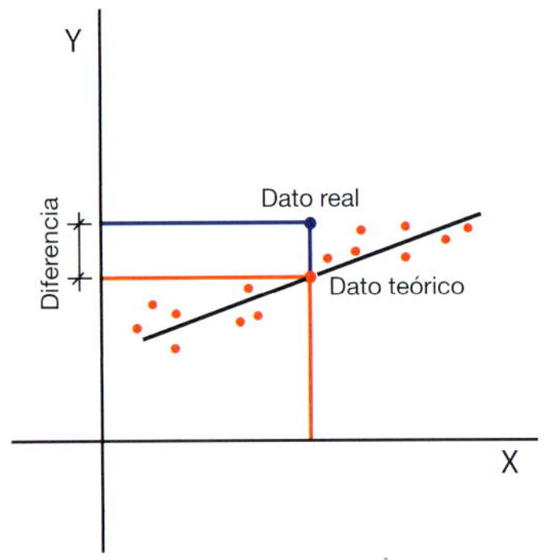

Fig. 2. Se consideran las diferencias entre las ordenadas de los puntos reales y los teóricos.

Según este criterio, puede demostrarse que la recta tiene la forma:

$$y - \bar{y} = \frac{\sigma_{xy}}{\sigma_x^2} \cdot (x - \bar{x})$$

Que se conoce como **recta de regresión de *Y* sobre *X*.**

Si en la expresión anterior, llevamos a cabo los cambios $A = \bar{y} - \frac{\sigma_{xy}}{\sigma_x^2} \cdot \bar{x}$ y $B = \frac{\sigma_{xy}}{\sigma_x^2}$ obtenemos la ecuación general de la recta

$$\boldsymbol{y = A + B\,x.}$$

La recta permite predecir, para un valor *x,* el valor y que cabe esperar que presente un individuo de la población. Sin embargo, al ser solo una predicción, el valor obtenido no será en general el valor real, sino una estimación de este que denotamos por $\hat{y}$ (fig. 2).

Análogamente, si nos interesa hacer predicciones de un valor x a partir de un valor y, deberemos intercambiar el papel de ambas variables.

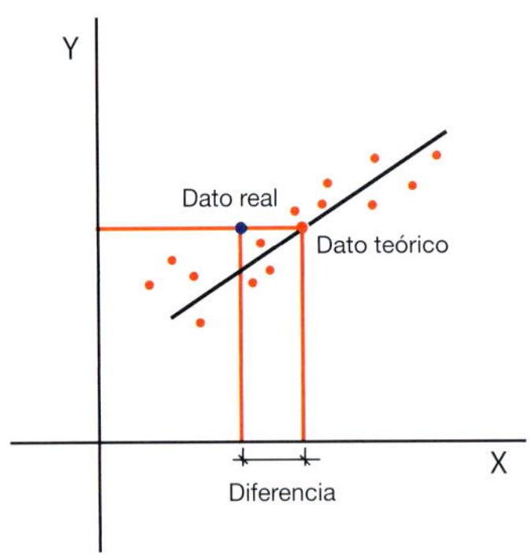

Fig. 3. Se consideran las diferencias entre las abscisas de los puntos reales y los teóricos.

La **recta de regresión de *X* sobre *Y*** toma la forma:

$$x - \bar{x} = \frac{\sigma_{xy}}{\sigma_y^2} \cdot (y - \bar{y})$$

donde, de nuevo, podemos reordenar y renombrar los elementos $A' = \bar{x} - \frac{\sigma_{xy}}{\sigma_y^2} \cdot \bar{y}$ y $B' = \frac{\sigma_{xy}}{\sigma_y^2}$ y llegar a la expresión general de la recta

$$\boldsymbol{x = A' + B'\,y.}$$

En este caso, la estimación proporcionada por la recta de regresión para un valor conocido de *y* se denotará por $\hat{x}$ (fig. 3).

En general, la recta de regresión de Y sobre X y la de X sobre Y no coinciden. Sin embargo, se cumple que ambas rectas están tanto más próximas cuanto mayor es el grado de correlación lineal entre X e Y. De hecho, si existe una relación funcional entre X e Y, las rectas coinciden.

Valoración de las predicciones

La recta de regresión nos permite predecir valores de una variable a partir de los de otra. No obstante, hay que tener siempre presente que existen las siguientes limitaciones:

- Las predicciones realizadas a partir de una recta de regresión no son fiables si entre X e Y no hay un alto grado de correlación lineal; es decir, si r no es, en valor absoluto, cercana a 1.
- La fiabilidad de una recta de regresión es mayor cuanto mayor sea el número de datos considerados para calcularla.
- Las predicciones obtenidas para valores próximos al punto medio de la distribución son más fiables que las obtenidas para valores muy alejados.

Veamos un ejemplo en el que volveremos a utilizar **Calc,** en este caso, para obtener las rectas de regresión y establecer predicciones a partir de ellas.

Fíjate

Podemos señalar algunas características más de las rectas de regresión:

- Ambas rectas pasan por el punto $(\bar{x}, \bar{y})$, llamado punto medio de la distribución.
- Entre sus pendientes puede establecerse la relación:

$$B \cdot B' = r^2$$

- Las pendientes B y B' tienen el mismo signo que r.

Ejemplo 8

A partir de la distribución del ejemplo 7, calcula la recta de regresión de Y sobre X y responde:

a) La puntuación del piloto sobre un tramo de asfalto ha sido de 7,4. ¿Qué puntuación cabe esperar que obtenga en el correspondiente tramo de tierra?

b) Valora la predicción efectuada.

COMPRENSIÓN

A partir de los datos tabulados con que contamos, obtendremos la recta de regresión que aporta las predicciones de las puntuaciones en tierra (Y) sobre las puntuaciones en asfalto (X). Utilizaremos el programa **Calc.**

RESOLUCIÓN

Los pasos que debemos seguir para obtener la recta de regresión con **Calc** se detallan a continuación:

— Obtenemos la nube de puntos.

— Sobre cualquiera de los puntos de la nube, clicamos con el botón derecho del ratón y seleccionamos la opción **Insertar Línea de Tendencia...**

— De las opciones, seleccionamos el tipo **Lineal** y los *checks* de **Mostrar ecuación** y **Mostrar coeficiente (R^2).**

— El coeficiente mostrado, R^2, es el cuadrado del coeficiente de correlación de Pearson. Por tanto, $r = \sqrt{R^2} = \sqrt{0,750} = 0,866$.

Verificamos que el valor así obtenido coincide con el calculado en el ejemplo 7.

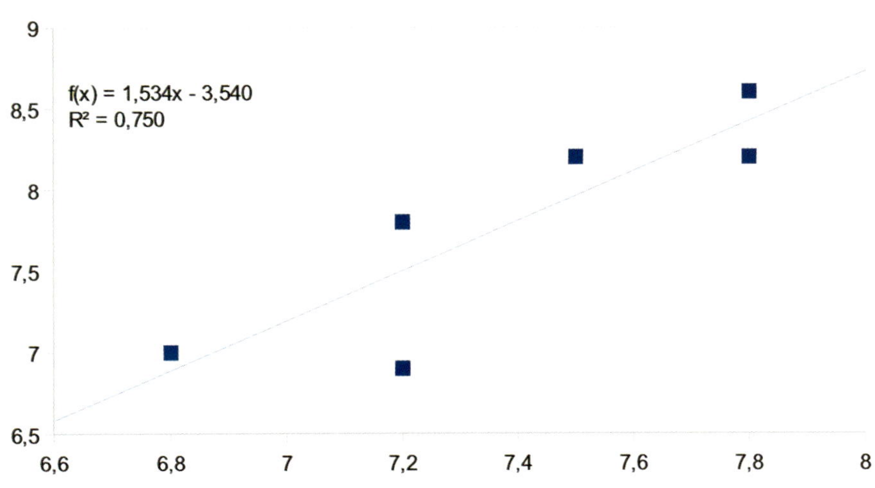

a) Sustituyendo $x = 7,4$ en la recta de regresión, obtenemos $\hat{y} = 1,534 \cdot 7,4 - 3,540 \approx 7,8$ que sería la puntuación estimada para el piloto en el tramo de tierra.

b) La predicción se ha obtenido para valores no muy alejados del punto medio de la distribución $(\bar{x}, \bar{y})$. Además, el valor del coeficiente de Pearson indica una correlación bastante fuerte. Sin embargo, el número de puntos utilizado para hallar la recta de regresión es pequeño. Así pues, esto nos hace pensar que es una predicción fiable, con reservas.

ACTIVIDADES RESUELTAS

— Indica cuál es la correlación correspondiente a cada una de las nubes de puntos y razona tu respuesta.

a) r = 0,92 b) r = –0,65

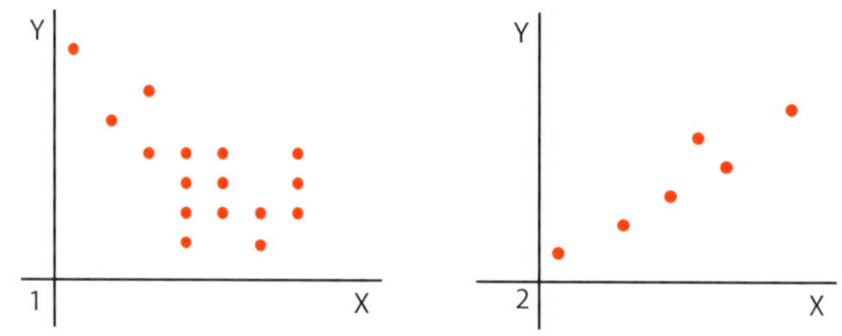

Comprender

— ¿Entiendes en qué consisten los gráficos que se presentan?

— ¿Sabes a qué se refieren los valores de *r* que ofrece el enunciado?

— ¿Tenemos suficiente información?

Conviene recordar el significado y la interpretación del coeficiente de correlación de Pearson y el concepto de correlación entre variables.

Planificar

¿Puedes aplicar alguna de estas estrategias?

— Aplicar conceptos tratados en la unidad.

— Relacionar los diagramas de dispersión con el grado, el sentido y el tipo de correlación para interpretarlos.

— Buscamos un patrón en la nube de puntos de los gráficos del enunciado.

— Analizamos anteriores nubes de puntos estudiadas y su relación con el coeficiente de correlación.

— Revisamos el significado del coeficiente de correlación.

Ejecutar el plan

Aplica los conceptos de correlación y del coeficiente de Pearson a las nubes de puntos y a los valores de los coeficientes del enunciado.

Procedemos tal y como lo hemos planificado.

a) $r = 0,92$ indica una correlación lineal positiva fuerte, en la que ambas variables crecen a la vez. Luego la gráfica que mejor refleja dichas condiciones es la 2.

b) $r = -0,65$ indica una correlación lineal negativa débil, en la que la nube de puntos se agrupa en torno a una posible recta y que, al aumentar el valor de una variable, disminuye el de la otra. Luego la gráfica que mejor refleja dichas condiciones es la 1.

Revisar

— ¿Podría haber otra estrategia más sencilla de resolución?

La estrategia utilizada parece la más sencilla y directa.

Actividades

17. Indica cuál es la correlación correspondiente a cada una de las nubes de puntos y razona tu respuesta.

a) $r = 0$

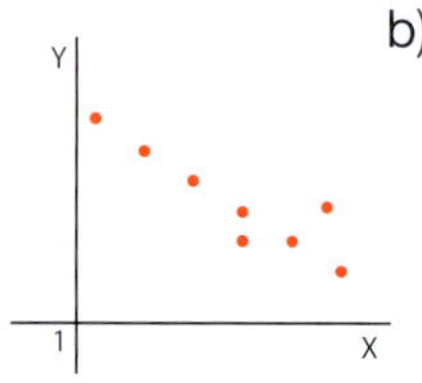

b) $r = -0,95$

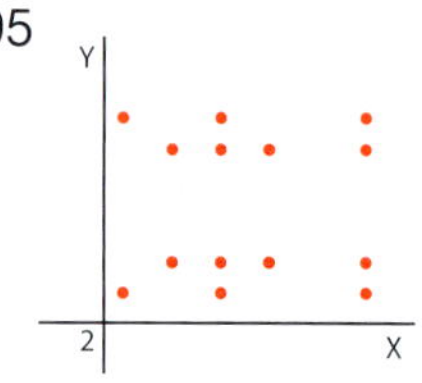

18. Asocia razonadamente cada recta de regresión con su nube de puntos.

a) $y = 3$

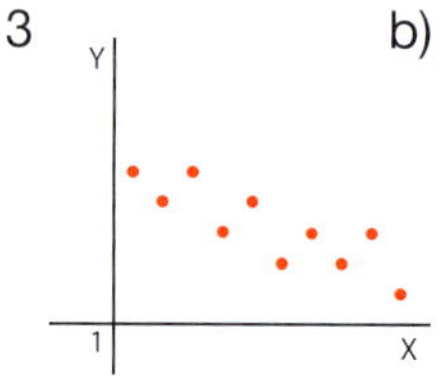

b) $y = -5x + 1$

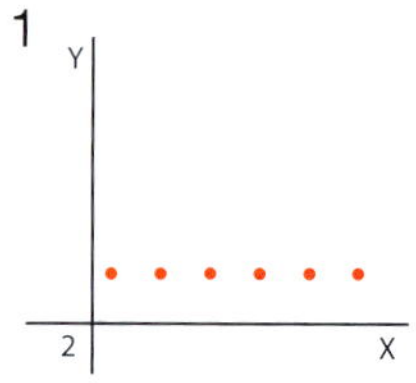

SÍNTESIS

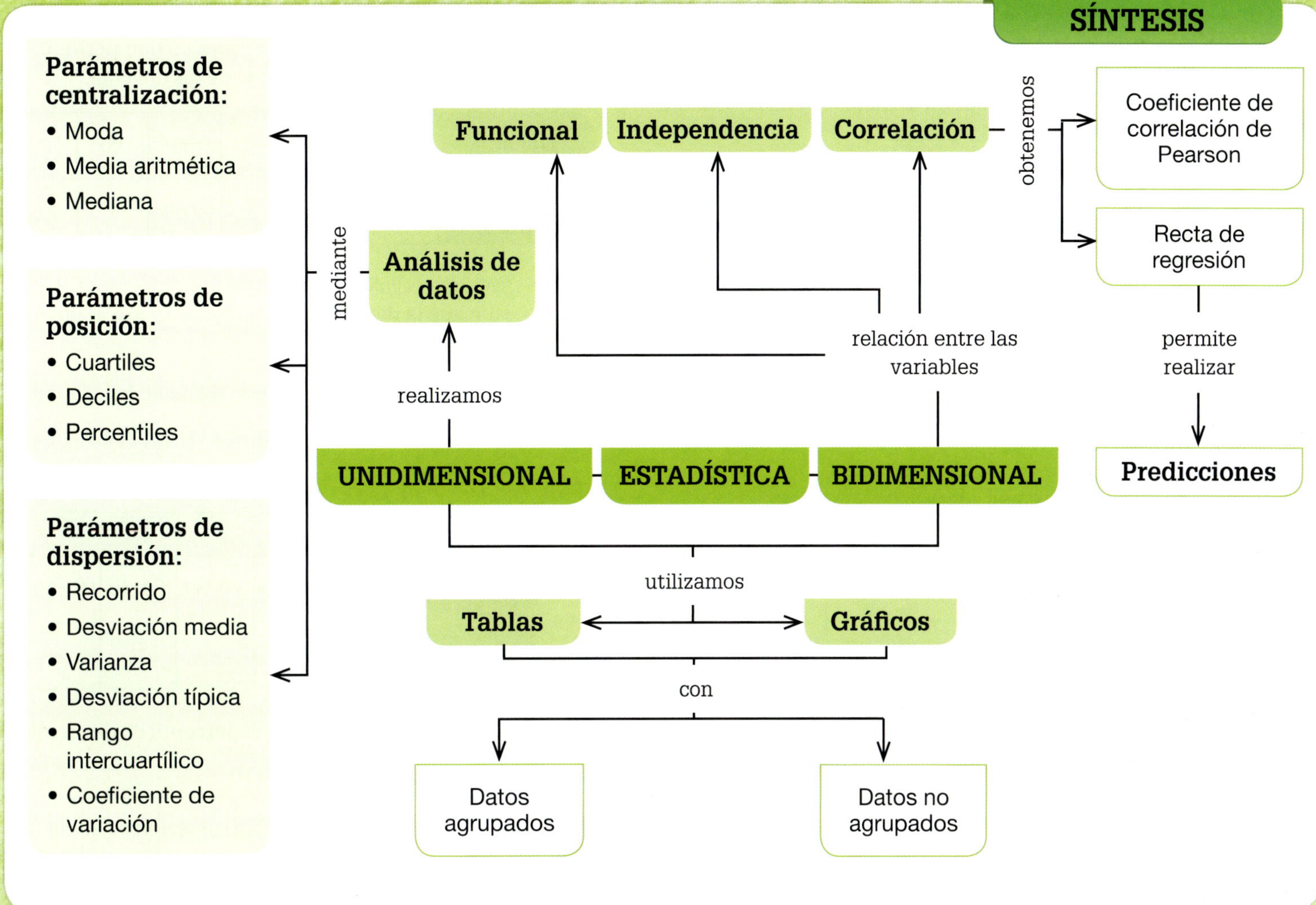

Actividades finales

Nota: Muchas de estas actividades se solucionan con una hoja de cálculo. Puedes usar el programa Calc u otro, o bien resolverlas en tu cuaderno y comprobarlas posteriormente con el *software.*

Estadística unidimensional

19. ★☆☆ Identifica las fases de un estudio estadístico.

20. ★☆☆ Explica en qué consisten los parámetros estadísticos y la diferencia entre los parámetros de dispersión y los parámetros de centralización.

21. ★☆☆ Se lleva a cabo un estudio estadístico sobre el número de veces al año que los habitantes de una ciudad van al cine. En ese estudio estadístico, ¿se debe utilizar la población o la muestra? ¿Por qué?

22. ★☆☆ Este gráfico muestra los resultados de un estudio sobre hábitos de lectura:

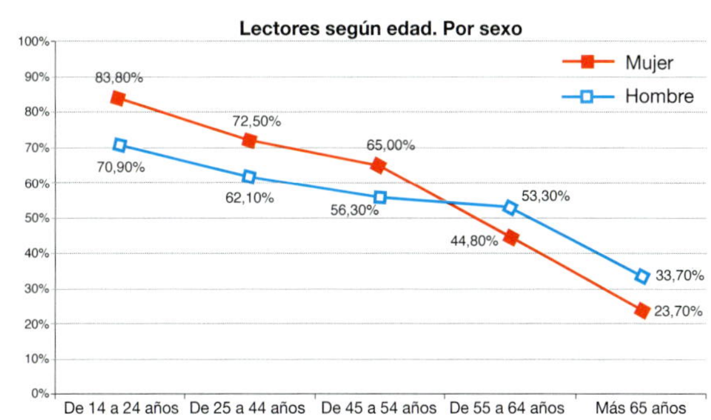

a) ¿Qué grupo de población lee más?

b) ¿En qué segmento de edad las diferencias por sexo son mayores?

c) Analiza la influencia de la edad y del sexo en los resultados del gráfico.

Actividades finales

23. ★★☆ Construye la tabla de la distribución de frecuencias de esta serie de datos correspondientes al número de largometrajes íntegramente españoles rodados durante 8 años:

82, 98, 106, 137, 110, 133, 142, 150

— Construye el polígono de frecuencias correspondiente.

24. ★★☆ Calcula los parámetros de centralización y de dispersión para los datos de la siguiente tabla:

x_i	5	10	15	20	25
y_i	1	6	10	12	5

25. ★★☆ Calcula los parámetros de centralización y de dispersión para los datos de esta tabla:

Intervalo	[0, 3)	[3, 6)	[6, 9)	[9, 12)	[12, 15)
n_i	1	4	25	5	15

26. ★★☆ La tabla muestra los datos sobre la temperatura media mensual y las precipitaciones caídas en un pueblo del Sistema Ibérico a lo largo de un año.

Mes	Temperaturas (°C)	Precipitaciones (mm)
Ene	2,5	12
Feb.	7	25
Mar.	10	30
Abr.	10	60
May.	15	62
Jun.	20	45
Jul.	22	24
Ago.	25	8
Sep.	23	17
Oct.	15	80
Nov.	10	30
Dic.	5	25

a) Representa los datos de la tabla en un diagrama de barras y un polígono de frecuencias.

b) Calcula la varianza y la desviación típica de los datos correspondientes a las temperaturas y las precipitaciones a lo largo del año.

c) Calcula el CV de cada serie de datos y comenta los valores obtenidos.

27. ★★☆ En el archivo de una empresa se han perdido los datos de las ventas de la década de los noventa.

Década	50	60	70	80	90	00
Millones de euros	1,25	1,82	1,95	2,86	x	3,58

— Averigua el valor de los datos desaparecidos (x), si se sabe que la media de las ventas de 1950 a 2 000 es de 2,43 millones de euros.

28. ★★☆ Calcula el primer cuartil de la siguiente serie de datos:

8 5 13 13 8 4 8 11 10 12 7 5

29. ★★☆ Calcula el tercer cuartil de la siguiente distribución de datos:

Intervalo de clase	[0, 10)	[10, 20)	[20, 30)	[30, 40)	[40, 50)
n_i	3	7	8	8	2

30. ★★☆ Calcula el percentil 30 y el percentil 65 de esta distribución de datos:

Intervalo de clase	[38, 44)	[44, 50)	[50, 56)	[56, 62)	[62, 68)	[68, 74)
n_i	11	5	9	8	12	7

31. ★★☆ En una localidad, las temperaturas de los últimos 15 días fueron:

14 14 12 11 11 13 14 15 17 16 17 14 15 16 15

Construye el diagrama de caja y bigotes de la distribución de datos.

32. ★★☆ Las edades de un grupo de excursionistas están representadas en la siguiente tabla:

Edades	18	19	22	23	27	29	30	32	33	42
n_i	2	1	1	4	2	1	2	1	1	1

Confecciona el diagrama de caja y bigotes de esta distribución de datos. Puedes consultar la sección Cre@ctividad y ayudarte del programa **Calc.**

33. ★★☆ Calcula el coeficiente de variación de la siguiente serie de datos:

19 10 16 13 11 19 23 22 22 10
11 15 16 11 15 23 11 15 19 23

34. ★★☆ Determina el rango intercuartílico de la siguiente distribución de datos:

Intervalo de clase	[3, 6)	[6, 9)	[9, 12)	[12, 15)	[15, 18)	[18, 21)
n_i	5	2	6	7	3	1

35. ★★☆ Observa este gráfico sobre el registro del desempleo en los últimos años, que ha sido emitido en el programa *El debate de la 1* de RTVE en 2015.

Analízalo y detecta los errores que pueda presentar.

36. ★★★ La siguiente tabla recoge las temperaturas mínimas y máximas durante una semana de primavera en la ciudad de A Coruña:

Temperaturas mínimas (°C)	10	8	7	5	8	8	9
Temperaturas máximas (°C)	16	12	11	13	12	12	13

Calcula el coeficiente de correlación de Pearson de dicha distribución e interpreta el resultado.

Estadística bidimensional

37. ★☆☆ Explica la diferencia entre independencia, dependencia estadística y dependencia funcional.

38. ★☆☆ Indica para cada uno de los siguientes estudios estadísticos la variable estadística considerada:

a) El número de horas diarias que dedican a ver la televisión y a la lectura los alumnos de una clase de 4.º de ESO.

b) La autonomía y el gasto de combustible de un vehículo según su cilindrada.

c) El volumen y el número de páginas de los libros de bolsillo.

d) El número de hijos de una familia y el consumo familiar de agua.

39. ★★☆ Explica en qué consiste la regresión lineal y qué son las rectas de regresión.

— ¿Cuál es la utilidad de las rectas de regresión de una distribución bidimensional?

40. ★☆☆ Indica si los siguientes pares de variables están relacionados o no y, en caso afirmativo, di de qué tipo es la relación:

a) El precio de un coche y su velocidad máxima.

b) El presupuesto de un equipo de fútbol y su clasificación final.

c) El nivel de paro de un país y su participación en loterías.

d) El índice de natalidad y el índice de mortalidad de un país.

e) El carácter de una persona y su nivel de estudios.

41. ★★☆ Construye la tabla de doble entrada de estos datos correspondientes al número de asistencias y al número de balones perdidos por los jugadores de un equipo de baloncesto:

(10, 12), (8, 13), (16, 13), (6, 10), (2, 6), (6, 2),
(22, 9), (0, 1), (9, 8), (0, 5), (2, 3), (3, 3)

Dibuja el diagrama de barras tridimensionales y el diagrama de dispersión.

42. ★★☆ El número de alumnos matriculados en danza en España entre 2009 y 2015 se recoge en la siguiente tabla, donde *X* es el año e *Y*, el número de alumnos:

X	2009	2010	2011	2012	2013	2014	2015
Y	11 156	11 927	19 667	18 537	23 312	24 957	27 186

a) Representa el diagrama de dispersión de la distribución y describe el tipo de relación que existe entre las variables *X* e *Y*.

En caso de que exista correlación, indica su grado, su sentido y su tipo.

b) Calcula el coeficiente de Pearson. ¿Es coherente el resultado con el apartado anterior?

43. ★★☆ La siguiente tabla muestra el número de clientes de telefonía móvil entre 2011 y junio de 2015, además de una previsión para el año 2016, donde *X* es el año e *Y*, el número de teléfonos móviles, en millones:

X	2011	2012	2013	2014	2014	2015	2016
Y	33,5	37,5	39,2	42,9	44,7	48,1	57,3

a) Representa el diagrama de dispersión de la distribución y describe el tipo de relación que existe entre las variables *X* e *Y*.

b) Calcula el coeficiente de Pearson. ¿Es coherente el resultado con el apartado anterior?

c) ¿Es correcta la predicción efectuada para el año 2016? Razona tu respuesta.

d) ¿Es posible efectuar una predicción para el año 2028? Razona tu respuesta.

Actividades finales

44. ★★☆ En esta tabla se indican los porcentajes de audiencia de diversas cadenas de televisión y su inversión publicitaria en millones de euros durante el primer semestre de un año:

Cadena	Audiencia (%)	Inversión (millones de €)
TVE	21,3	381,0
Telecinco	19,9	550,0
Antena 3 TV	16,8	449,5
Autonómicas	14,1	183,9
Cuatro	7,1	151,3
La Sexta	6,0	62,0

a) Elabora la nube de puntos correspondiente a esta distribución bidimensional.

b) ¿Qué tipo de correlación puedes deducir a partir del gráfico obtenido?

c) ¿De qué modo crees que influye el nivel de audiencia en la inversión publicitaria de las empresas?

45. ★★☆ Los minutos jugados y los puntos conseguidos por los componentes de un equipo de baloncesto durante un campeonato se muestran en la siguiente tabla:

Min	174	139	159	144	37	122	25
Puntos	110	72	72	43	36	22	2

a) Dibuja el diagrama de dispersión. Si existe correlación lineal entre ambas variables, calcula el coeficiente de Pearson.

b) ¿Cuántos minutos cabe esperar que haya jugado un integrante de dicho equipo que ha conseguido 60 puntos? Valora dicha predicción.

46. ★★☆ Esta tabla muestra los tiempos registrados por los esquiadores en la prueba de descenso, en minutos, y su clasificación general por puntos en dicha modalidad de la copa del mundo:

Min	2,45	2,48	2,50	2,51	2,52
Puntos	470	238	300	243	245

a) Dibuja el diagrama de dispersión. Si existe correlación lineal entre ambas variables, calcula el coeficiente de Pearson.

b) ¿Qué puntuación cabe esperar de un esquiador cuyo crono en dicha prueba fuera de 2,49 min? Valora dicha predicción.

47. ★★☆ Un estudio llevado a cabo en Dinamarca demostró que entre el número de cigüeñas que anidan en un territorio y el número de nacimientos de niños que se producen en él existe una fuerte correlación lineal.

Formad grupos de tres y reflexionad sobre el tema.

— ¿Significa esto que hay una relación de causa-efecto entre el número de cigüeñas y el de nacimientos? En caso afirmativo, indica cuál; y en caso negativo, trata de dar una explicación del fenómeno.

— Organizad un coloquio en clase sobre la afirmación de que en ocasiones la estadística se equivoca o, peor aún, nos engaña.

48. ★★☆ Al calcular las rectas de regresión de Y sobre X y de X sobre Y de una distribución bidimensional, obtenemos las siguientes expresiones:

$$y = 0{,}4x + 0{,}2$$
$$x = 1{,}5y - 4{,}3$$

¿Cuál es el coeficiente de Pearson de dicha distribución?

Existe una relación entre las rectas de regresión de una distribución bidimensional que nos permite determinar el coeficiente de Pearson a partir de estas.

En efecto, se comprueba que se cumple la siguiente propiedad:

$$B \cdot B' = r^2$$

donde el coeficiente B es la pendiente de la recta de regresión de Y sobre X, y el coeficiente B' es la pendiente de la recta de regresión de X sobre Y.

$$\text{Así pues: } r^2 = 0{,}4 \cdot 1{,}5 = 0{,}60$$
$$\text{Luego: } r = \sqrt{0{,}60} = 0{,}81$$

A continuación, resuelve los siguientes apartados aplicando dicha propiedad:

a) Si las rectas de regresión de Y sobre X y de X sobre Y de una distribución bidimensional son las siguientes:

$$y = 0{,}64x - 0{,}3$$
$$x = 0{,}75y + 3{,}6$$

Calcula el coeficiente de Pearson de dicha distribución.

b) Si las rectas de regresión de Y sobre X y de X sobre Y de una distribución bidimensional son las siguientes:

$$y = -0{,}35x + 0{,}13$$
$$x = -0{,}22y - 1{,}56$$

Calcula el coeficiente de Pearson de dicha distribución.

49. ★★★ Los siguientes datos están compuestos por dos variables estadísticas que muestran el número de hijos de una familia y el número de coches de la misma familia:

(1, 1), (1, 2), (1, 1), (3, 1), (0, 2), (1, 2), (4, 2), (0, 0), (2, 1), (2, 1), (3, 1), (0, 5), (1, 3), (0, 1), (2, 1), (2, 2), (1, 0), (1, 1), (1, 2), (0, 1), (2, 1), (1, 1), (1, 3), (1, 2), (5, 1), (3, 2), (1, 1), (1, 2), (0, 2), (2, 3)

a) Construye la tabla de doble entrada.

b) Dibuja el diagrama de dispersión.

c) Calcula las medias y varianzas de las variables estadísticas, la covarianza entre ellas y el coeficiente de Pearson.

d) ¿Puedes concluir que hay alguna relación entre el número de hijos y el número de coches de estas familias?

50. ★★★ Calcula los parámetros de correlación entre las dos variables estadísticas que se muestran en la tabla.

x	*y*	*x*	*y*
1	3	–2	2
0	–2	6	5
1	4	–1	2
–1	3	3	1
–3	2	–1	0
–2	1	1	1
3	4	2	3

— Representa la nube de puntos y dibuja la recta de regresión que relaciona la variable *x* en función de la variable *y*.

51. ★★★ Accede a la página web del Instituto Nacional de Estadística (**http://www.ine.es/**) y busca información sobre la población de tu provincia y la del total de España en los últimos cinco años disponibles.

— Estima la población de tu provincia suponiendo que el total de españoles es de 45 millones.

52. ★★☆ Formad grupos de cuatro. Considerad un estudio estadístico de la unidad; por ejemplo, el propuesto en la sección Visión 360º, y aplicad la **destreza** *Las partes y el todo* con la ayuda del organizador gráfico.

ESTUDIO ESTADÍSTICO

¿Qué partes componen un estudio estadístico?

¿Qué sucedería si faltaran estas partes?

¿Cuál es la función de cada una de las partes?

¿Cuál es la relación de las partes con el todo?

MATEMÁTICAS A TU ALCANCE

PBL: Noticias estadísticas

Un periódico local está ideando una nueva sección para su edición en papel en la que se traten distintos temas desde un punto de vista estadístico, y ha contactado con vuestro centro educativo para proponeros la edición y la redacción de estas páginas.

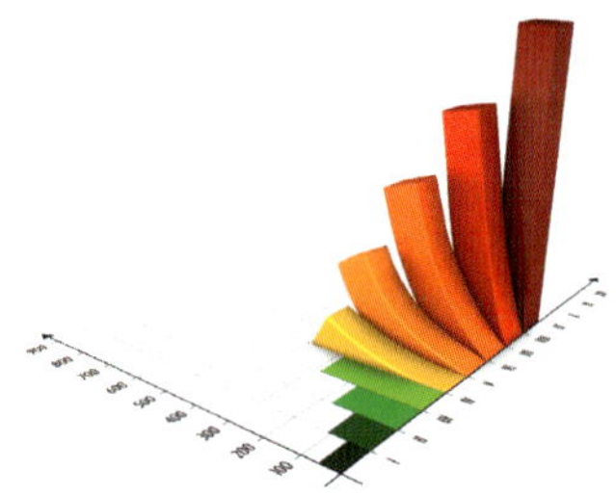

Formad grupos y buscad en prensa, televisión o Internet, cómo se organizan este tipo de noticias, qué recursos presentan, qué tipo de información destacan...

Del mismo modo, deberéis pensar un tema que sea de interés y que pueda tratarse de forma estadística. Tened en cuenta que tan importante es el título que daréis a la noticia cómo la forma de presentarla (si incluirá tablas, gráficos, imágenes, a una columna, a dos columnas, su extensión...).

Recursos

Además de la búsqueda de noticias en la Red de tipo estadístico para ver ejemplos y recoger ideas, podéis entrar en las siguientes páginas que contienen datos estadísticos que tratados de forma adecuada pueden resultar de interés como noticia:

@ http://links.edebe.com/9re79e

@ http://links.edebe.com/tmsh

Metodología de trabajo

El trabajo se llevará a cabo en grupos de 3 a 5 alumnos. Debéis seguir este procedimiento:

1.º Análisis y comprensión del problema.

2.º Creación de una tabla en la que señaléis:

— Lo que sabéis. — Lo que necesitáis.

3.º Confección de una tabla en la que aparezca el reparto de tareas para cada miembro del grupo y el avance diario de esta:

Días	Tarea asignada	Persona asignada
Día 1		
Día 2		
Día 3		

4.º Ejecución del trabajo individual que consistirá en la realización de la tarea asignada.

5.º Reunión y puesta en común de los resultados obtenidos por cada miembro del grupo.

6.º Redacción de una noticia de prensa tratada desde un punto de vista estadístico que pueda ser publicada en un periódico local.

Cre@ctividad: Diagrama de cajas y bigotes con hoja de cálculo

Veamos cómo utilizar **Calc** para calcular todos los datos necesarios para poder dibujar un diagrama de caja y bigotes o *box plot*. Recordemos que estos diagramas nos ofrecen una visión intuitiva de la distribución de los datos y nos ayudan a interpretar simetrías y detectar valores atípicos.

Tenemos los siguientes datos y queremos obtener los parámetros necesarios para construir un diagrama de caja y bigotes:

Altura de los árboles (metros)									
7,13	5,35	10,14	4,15	5,85	4,69	6,84	0,94	3,45	5,79
5,64	4,92	5,32	6,56	6,17	4,33	6,18	6,50	3,74	2,98

Una vez tabulados los datos en **Calc**, obtenemos los valores necesarios para construir el diagrama con las instrucciones:

1. Primer cuartil (Q_1): **Percentil(rango de datos;0,25)**
2. Mediana (*Me*): **Percentil(rango de datos;0,5)**
3. Tercer cuartil (Q_3): **Percentil(rango de datos;0,75)**

Hemos utilizado la instrucción, **Percentil()**, señalando el rango de datos sobre los que queremos efectuar el cálculo, e indicando a continuación, y separado por punto y coma, el orden del percentil correspondiente entre 0 y 1 (0,25 para el primer cuartil, 0,5 para el segundo y 0,75 para el tercer cuartil).

No hay que olvidar que los valores límites, inferior y superior, se calculan restando al primer cuartil 1,5 veces el rango intercuartílico y sumando esta misma cantidad al tercer cuartil.

4. $LI = Q_1 - 1{,}5*(Q_3 - Q_1)$. El **valor mínimo** es el menor valor del conjunto de datos que es mayor o igual a *LI*. En este caso, 2,98.
5. $LS = Q_3 + 1{,}5*(Q_3 - Q_1)$. El **valor máximo** es el mayor valor que es menor o igual a *LS*. Para esta distribución, 7,13.

Con estos datos ya podemos dibujar nuestro diagrama:

Mínimo	Q1	Mediana	Q3	Máximo
2,98	4,29	5,50	6,26	7,13

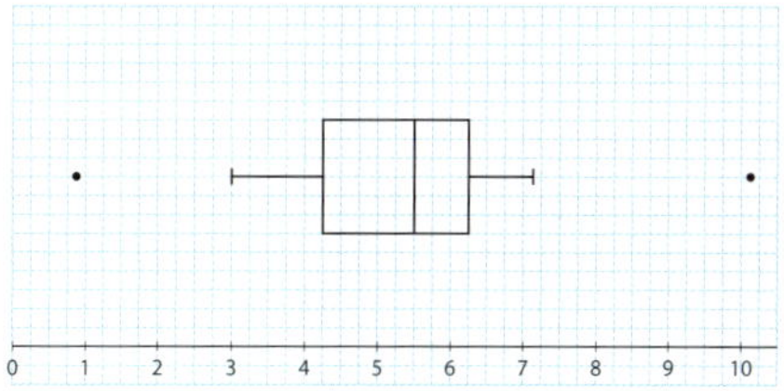

Visión 360°

Conocemos ya las fases globales de un estudio estadístico. Vamos a poner en práctica lo aprendido en esta unidad y utilizar los medios informáticos de que disponemos para llevar a cabo nuestro propio estudio. Su título será:

Número de miembros de la unidad familiar frente a los metros cuadrados de la vivienda del alumnado de 4.° de ESO

Trabajad en grupos y seguid estos pasos:

a) Elaborad una ficha para la recogida de datos de campo; es decir, obtener los datos necesarios de los compañeros y compañeras de clase.

b) Utilizad el programa **Calc** para:

— Tabular los datos.

— Representar la nube de puntos y la recta de regresión y calcular el coeficiente de correlación de Pearson de la distribución.

c) Confeccionad una presentación con el desarrollo y las conclusiones del trabajo para exponerla en clase.

¿Tienen que coincidir exactamente los resultados obtenidos por todos los grupos? En caso de que no coincidan, ¿qué puede haber sucedido? Con los resultados del estudio, ¿podríamos hacer predicciones respecto a los datos de un compañero de otra clase de 4.° de ESO de tu mismo barrio? ¿Y de un alumno de tu misma edad en China?

Pon a prueba tus competencias

1. En una sala de cine, los espectadores durante 20 días fueron los siguientes:

452	437	441	463	460
412	405	411	402	399
398	408	390	373	368
351	340	338	347	326

a) Agrupa los datos en intervalos de amplitud 30 y construye la tabla de frecuencias absolutas.

b) Construye el gráfico que consideres más adecuado. ¿Qué tipo de gráfico es? ¿Por qué?

c) ¿Cuántos espectadores han ido de media cada día al cine?

d) ¿Qué nos indican los cuartiles? Calcúlalos.

e) Representa el diagrama de cajas y bigotes de la distribución.

2. Se realizó una encuesta a un grupo de 25 personas para saber la cantidad de veces que habían comprado en una tienda online en el último año. Los resultados se han representado en la siguiente tabla:

N.º de veces	0	1	2	3	5	6
N.º de personas	8	4	7	2	x	1

a) Si se sabe que la media de compras en tiendas *online* fue de 1,8, ¿cuántas personas habían realizado cinco compras en el último año?

b) ¿Qué nos indica el CV en una distribución? ¿Qué parámetros necesitas para calcularlo?

c) Calcula los parámetros anteriores y el CV.

d) Con los datos obtenidos, argumenta si la siguiente afirmación es cierta: «Una persona, de media, lleva a cabo 1,8 compras al año en una tienda *online*. Este dato puede tomarse como representativo a partir de una encuesta realizada a 25 personas elegidas al azar».

3. Queremos determinar si hay alguna correspondencia entre la altura sobre el nivel del mar y la presión atmosférica. Para comprobarlo, hallaremos el coeficiente de variación de Pearson y su diagrama de dispersión de los datos de seis puntos geográficos recogidos en esta tabla:

X = altura (m)	0	3 000	6 000	9 000	12 000	15 000
Y = presión (mmHg)	760	523	349	226	141	87

a) Calcula las medias de las dos variables.

b) Determina sus desviaciones típicas.

c) Calcula la covarianza.

d) ¿Qué indica, en nuestro ejemplo, el valor del coeficiente de Pearson?

e) Construye el diagrama de dispersión y determina la ecuación de la recta de regresión de Y sobre X.

f) El Everest es la montaña más alta de la Tierra (8 848 m). Halla una previsión de la presión atmosférica en su cima.

4. En un videojuego parte de la puntuación de un nivel depende, entre otros parámetros, del tiempo que el jugador tarda en completar ese nivel.

X = puntos	9500	9488	9482	9477	9473
Y = tiempo (s)	150	190	215	240	265

a) Calcula la media de puntos y la media del tiempo que un jugador tarda en completar el nivel.

b) Determina sus desviaciones típicas.

c) Calcula la covarianza.

d) ¿Puedes determinar y demostrar que las puntuaciones obtenidas y el tiempo para completar cada nivel están relacionados? ¿De qué modo?

e) Determina la ecuación de la recta de regresión de X sobre Y, y represéntala gráficamente.

f) Si un jugador completa el nivel en 3 min, ¿cuál será su puntuación en ese nivel?

5. La siguiente tabla recoge las cantidades en miligramos de vitamina C y magnesio por cada 100 g de algunas frutas:

	Cantidad (mg)	
Fruta (100 mg)	**Vitamina C**	**Magnesio**
Guayaba	228,3	22
Papaya	60,9	41
Piña	47,8	12
Mango	36,4	10
Maracuyá	30	29
Naranja	53,2	10

a) Calcula las medias de vitamina C y de magnesio en dichas frutas.

b) Determina las desviaciones típicas.

c) Calcula la covarianza.

d) ¿Puedes determinar y demostrar que los contenidos de vitamina C y los de magnesio en las frutas tropicales y los cítricos están relacionados?

e) Representa la nube de puntos.

Reflexiona

Diario de aprendizaje

— ¿Crees que la estadística es una parte de las matemáticas que tiene aplicaciones y repercusiones en tu vida cotidiana?

— ¿Se han ampliado tus conocimientos sobre los distintos parámetros estadísticos que utilizamos para caracterizar las diferentes distribuciones de datos?

— ¿Conoces mejor los gráficos utilizados para resumir las distribuciones de datos y los casos en los que es aconsejable usar cada tipo?

12 ESTADÍSTICA Y PROBABILIDAD

Técnicas de recuento

Existen lectores ávidos que devoran libros. Para ellos, en el caso de ser aficionados a la poesía, una posible solución, para ahorrar dinero y problemas de espacio en su biblioteca, podría ser la obra del escritor francés Raymond Queneau.

Raymond Queneau es uno de los escritores más innovadores del siglo XX. Fue fundador y miembro muy activo de la *OuLiPo* (*OUvroir de LIttérature POtentielle,* 'Taller de escritura potencial') y perteneció al *Colegio de Patafísica,* una contraposición irónica a las serias y encorsetadas instituciones académicas francesas.

En 1961 escribió el libro titulado *Cent Mille Milliards de Poèmes ('Cien mil millardos de poemas').* Esta obra consta de 10 sonetos, confeccionados de tal manera que el lector, combinando unas tiras dispuestas en su encuadernación, puede llegar a componer hasta cien billones de poemas diferentes (10^{14}). Proporcionó así, según estimó el propio autor, lectura para 190 258 751 años.

CONTENIDOS

1. Recuento gráfico de configuraciones
2. Combinatoria
3. Resolución de problemas

PBL: Combinatoria y NBA

Cre@ctividad: Kahn Academy

Rutina de pensamiento

PREGUNTAS CREATIVAS

Tras la lectura del texto y a la vista del ejemplar del libro sobre el que trata:

— Formad grupos de 4-5 compañeros y compañeras.

— A modo de una lluvia de ideas, plantead, al menos, tres preguntas sobre el texto en general o el libro en particular, referidas a aspectos que os resulten curiosos o no os hayan quedado claros.

— Exponed en el aula las preguntas de todos los grupos y seleccionad las tres más votadas.

— Tratad de responder estas tres preguntas, ya sea reflexionando entre toda la clase o investigando más a fondo individualmente.

1. Recuento gráfico de configuraciones

En numerosas situaciones de la vida cotidiana nos encontramos con problemas que consisten en contar:

- ¿Cuántas cosas de un cierto tipo hay?
- ¿De cuántas maneras es posible ordenar o escoger algo?

Para ello, utilizamos dos técnicas de recuento: los *diagramas en árbol* y las *tablas de contingencia.*

1.1. Diagramas en árbol y tablas de contingencia

Un diagrama en árbol es un recuento gráfico de las distintas posibilidades de un suceso. Cada una de las combinaciones posibles es una *configuración.*

Una **configuración** es cada uno de los resultados posibles en un problema de contar.

Observa el siguiente ejemplo.

Ejemplo 1

Un equipo de baloncesto dispone de tres camisetas, dos pantalones y un par de botas. ¿De cuántas maneras diferentes podrá vestirse?

COMPRENSIÓN

Debemos buscar todas las posibles configuraciones que pueden obtenerse con los colores de las distintas prendas.

RESOLUCIÓN

Confeccionamos el diagrama en árbol denotando cada prenda como sigue:

— La camiseta roja por C_1, la blanca por C_2 y la naranja por C_3.

— Los pantalones negros por P_1 y los blancos por P_2.

— Las botas por B.

Camisetas	Pantalones	Botas	Configuración
C_1	P_1	B	C_1-P_1-B
	P_2	B	C_1-P_2-B
C_2	P_1	B	C_2-P_1-B
	P_2	B	C_2-P_2-B
C_3	P_1	B	C_3-P_1-B
	P_2	B	C_3-P_2-B

Hemos obtenido seis configuraciones diferentes; es decir, hay seis formas distintas de vestirse.

Si analizamos el diagrama en árbol obtenido, observamos:

- Por cada elección (tipo de camisetas) se mantienen las siguientes elecciones (tipo de pantalones y de botas). Se dice entonces que el diagrama es **regular.**
- El número de maneras diferentes de vestirse se obtiene multiplicando el número de camisetas por el número de pantalones y por el número de pares de botas.

Cuando, como en este caso, el número de configuraciones se obtiene multiplicando opciones, diremos que hemos efectuado el recuento aplicando *el principio multiplicativo.*

Cuando se tienen que hacer dos elecciones seguidas, el número de configuraciones posibles se obtiene multiplicando el número de opciones de cada una de ellas. Es el llamado **principio multiplicativo.**

Fíjate

En los casos, como en el ejemplo, en que una de las posibilidades sea común a todas las configuraciones, en la confección del diagrama podemos omitir esta columna.

Pero no siempre es posible aplicar el principio multiplicativo. Observa que el diagrama en árbol del siguiente ejemplo no es regular; por ello, aquí no funciona este principio.

Ejemplo 2

Queremos marcar un número de teléfono, pero no recordamos exactamente sus cuatro últimas cifras. Si sabemos que son dos 3 y dos 5, ¿cuál es el número de llamadas que tendremos que hacer como máximo para acertar el número correcto?

COMPRENSIÓN

Buscamos números de cuatro cifras, pero las cifras, a partir de la tercera, que integren cada configuración, estarán determinadas por las anteriores.

RESOLUCIÓN

Para descubrir cuántos números de teléfono son posibles con estas condiciones, confeccionamos el diagrama en árbol correspondiente:

1.ª cifra	2.ª cifra	3.ª cifra	4.ª cifra	Configuración
3	3	5	5	3355
	5	3	3	3535
		5	3	3553
5	3	3	5	5335
		5	3	5353
	5	3	3	5533

Hay seis configuraciones posibles; es decir, como máximo tendremos que hacer seis llamadas.

Fíjate que, en este caso no podemos aplicar el principio multiplicativo porqué el diagrama no es regular.

En ocasiones, cuando el número de variables no es grande, también podemos recurrir a las *tablas de contingencia*.

Una **tabla de contingencia** es una distribución en filas y columnas en la que los individuos de una población se clasifican en función de algunas variables.

Así, por ejemplo, la tabla de contingencia sobre las opciones académicas que siguen los alumnos de 4.° de ESO de un centro es:

	Chicos	Chicas
Dejar los estudios	2	1
Ciclos formativos	18	14
Bachillerato	21	24

Las tablas de contingencia son de gran utilidad en los estudios de cálculos de probabilidades.

Actividades

1. En una óptica ofrecen al cliente diseñar sus propias gafas. Para ello, disponen de dos materiales (plástico y metal), tres monturas (clásica, actual y moderna) y dos tipos de cristal (normal y resistente). ¿Cuántos modelos diferentes se ofrecen?

— Haz el diagrama en árbol correspondiente.

2. ¿De cuántas maneras posibles pueden elegirse el delegado y el subdelegado de una clase de 30 alumnos?

3. Extraemos una a una las bolas de una bolsa que contiene 2 bolas blancas y 3 bolas rojas. ¿De cuántas formas diferentes las podemos extraer?

— Haz el diagrama en árbol correspondiente.

4. Lanzamos una moneda cuatro veces consecutivas y anotamos, en cada lanzamiento, si se ha obtenido cara o cruz. ¿Cuántos resultados diferentes pueden obtenerse?

2. Combinatoria

Hasta ahora hemos efectuado el recuento de posibilidades a partir del diagrama en árbol y aplicando el principio multiplicativo en los casos en los que ha sido posible.

Sin embargo, estas técnicas no resultan prácticas cuando el número de configuraciones es elevado y, sobre todo, cuando el diagrama no es regular.

Existen técnicas de recuento de posibilidades alternativas al diagrama en árbol, no tan intuitivas, pero mucho más prácticas. La *combinatoria* se ocupa de su estudio.

> La **combinatoria** es la parte de las matemáticas cuyo objetivo es estudiar las configuraciones posibles en los problemas de contar, así como las técnicas necesarias para poder contarlas.

Estudiemos, a continuación, algunas de las técnicas para contar más usuales: *variaciones, permutaciones y combinaciones.*

2.1. Variaciones

Observa el siguiente ejemplo.

Ejemplo 3

En un campeonato de tenis los cuatro jugadores que han llegado a las semifinales son: Rafael, Carlos, Hasan y Andrei. Si solo los finalistas reciben trofeo, ¿de cuántas maneras pueden repartirse los dos premios?

COMPRENSIÓN

Se trata de obtener las posibles configuraciones de cuatro elementos, tomados de dos en dos.

RESOLUCIÓN

Confeccionamos el diagrama en árbol para obtener el número de configuraciones posibles:

Campeón	Subcampeón	Configuración
Rafael	Carlos	Rafael - Carlos
	Hasan	Rafael - Hasan
	Andrei	Rafael - Andrei
Carlos	Rafael	Carlos - Rafael
	Hasan	Carlos - Hasan
	Andrei	Carlos - Andrei
Hasan	Rafael	Hasan - Rafael
	Carlos	Hasan - Carlos
	Andrei	Hasan - Andrei
Andrei	Rafael	Andrei - Rafael
	Carlos	Andrei - Carlos
	Hasan	Andrei - Hasan

Obtenemos 12 configuraciones posibles.

Observa que cada una de las configuraciones está formada por dos jugadores de los cuatro posibles. Importa el orden de colocación, ya que no es lo mismo quedar primero que segundo y, además, no hay repetición de los premios, puesto que no puede quedar primero y segundo un mismo jugador.

Decimos que estas configuraciones son *variaciones ordinarias* o *sin repetición* de cuatro elementos tomados de dos en dos.

En general, diremos que:

> Las **variaciones ordinarias** de n elementos tomados de k en k son las diferentes configuraciones que pueden formarse eligiendo k elementos entre n disponibles, de modo que:
>
> - Importa el **orden** de colocación de los elementos.
> - **No** aparecen elementos **repetidos** en una misma configuración.

Fíjate

Solo es posible considerar variaciones ordinarias de n elementos tomados de k en k para $k \leq n$.

Esto se debe a que no podemos formar configuraciones de más elementos de los que tenemos disponibles.

A partir del principio multiplicativo, obtenemos, en la situación descrita anteriormente, que el número de configuraciones es de $4 \cdot 3 = 12$.

De forma general, tendremos que el número de variaciones ordinarias de n elementos tomados de k en k, $V_{n,k}$, es el producto de los k primeros números naturales consecutivos, en orden decreciente, comenzando por n:

$$V_{n,k} = \underbrace{n \cdot (n-1) \cdot (n-2) \cdot \ldots \cdot (n-k+1)}_{k \text{ factores decrecientes consecutivos}}$$

Observa en el siguiente ejemplo el cálculo del número total de variaciones ordinarias a partir de la fórmula planteada.

Ejemplo 4

¿Cuántos números de tres cifras distintas pueden formarse con los números del conjunto {0, 1, 2, 3}?

— ¿Cuántos de estos números son mayores que 230?

COMPRENSIÓN

En este caso estamos ante una situación donde importa el orden de colocación de las cifras y éstas no pueden repetirse; estamos ante un caso de variaciones ordinarias.

RESOLUCIÓN

Se trata de variaciones ordinarias de cuatro elementos tomados de 3 en 3.

$$V_{4,3} = 4 \cdot 3 \cdot 2 = 24$$

Pueden obtenerse veinticuatro números, entre los cuales hemos considerado los que empiezan por 0.

Hallamos cuántos números empiezan por 0.

$$V_{3,2} = 3 \cdot 2 = 6$$

Así, el total de números que pueden formarse es:

$$V_{4,3} - V_{3,2} = 24 - 6 = 18$$

Pueden formarse 18 números.

— Como el número 230 empieza por 23, son menores todas las configuraciones que:

Empiezan por 1: 1 _ _	$V_{3,2} = 3 \cdot 2 = 6$
Empiezan por 20: 2 0 _	$V_{2,1} = 2 \cdot 1 = 2$
Empiezan por 21: 2 1 _	$V_{2,1} = 2 \cdot 1 = 2$

Por tanto, números menores que 230 hay:

$$6 + 2 + 2 + 10$$

Así, el 230 ocupa el lugar 11. Hallamos cuántos números son mayores que 230.

$$18 - 11 = 7$$

Hay 7 números mayores que 230.

Actividades

5. Queremos pintar una bandera formada por tres franjas verticales de tres colores diferentes. Si disponemos de pintura roja, azul, gris, verde y negra, ¿cuántas banderas podemos crear?

6. En un sorteo en el que participan 25 personas se conceden 3 premios diferentes. ¿De cuántas maneras pueden repartirse los premios si una misma persona no puede recibir más de uno?

7. ¿Cuántos números de cuatro cifras distintas pueden formarse con los números del conjunto {2, 4, 6, 8}?

— ¿Cuántos son menores que 6 000?

8. ¿Cuántas palabras de cinco letras diferentes (con o sin sentido) pueden formarse usando las letras A, B, C, D, E y F? ¿Cuántas de estas palabras comienzan por B?

2.2. Variaciones con repetición

Es posible que, alguna vez, te hayas encontrado en una situación como la que se plantea en el siguiente ejemplo.

Ejemplo 5

En un concurso de fotografía al que se presentan tres personas se reparten dos premios. ¿De cuántas formas diferentes pueden entregarse los trofeos si es posible que un mismo autor reciba dos premios, ya que todos presentan varias fotografías?

COMPRENSIÓN

En este caso, elegimos dos elementos de un conjunto de tres y los elementos elegidos pueden repetirse.

RESOLUCIÓN

Confeccionamos el diagrama en árbol:

Primero	Segundo	Configuración
A	A	AA
	B	AB
	C	AC
B	A	BA
	B	BB
	C	BC
C	A	CA
	B	CB
	C	CC

La clasificación de las tres personas, A, B y C, puede ser AA, AB, AC... de modo que *importa el orden de colocación* porque el resultado AB es diferente al BA y existe *repetición de elementos*, ya que el resultado puede ser, por ejemplo, AA.

Así, las posibles configuraciones son 9, porque para cada tres opciones del primer premio hay tres opciones para el segundo.

@ Accede a la página **http://links.edebe.com/nqs** y utiliza la aplicación interactiva para practicar las variaciones.

Las **variaciones con repetición** de n elementos tomados de k en k son las diferentes configuraciones que pueden formarse eligiendo k elementos entre n disponibles, de modo que:

- Importa el **orden** de colocación de los elementos.
- Pueden aparecer elementos **repetidos** en una misma configuración.

En el ejemplo anterior, a partir del principio multiplicativo, obtenemos que pueden formarse $3 \cdot 3 = 9$ configuraciones.

De forma general, tendremos que el número de variaciones con repetición de n elementos tomados de k en k, $VR_{n,k}$, es el resultado de multiplicar k veces n.

$$\boldsymbol{VR_{n,k} = n^k}$$

Así, aplicando la fórmula al ejemplo anterior, $VR_{3,2} = 3^2$, obtenemos las nueve posibilidades indicadas.

Actividades

9. ¿Cuántas palabras de tres letras (con o sin sentido) pueden formarse con las letras A, B, C, D, E, F y G? ¿Cuántas comienzan por B?

10. Una bolsa contiene cinco bolas numeradas del 1 al 5. Se extraen tres bolas sucesivamente con reposición (devolviendo cada vez la bola a la bolsa). ¿Cuántos resultados distintos es posible obtener?

11. ¿Cuántos números diferentes de tres cifras pueden formarse con los dígitos 3 y 5?

12. En una jornada futbolística, ¿cuántas quinielas diferentes es posible rellenar? Considera que la quiniela tiene 14 partidos.

2.3. Permutaciones

Un caso especial de variaciones son aquellas en las que intervienen **todos** los elementos disponibles. Son las *permutaciones.* Por lo tanto:

$$P_n = V_{n,\,n}$$

> Las **permutaciones ordinarias** de n elementos son las diferentes configuraciones que pueden formarse de manera que:
>
> - Importa el **orden** de colocación de los elementos.
> - **No** aparecen elementos **repetidos** en una misma configuración.
> - En cada configuración intervienen **todos** los elementos.

Ejemplo 6

En el festival de fin de curso, los alumnos y alumnas de una clase han preparado seis canciones. ¿De cuántas maneras diferentes puede programarse el orden de actuación?

COMPRENSIÓN

Según el enunciado del problema, se nos solicita todas las posibles configuraciones de las seis actuaciones.

RESOLUCIÓN

Si analizamos la situación, se observa que en primer lugar puede presentarse cualquiera de las seis canciones; es decir, hay seis opciones. La segunda canción puede ser cualquiera de las cinco restantes; es decir, hay cinco opciones, y así consecutivamente hasta llegar a la sexta canción, en la que solo queda una opción.

La siguiente tabla recoge el análisis planteado anteriormente:

Primera actuación	Segunda actuación	Tercera actuación	Cuarta actuación	Quinta actuación	Sexta actuación
6 canciones	5 canciones	4 canciones	3 canciones	2 canciones	1 canción

La única diferencia entre una presentación y otra es el orden en que se disponen las canciones.

Si aplicamos el principio multiplicativo, se obtiene que las seis canciones pueden ordenarse de $6 \cdot 5 \cdot 4 \cdot 3 \cdot 2 \cdot 1 = 720$ maneras diferentes.

$$P_6 = 720$$

El producto obtenido se escribe abreviadamente, 6!, y se lee como *6 factorial o factorial de 6.*

$$P_6 = 6 \cdot 5 \cdot 4 \cdot 3 \cdot 2 \cdot 1 = 6! = 720$$

En general, diremos que el número de permutaciones ordinarias de n elementos, P_n, es n factorial.

$$\boxed{P_n = n! = n \cdot (n-1) \cdot (n-2) \cdot \ldots \cdot 1}$$

Calculadora

Las calculadoras científicas permiten obtener directamente el valor de un número factorial y solucionar variaciones y permutaciones.

- *Factorial*

Veamos directamente cómo se calcularía el factorial de un número, en este caso de 4:

4 SHIFT x^{-1} = 24

- *Variaciones y permutaciones*

En la calculadora, la función nPr representa la variación $V_{n,r}$.

Si $n = r$ tendremos el número de permutaciones.

Observa un ejemplo de cada caso:

Fíjate

Por convenio, el valor de los factoriales de 1 y 0 (1! y 0!) es 1.

$$0! = 1 \qquad 1! = 1$$

Fíjate

En las permutaciones, podemos citar dos variantes importantes:

- *Permutaciones con repetición*

Se representan por $PR_n^{n_1 \ldots n_k}$ y donde n_1, n_2, ..., n^k indican el número de veces que se repite cada uno de los elementos de la permutación. Su fórmula es:

$$PR_n^{n_1 \ldots n_k} = \frac{n!}{n_1! \cdot \ldots \cdot n_k!}$$

Se verifica que $n_1 + n_2 + \ldots + n_k = n$

- *Permutaciones circulares*

Cuando los elementos se sitúan circularmente, las permutaciones se denominan circulares (PC_n) y se verifica que:

$PC_n = P_{n-1}$

En estos enlaces, puedes consultar ejemplos de este tipo de permutaciones:

http://links.edebe.com/7fsgw

http://links.edebe.com/vn7

Ejemplo 7

Deben colocarse 5 libros distintos en la estantería de una librería. Dos libros pertenecen a la asignatura de Matemáticas y los otros tres, a la de Francés. Si queremos que los libros de una misma asignatura estén juntos, ¿de cuántas maneras podemos colocarlos?

COMPRENSIÓN

Si analizamos la situación, tenemos dos bloques distintos de libros y cada uno de ellos puede ordenarse de todas las formas posibles. Por tanto, por cada configuración de uno de los bloques, se podrán dar todas las formas de ordenación posibles del otro.

Por otro lado, los bloques de libros del mismo tipo también pueden ordenarse de varias maneras.

RESOLUCIÓN

La posible ordenación de los 2 libros de Matemáticas viene dada por una permutación:

$$P_2 = 2! = 2 \text{ maneras posibles}$$

La posible ordenación de los 3 libros de Francés viene dada por una permutación:

$$P_3 = 3! = 6 \text{ maneras posibles}$$

Para cada agrupación de Matemáticas existen 6 posibles de Francés. Por lo tanto, si aplicamos el principio multiplicativo, tenemos:

$$P_2 \cdot P_3 = 12$$

Pero observa la figura:

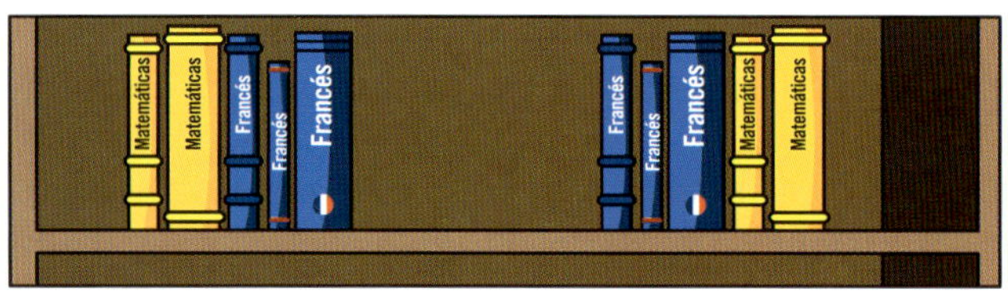

Los dos libros de Matemáticas pueden estar, además, colocados delante o detrás de los de Francés, por lo que el número de posibilidades es:

$$2 \cdot P_3 \cdot P_2 = 24$$

Por lo tanto, hay 24 maneras posibles de colocarlos.

Actividades

13. ¿De cuántas maneras pueden ordenarse 10 libros en una estantería?

14. ¿Cuántos códigos de cuatro cifras diferentes pueden formarse con los números 1, 3, 5 y 7?

15. ¿Cuántas palabras de nueve letras (con o sin sentido) pueden formarse utilizando todas las letras de la palabra UNIVERSAL?

16. Supongamos todos los números posibles con las cifras 2, 4, 6, 7 y 8 de manera que en cada número entren las cinco y sin repetir ninguna. ¿Cuántos de esos números tendrán la terminación impar?

17. Luis tiene siete pantalones diferentes y cada día de la semana se pone unos distintos. Averigua si es cierto que puede estar cinco años sin repetir la misma distribución de pantalones de una semana a otra.

18. Deben colgarse 5 vestidos distintos en un armario de los cuales 3 son cortos y 2 son largos.

a) ¿De cuántas formas distintas pueden colgarse?

b) ¿De cuántas formas diferentes pueden colgarse si se quiere que los vestidos largos ocupen el primer y el último lugar?

19. Un grupo de 8 amigos está realizando un viaje en un monovolumen de ocho plazas. Todos disponen de carné de conducir. ¿De cuántas maneras diferentes pueden situarse en el vehículo?

20. ¿Cuántos alumnos participan en un concurso de matemáticas si pueden clasificarse de 720 formas distintas?

2.4. Combinaciones

Hasta ahora, en las diferentes configuraciones estudiadas, importaba el orden de colocación de los elementos, pero esto no siempre es así.

Fíjate en el siguiente ejemplo.

Ejemplo 8

Disponemos de cuatro zumos diferentes (albaricoque, limón, piña y melón). ¿Cuántos combinados de tres zumos se pueden hacer si se mezclan todos en la misma proporción?

COMPRENSIÓN

En la resolución del problema tendremos en cuenta que los zumos no pueden repetirse y que el orden en que los mezclamos no afecta al combinado final.

RESOLUCIÓN

Designemos por A, L, P y M los zumos de los que disponemos.

Ingr. 1	A						L						P						M					
Ingr. 2	L		P		M		A		P		M		A		L		M		A		L		P	
Ingr. 3	P	M	L	M	L	P	P	M	A	M	A	P	L	M	A	M	A	L	L	P	A	P	A	L
Zumo	*ALP*	*ALM*	*APL*	*APM*	*AML*	*AMP*	*LAP*	*LAM*	*LPA*	*LPM*	*LMA*	*LMP*	*PAL*	*PAM*	*PLA*	*PLM*	*PMA*	*PML*	*MAL*	*MAP*	*MLA*	*MLP*	*MPA*	*MPL*

La última fila de la tabla muestra los diferentes combinados obtenidos. Algunos de estos combinados son idénticos, ya que el sabor, es el mismo pues están compuestos por los mismos zumos pero mezclados en diferente orden.

Así pues, pueden elaborarse 4 combinados de distinto sabor que corresponden a las configuraciones *ALP*, *ALM*, *APM* y *LPM*.

Observa en el ejemplo anterior que el hecho de que no importe el orden de los elementos implica que el diagrama en árbol que se obtiene no sea regular.

En general:

Las **combinaciones ordinarias** de n elementos tomados de k en k son las diferentes configuraciones que pueden formarse eligiendo k elementos entre n disponibles, de modo que:

- **No** importa el **orden** de colocación de los elementos.
- **No** aparecen elementos **repetidos** en una misma configuración.

En el ejemplo anterior se han obtenido 4 configuraciones distintas, pero a diferencia de las variaciones y las permutaciones, en este caso, no es posible aplicar el principio multiplicativo.

Observa que las configuraciones con los mismos 3 elementos en diferente orden son una única configuración y que hay tantas como permutaciones de 3 elementos.

Esto nos permite razonar que en una combinación no tenemos que considerar la ordenación de los elementos agrupados.

Por ello, nos planteamos que:

$$C_{4,3} = \frac{V_{4,3}}{P_3} = \frac{4 \cdot 3 \cdot 2}{3!} = 4$$

Así, podemos concluir que el número de combinaciones ordinarias de n elementos tomados de k en k, $C_{n,k}$, se obtiene dividiendo el número de variaciones ordinarias de n elementos tomados de k en k entre el número de permutaciones de k elementos:

$$\boxed{C_{n,k} = \frac{V_{n,k}}{P_k}}$$

Fíjate

Existe también la posibilidad de que en una combinación los elementos se repitan.

La **combinación con repetición** se representa por $CR_{n,k}$ y su fórmula es:

$$CR_{n,k} = \binom{n+k-1}{k}$$

La expresión entre paréntesis se denomina **número combinatorio**.

Una vez definida la combinación ordinaria, veamos algunos ejemplos de aplicación.

Ejemplo 9

¿De cuántas maneras pueden extraerse simultáneamente cuatro cartas de una baraja de 48?

Las configuraciones son listas de 4 cartas, elegidas entre las 48 posibles, de manera que no importa el orden de colocación, ni pueden aparecer repetidas.

Son, por lo tanto, combinaciones ordinarias de 48 elementos tomados de 4 en 4.

Así:

$$C_{48,\,4} = \frac{V_{48,\,4}}{P_4} = \frac{48 \cdot 47 \cdot 46 \cdot 45}{4!} = 194\,580$$

Hay 194 580 maneras diferentes.

Ejemplo 10

¿Cuántas diagonales tiene un hexágono regular?

Una diagonal une dos vértices no adyacentes. No importa el orden de colocación de los vértices y estos no pueden repetirse. Se trata de combinaciones ordinarias.

$$C_{6,\,2} = \frac{V_{6,\,2}}{P_2} = \frac{6 \cdot 5}{2!} = 15$$

De este resultado hay que descontar las configuraciones correspondientes a los lados, que unen dos vértices adyacentes. Por lo tanto, debemos descontar 6.

$$15 - 6 = 9$$

Un hexágono regular tiene 9 diagonales.

El siguiente ejemplo introduce una resolución diferente.

Ejemplo 11

Se convoca un encuentro de médicos para tratar los avances en el trasplante de órganos. Veinte médicos son ingleses, diez franceses y quince españoles. ¿Cuántas posibles conversaciones entre dos médicos pueden producirse sin que haya un cambio de idioma?

COMPRENSIÓN

Este problema no es una aplicación directa de la fórmula de las combinaciones.

Para que no haya cambio de idioma, las conversaciones bilaterales deben producirse entre médicos de la misma nacionalidad. Además, las conversaciones en cada idioma son independientes de los otros dos.

RESOLUCIÓN

Las conversaciones posibles entre médicos franceses son:

$$C_{20,\,2} = \frac{V_{20,\,2}}{P_2} = \frac{20 \cdot 19}{2!} = 190$$

Las conversaciones posibles entre médicos franceses son:

$$C_{10,\,2} = \frac{V_{10,\,2}}{P_2} = \frac{10 \cdot 9}{2!} = 45$$

Las conversaciones posibles entre médicos españoles son:

$$C_{15,\,2} = \frac{V_{15,\,2}}{P_2} = \frac{15 \cdot 14}{2!} = 105$$

En total, obtenemos como número de conversaciones posibles la suma de todas las conversaciones, ya que cada una es independiente:

$$C_{20,\,2} + C_{10,\,2} + C_{15,\,2} = 340$$

Hay 340 conversaciones posibles.

Actividades

21. Un club deportivo dispone de 3 entradas para asistir al próximo partido. ¿De cuántas maneras pueden distribuirse si hay 20 personas interesadas?

22. Una apuesta de lotería primitiva consiste en elegir 6 números entre el 1 y el 49. ¿Cuántas apuestas diferentes pueden llevarse a cabo?

23. Calcula el número de diagonales que tiene un dodecágono regular.

— Deduce, desde el punto de vista de la combinatoria, la fórmula general del número de diagonales de un polígono regular de *n* lados.

24. El grupo 4.° ESO A está formado por 24 alumnos y el grupo 4.° ESO B por 25. ¿De cuántas formas puede elegirse una comisión formada por 2 alumnos del grupo A y 2 del grupo B?

25. ¿Cuántos triángulos diferentes podemos obtener con los vértices de un octágono regular?

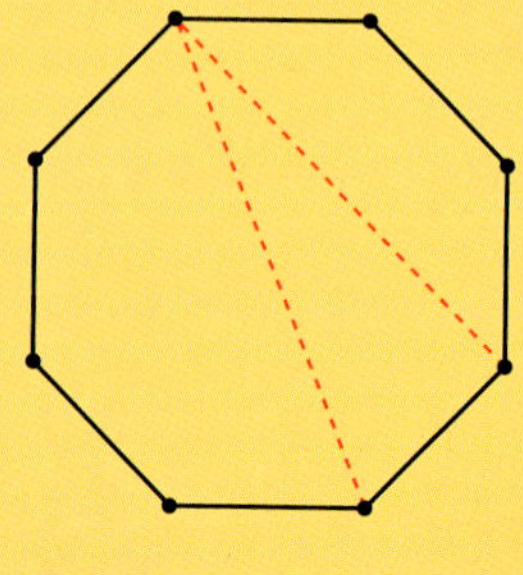

Tal y como acabamos de ver, $C_{n,k} = \frac{V_{n,k}}{P_k}$. Operando podemos llegar a:

$$\frac{V_{n,k}}{P_k} = \frac{n!}{k!\cdot(n-k)!}$$

En matemáticas, un cociente del tipo $\frac{n!}{k!\cdot(n-k)!}$, con $k \leq n$, se representa abreviadamente por $\binom{n}{k}$, y se llama **número combinatorio** de n sobre k.

Así, a partir de ahora podemos escribir:

$$C_{n,k} = \binom{n}{k} = \frac{n!}{k!\cdot(n-k)!}$$

Ejemplo 12

Calcula $\binom{6}{3}$

$$\binom{6}{3} = \frac{6!}{3!\cdot(6-3)!} = \frac{6\cdot5\cdot4\cdot\cancel{3}\cdot\cancel{2}\cdot\cancel{1}}{\cancel{3}\cdot\cancel{2}\cdot\cancel{1}\cdot3\cdot2\cdot1} = \frac{120}{6} = 20$$

Binomio de Newton

Los coeficientes que aparecen en el desarrollo del **binomio de Newton** son los números combinatorios:

$$(a+b)^n = \binom{n}{0}a^nb^0 + \binom{n}{1}a^{n-1}b^1 + \binom{n}{2}a^{n-2}b^2 + \ldots + \binom{n}{n-1}a^1b^{n-1} + \binom{n}{n}a^0b^n$$

Asimismo:

$$(a-b)^n = \binom{n}{0}a^nb^0 - \binom{n}{1}a^{n-1}b^1 + \ldots + (-1)^{n-1}\binom{n}{2}a^1b^{n-1} + (-1)^n\binom{n}{n}a^0b^n$$

Los coeficientes son, en ambos casos, los números de la fila n del triángulo de Tartaglia.

Ejemplo 13

Utilizando la fórmula del binomio de Newton, escribe el desarrollo de $(a + b)^2$.

$$(a+b)^2 = \binom{2}{0}a^2b^0 + \binom{2}{1}a^1b^1 + \binom{2}{2}a^0b^2 = a^2 + 2ab + b^2$$

Triángulo de Tartaglia

Podemos situar los números combinatorios en el **triángulo de Tartaglia.**

Fíjate en que los extremos de cada fila del triángulo son siempre 1, y que sumando dos números de una fila se obtiene el número comprendido entre los dos de la fila siguiente:

$$\binom{1}{0}\ \binom{1}{1}$$
$$\binom{2}{0}\ \binom{2}{1}\ \binom{2}{2}$$
$$\binom{3}{0}\ \binom{3}{1}\ \binom{3}{2}\ \binom{3}{3}$$
$$\binom{4}{0}\ \binom{4}{1}\ \binom{4}{2}\ \binom{4}{3}\ \binom{4}{4}$$

1 1

1 2 + 1

1 3 + 3 1

1 4 6 4 1

@

Puedes ampliar estos contenidos en los siguientes enlaces:

http://links.edebe.com/r5bmf

http://links.edebe.com/kierq

Actividades

26. Calcula el valor de x.

a) $\binom{x}{3} + \binom{x}{4} = \binom{6}{4}$ b) $\binom{x}{3} = 35$

27. Utilizando la fórmula del binomio de Newton, desarrolla las siguientes expresiones:

a) $(a-b)^2$ b) $\left(\frac{1}{4}x - 2y\right)^4$

3. Resolución de problemas

En esta unidad has aprendido cómo obtener directamente el número de configuraciones, si estas son variaciones ordinarias, variaciones con repetición, permutaciones ordinarias o combinaciones ordinarias.

Pero para resolver un problema de contar, lo primero que es necesario estudiar son las características de las configuraciones deseadas.

Para ello, necesitas plantearte las siguientes preguntas clave:

- ¿**Importa el orden** en que colocamos los diferentes elementos?
- ¿**Intervienen todos los elementos** en todas las configuraciones?
- ¿**Pueden repetirse** los elementos en una misma configuración?

Todos los problemas en los que las respuestas a estas preguntas coincidan se resuelven de manera análoga. De aquí la importancia de reconocer el tipo de configuraciones que tenemos que considerar en cada caso.

El siguiente diagrama muestra la clasificación de las diferentes configuraciones que has estudiado a partir de las preguntas planteadas.

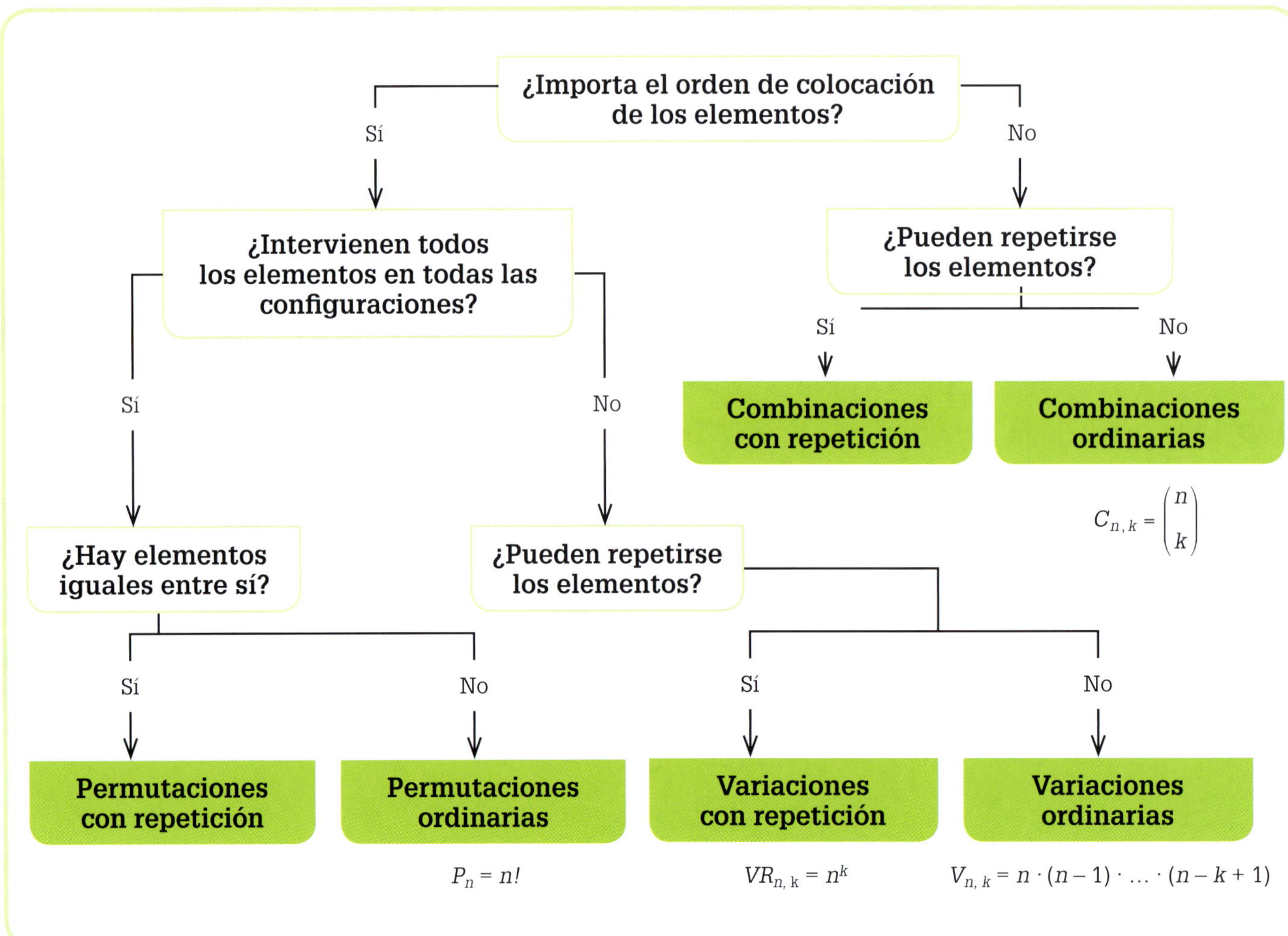

Así pues, lo primero que debemos plantearnos en un problema de contar es el tipo de configuración a la que pertenece mediante la realización de las tres preguntas planteadas anteriormente.

Observa estos ejemplos:

Ejemplo 14

Seis amigos participan en un concurso radiofónico. Como premio, el grupo obtiene tres DVD diferentes. ¿De cuántas maneras pueden repartirse el premio si consideramos que a una misma persona no puede tocarle más de un DVD?

Para reconocer el tipo de configuración, planteamos las tres preguntas clave:

— ¿Importa el orden de colocación de los elementos?

Sí, porque los DVD son diferentes.

— ¿Intervienen todos los elementos en todas las configuraciones?

No, ya que solo 3 de los 6 amigos reciben premio.

— ¿Pueden repetirse los elementos?

No pueden repetirse, porque una misma persona no puede llevarse más de un DVD.

Se trata, pues, de variaciones ordinarias de 6 elementos tomados de 3 en 3.

$$V_{6,3} = 6 \cdot 5 \cdot 4 = 120$$

Hay 120 repartos posibles.

Ejemplo 15

¿De cuántas maneras puede hacerse el reparto de DVD del ejemplo 14 si se decide que a una misma persona puede tocarle más de un DVD?

Las configuraciones buscadas se obtienen eligiendo 3 elementos (hay 3 DVD) entre 6 disponibles (hay 6 personas).

Las respuestas a las tres preguntas clave son:

— Importa el orden de colocación de los elementos, porque son premios diferentes.

— No intervienen todos los elementos, porque como máximo solo 3 de los 6 amigos reciben premio.

— Sí pueden repetirse los elementos, porque una misma persona puede recibir más de un premio.

Son, por lo tanto, variaciones con repetición de 6 elementos tomados de 3 en 3.

$$VR_{6,3} = 6^3 = 216$$

Hay 216 repartos posibles.

Ejemplo 16

Las seis personas del ejemplo 14 son tres matrimonios. ¿De cuántas maneras pueden repartirse los DVD si deciden que cada matrimonio reciba solo un DVD?

Las configuraciones buscadas se obtienen eligiendo 3 elementos (hay 3 DVD) entre 3 disponibles (hay 3 matrimonios).

Al plantearnos las preguntas clave, obtenemos:

— Sí importa el orden de colocación de los elementos, porque los DVD son diferentes.

— Sí intervienen todos los elementos en una misma configuración: los tres matrimonios.

— No pueden repetirse los elementos, porque cada matrimonio recibe un DVD.

Se trata, pues, de permutaciones ordinarias de 3 elementos.

$$P_3 = 3! = 6$$

Hay 6 repartos posibles.

Ejemplo 17

Supongamos que los seis amigos quieren repartirse los tres DVD, de manera que ninguno de ellos reciba más de uno. ¿De cuántas maneras podría hacerse el reparto si los tres DVD fueran iguales?

Las respuestas a las tres preguntas clave planteadas son las siguientes:

— No importa el orden de colocación de los elementos, porque los DVD son iguales.

— No intervienen todos los elementos, porque solo 3 de los 6 amigos reciben premio.

— No pueden repetirse los elementos, porque una misma persona no puede recibir más de un premio.

Son combinaciones ordinarias de 6 elementos tomados de 3 en 3.

$$C_{6,3} = \binom{6}{3} = \frac{6!}{3! \cdot 3!} = \frac{6 \cdot 5 \cdot 4 \cdot \cancel{3!}}{\cancel{3!} \cdot 3!} = \frac{\cancel{6} \cdot 5 \cdot 4}{\cancel{3} \cdot \cancel{2} \cdot 1} = 20$$

Hay 20 repartos posibles.

Actividades

28. Inventa el enunciado de un problema de contar y resuélvelo mediante el planteamiento de las preguntas clave y la aplicación de las fórmulas.

— Intercambia tu problema con un compañero o compañera, y comparad si coincide la solución, la estrategia de resolución y las conclusiones alcanzadas.

ACTIVIDADES RESUELTAS

¿Cuántos números de cuatro cifras pueden obtenerse con las cifras del conjunto {0, 1, 2, 3, 4, 5} en el supuesto de que estas puedan repetirse?

Comprender

— ¿Entiendes todo lo que dice el enunciado?

— ¿Tenemos suficiente información?

Se trata de un problema de contar.

Planificar

Intentaremos reconocer el tipo de configuración a partir de las tres preguntas clave.

- ¿Importa el orden en que colocamos los diferentes elementos?
- ¿Intervienen todos los elementos en todas las configuraciones?
- ¿Pueden repetirse los elementos en una misma configuración?

Ejecutar el plan

Ahora debemos implementar la estrategia planificada y efectuar las operaciones necesarias.

Se observa que:

- Importa el orden de colocación.
- No intervienen todos los elementos en las configuraciones, ya que son números de cuatro cifras y el número de elementos disponibles es de seis {0, 1, 2, 3, 4, 5}.
- Pueden repetirse los elementos.

Son, por lo tanto, variaciones con repetición de seis elementos tomados de cuatro en cuatro.

$$VR_{6,\,4} = 6^4 = 1\,296$$

Se pueden obtener 1 296 números, entre los que hemos considerado los números que empiezan por 0.

$$\underline{0}\ \_\ \_\ \_$$

Estas configuraciones no debemos tenerlas en cuenta, ya que no son números de cuatro cifras. En total hay:

$$VR_{6,\,3} = 6^3 = 216$$

Así, el total de números de cuatro cifras es:

$$VR_{6,\,4} - VR_{6,\,3} = 6^4 - 6^3 = 1\,296 - 216 = 1\,080$$

Revisar

¿Te parece que el resultado obtenido es razonable?

Repasamos los cálculos efectuados para valorar el resultado.

Actividades

29. ¿Cuántos números de la actividad resuelta empiezan por un número par? ¿Cuántos empiezan y acaban en cifra impar?

30. ¿Cuántos números de tres cifras son capicúa? ¿Y de cuatro cifras? ¿Qué observas?

SÍNTESIS

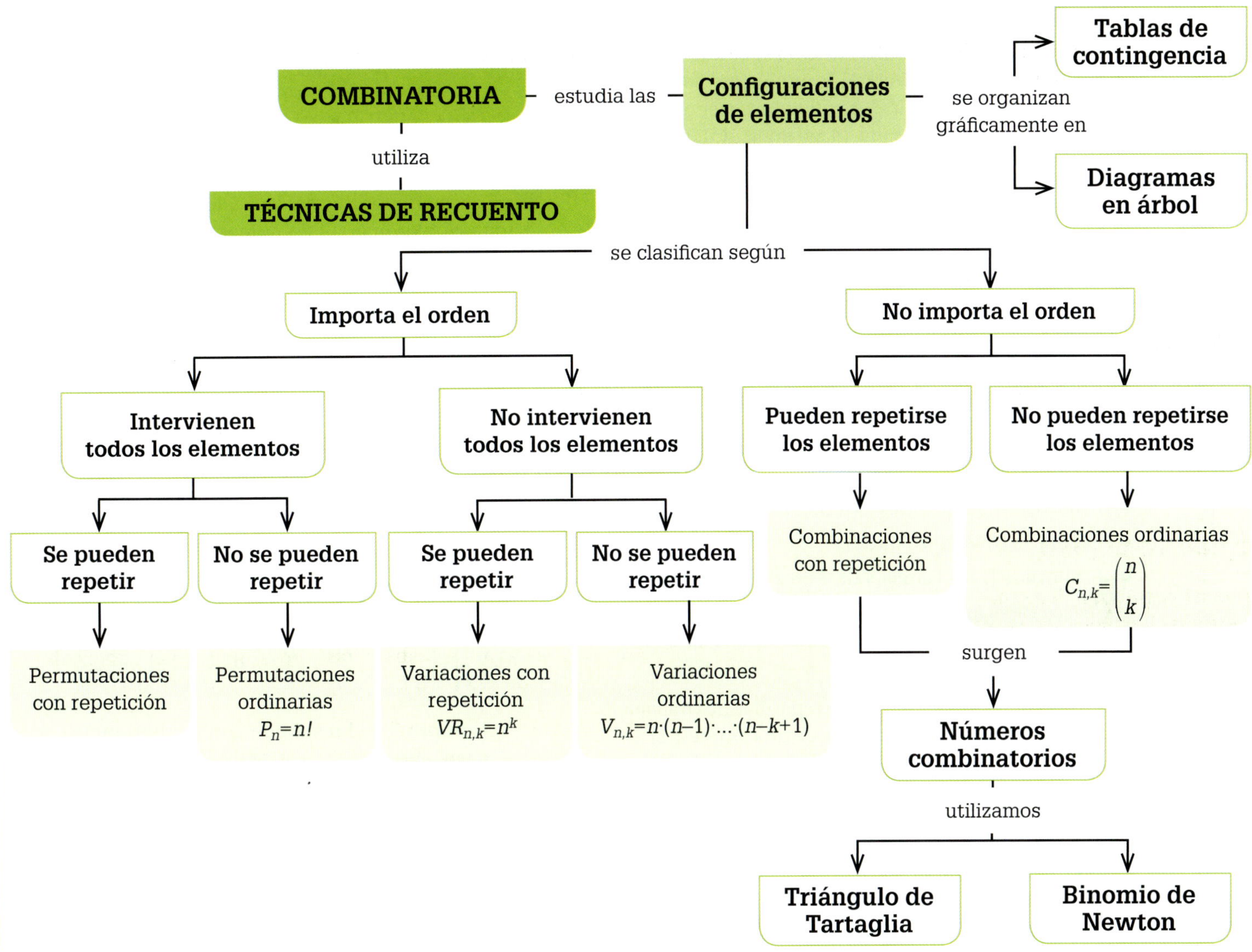

Actividades finales

Recuento gráfico de configuraciones

31. ★☆☆ Explica qué es un problema de contar. ¿A qué llamamos configuración?

32. ★☆☆ ¿Qué es un diagrama en árbol?

— Pon un ejemplo de diagrama regular y otro de diagrama no regular.

33. ★☆☆ ¿En qué consiste el principio multiplicativo en un problema de contar?

— Busca un ejemplo en el que se cumpla y otro en el que no se cumpla.

34. ★★☆ Construye el diagrama en árbol correspondiente y escribe todas las configuraciones posibles en estos casos:

a) Códigos de dos letras que pueden formarse utilizando solo las letras A, B, C, D y E.

b) Formas de elegir dos letras diferentes entre A, B, C, D y E, sin que importe el orden de la elección.

— Indica cuál de los casos anteriores presenta un diagrama regular y en cuál se aplicará el principio multiplicativo.

Actividades finales

35. ★★☆ Un bar ofrece a precio especial un desayuno formado por una bebida, un bocadillo y bollería. La bebida puede ser un zumo de fruta, un batido de chocolate o un café; el bocadillo puede ser de chorizo, de jamón, de mortadela o de salchichón; y de bollería se puede escoger entre un cruasán, una ensaimada o una magdalena. ¿Cuántos desayunos diferentes pueden elegir los clientes?

— Confecciona el diagrama en árbol e indica las diferentes configuraciones.

36. ★★☆ Un concurso televisivo en el que participan dos personas consta de una serie de pruebas en las que queda finalista el primer concursante que consigue ganar tres de ellas.

— Construye un diagrama en árbol que indique las distintas formas en que puede desarrollarse el concurso.

37. ★★☆ Un despacho de abogados atiende a sus clientes dándoles a elegir:

- El día de visita (de lunes a viernes).
- El horario (mañana o tarde).
- El abogado (Ldo. García, Lda. Pérez o Lda. Martín).

— ¿De cuántas maneras puede pedir visita un cliente? ¿Y si el señor García no trabaja los lunes, ni la señora Pérez por las tardes?

38. ★★☆ ¿De cuántas maneras pueden repartirse dos trabajos diferentes entre siete trabajadores de una empresa si no podemos asignar dos trabajos a un mismo trabajador?

— Elabora el diagrama en árbol correspondiente y di si se cumple o no el principio multiplicativo.

39. ★★☆ Un partido de fútbol acaba con el resultado de 2 goles a 3 (2-3). Mediante un diagrama en árbol, descubre los diferentes resultados que han podido llegar a producirse desde que el marcador estaba 0-0 hasta el definitivo 2-3.

40. ★★☆ En la puerta de un restaurante puede verse la siguiente información:

MENÚ DEL DÍA	
Primeros platos:	• Ensalada
	• Garbanzos
	• Judías verdes
Segundos platos:	• Merluza a la romana
	• Albóndigas
	• Chuletas de cordero
Postres:	• Fruta del tiempo
	• Helado
	• Tarta

a) Confecciona un diagrama de árbol y calcula cuántos menús diferentes pueden elaborarse escogiendo un primer plato, un segundo y un postre.

b) ¿Cuántos menús diferentes pueden elaborarse de manera que el postre sea siempre fruta del tiempo?

41. ★★★ Confecciona un diagrama en árbol y determina la cantidad de sumas entre números diferentes de 1 a 5 que sean múltiplos de 3.

Combinatoria

42. ★☆☆ Explica las principales similitudes y diferencias entre variación ordinaria, variación con repetición, permutación ordinaria y combinación ordinaria.

43. ★☆☆ Define número factorial y número combinatorio.

— Describe las principales aplicaciones.

44. ★☆☆ Calcula:

a) $6!$ b) $10!$ c) $\binom{9}{3}$ d) $\binom{11}{5}$

— Comprueba el resultado con la Apariencia CAS de GeoGebra.

45. ★★☆ Calcula:

a) $\binom{7}{2}+\binom{7}{3}$ b) $\binom{15}{9}+\binom{15}{10}$

— Comprueba el resultado con la Apariencia CAS de GeoGebra.

46. ★★☆ Calcula:

a) $V_{5,3}$ c) $VR_{3,5}$ e) $C_{5,3}$

b) $VR_{5,3}$ d) P_5 f) $C_{4,4}$

47. ★★☆ Calcula:

a) $5\ VR_{3,5}$

b) $VR_{10,2} - V_{10,2}$

c) $4\ VR_{2,3} - 2\ V_{3,2}$

48. ★★☆ Efectúa la simplificación necesaria para las fracciones y calcula:

a) $\dfrac{VR_{3,2}}{V_{3,2}}$ b) $\dfrac{V_{5,4}}{P_4}$ c) $\dfrac{P_{50}}{P_{49}}$

49. ★★☆ Calcula $VR_{3,5} + V_{7,3} + P_5 + C_{6,4}$.

50. ★★☆ Utiliza las propiedades de los números combinatorios para hallar el valor de x.

$$\binom{4}{x} = \binom{4}{x+2}$$

51. ★★☆ Calcula $\binom{6}{2}$, $\binom{6}{3}$ y $\binom{7}{3}$, y comprueba que:

$$\binom{6}{2}+\binom{6}{3}=\binom{7}{3}$$

52. ★★☆ Desarrolla las siguientes potencias a partir del binomio de Newton:

a) $(x+2)^4$

b) $(x^2-2)^4$

c) $\left(\frac{1}{x}+2x\right)^5$

d) $\left(\sqrt{3}+\sqrt{5}\,x\right)^3$

53. ★★★ Halla el valor de x que verifica la siguiente igualdad:

$$\binom{x}{2}+\binom{x}{3}+\binom{x+1}{4}+\binom{x+2}{5}+\binom{x+3}{6}=\binom{15}{6}$$

54. ★★★ Utiliza el binomio de Newton para desarrollar las siguientes expresiones:

a) $(x-3)^3$ b) $(2x-1)^4$ c) $(-x+3)^5$ d) $(2x^2+1)^4$

55. ★★☆ Desarrolla y simplifica estas expresiones:

a) $\binom{x+2}{x}$ b) $\binom{x}{x-3}$ c) $\binom{x+2}{x-2}$

56. ★★☆ Determina el valor de x que resuelve la siguiente ecuación:

$$\binom{x-1}{3}+\binom{x-1}{4}=\binom{11}{5}-\binom{x}{5}$$

57. ★★☆ Calcula:

a) $V_{5,2}+C_{5,2}+VR_{5,2}$

b) $6\cdot\frac{C_{7,4}}{V_{7,3}}-C_{16,16}$

c) $\frac{P_4}{C_{4,2}}-V_{6,4}$

d) $VR_{6,3}+C_{4,2}$

58. ★★★ Formad grupos de cuatro y resolved el siguiente problema aplicando la **técnica cooperativa** *Folio giratorio:*

La suma de los últimos tres números de una fila del triángulo de Tartaglia es 92. Determinad el segundo y el tercer número de la fila siguiente sabiendo que el cociente del tercero entre el segundo es 6.

— En un folio en blanco, un miembro del grupo escribe la expresión de cada uno de los tres primeros números; lo pasará a su compañero o compañera que escribirá la expresión del segundo y tercer número de la fila siguiente. El tercer miembro del grupo determinará el valor de este último y el cuarto componente calculará el valor del segundo número de la segunda fila.

Resolución de problemas

59. ★★☆ ¿De cuántas maneras pueden alinearse en una estantería los doce volúmenes que forman una enciclopedia?

60. ★★☆ Un director de cine tiene que elegir, entre treinta actores, los cinco intérpretes que representen los personajes masculinos principales en su próxima película. ¿De cuántas maneras puede realizar la elección?

61. ★★☆ Lanzamos una moneda 15 veces consecutivas y anotamos, en cada caso, si ha salido cara o cruz. ¿Cuántos resultados son posibles?

— ¿Cuántas veces tendríamos que lanzar la moneda para que el número de resultados posibles fuese 1 024?

62. ★★☆ Para repartir cinco premios iguales entre diez personas, se ponen en una urna diez papeletas con los diez nombres, y después se extraen simultáneamente cinco. ¿Cuántos repartos diferentes son posibles?

63. ★★☆ Resuelve:

a) ¿Cuántos números de cuatro cifras diferentes pueden formarse con las cifras 1, 2, 3, 4, 5 y 6?

b) ¿Cuántos de estos números empiezan por 3?

c) ¿Cuántos son pares?

d) ¿Cuántos son mayores que 3 000?

64. ★★☆ ¿Cuántos números de seis cifras pueden formarse utilizando solo las cifras 1, 2, 3, 4, 5 y 6?

— ¿Cuántos tienen cifras repetidas?

65. ★★☆ ¿Cuántos números de tres cifras distintas pueden formarse con las cifras del conjunto {1, 3, 5, 7}?

— ¿Cuál es la suma de todos estos números?

66. ★★☆ Inés tiene 8 amigos y desea invitarlos a cenar a un bar muy especial, pero, dadas las características del lugar, solo puede invitar a 4 simultáneamente. ¿Cuántos grupos distintos de invitados puede tener?

67. ★★☆ Una prueba de matemáticas consta de cuatro problemas de los cuales se deben escoger tres, y de cinco cuestiones, de las que hay que escoger cuatro. Halla el número de maneras posibles de elegir las preguntas de la prueba.

68. ★★☆ Con un dominó completo (28 fichas), ¿cuántas elecciones de 7 fichas diferentes pueden llevarse a cabo?

— ¿Cuántas de estas elecciones tienen exactamente tres dobles?

Actividades finales

69. ★★☆ Resuelve:

a) ¿Cuántas de las apuestas de la lotería primitiva incluyen los números 25 y 37?

b) ¿Cuántas no incluyen ningún número par?

c) ¿Cuántas incluyen exactamente dos números pares?

70. ★★☆ Un hospital cuenta con 16 médicos con los cuales hay que formar parejas para realizar guardias. ¿Cuántas parejas se podrán formar?

71. ★★☆ De una baraja española (48 cartas), se extraen, simultáneamente, cinco cartas.

a) ¿Cuántos resultados diferentes son posibles?

b) ¿En cuántos hay exactamente tres cartas de copas y dos de espadas?

c) ¿En cuántos hay dos cartas de oros y una de cada uno de los otros tres palos?

72. ★★☆ Para cubrir tres plazas de administrativo, se presentan 23 personas. ¿Cuántos grupos diferentes de personas pueden seleccionarse?

73. ★★☆ Se tienen 7 libros y solo 3 espacios en una biblioteca. Se quiere calcular de cuántas maneras pueden colocarse 3 libros elegidos, entre los siete dados, suponiendo que no existan razones para preferir alguno.

74. ★★☆ Una persona tiene tres sortijas diferentes. ¿De cuántas maneras puede ponérselas entre ambas manos y colocando solo una sortija en cada dedo?

75. ★★☆ La matrícula de un vehículo se forma con un número de cuatro cifras seguido de tres consonantes.

a) Determina el número de matrículas diferentes que existen.

b) ¿Cuántas matrículas hay con las mismas letras y números que la matrícula 0456 BYT?

c) Calcula el número de matrículas que empiezan por 9 y terminan en C.

d) Determina cuántas matrículas hay con sus tres letras iguales.

76. ★★☆ Tenemos 18 libros diferentes: seis de Matemáticas, cinco de Física, cuatro de Química y tres de Biología. ¿De cuántas maneras podemos alinearlos en una estantería si los de una misma materia tienen que quedar juntos?

77. ★★☆ Con las cifras impares, ¿cuántos números diferentes de cinco cifras es posible formar?

78. ★★☆ Con las cifras 0, 2, 4, 6 y 8, ¿cuántos números diferentes de tres cifras distintas pueden formarse?

— ¿Cuántos de estos son mayores que 600?

79. ★★☆ Tres compañeros de piso tienen que repartirse tres trabajos domésticos (cocinar, comprar y limpiar la casa). ¿De cuántas maneras diferentes pueden llevar a cabo el reparto?

— Haz el diagrama en árbol correspondiente.

80. ★★☆ En un concurso plantean tres bloques de preguntas. En el primero, puede elegirse entre seis preguntas; en el segundo, entre cuatro, y en el tercero, entre dos. Calcula el número de posibilidades de elección de un concursante.

81. ★★☆ A una reunión acuden 18 personas. Todos ellos se saludan estrechándose la mano. ¿Cuántos saludos se han dado en total?

82. ★★☆ ¿De cuántas maneras es posible condimentar un plato tomando tres especias distintas entre siete disponibles?

83. ★★☆ Cristina tiene 8 figuritas diferentes alineadas en una estantería. Siempre coloca la más grande y la más pequeña en los extremos; las otras las cambia de orden diariamente. ¿Cuántas opciones diferentes son posibles?

84. ★★☆ A un congreso asisten 5 científicos alemanes, 6 franceses, 4 italianos y 4 españoles. ¿De cuántas maneras puede elegirse un comité formado por ocho de estos científicos si cada país debe tener dos representantes?

— ¿Y si los comités tuvieran solo 4 miembros, uno de cada delegación?

85. ★★☆ Si se asigna una *c* a cada actividad correcta y una *i* a cada actividad incorrecta, ¿cuántas agrupaciones distintas de letras *c* e *i* pueden obtenerse al responder una prueba de evaluación de 11 actividades?

86. ★★★ Un motor está compuesto de siete piezas {A, B, C, D, E, F, G} de forma que, para montarlo, se deben cumplir las siguientes reglas:

- Las piezas B y C deben montarse una después de la otra, sin importar el orden.
- La pieza G siempre debe ser la última.

— ¿Cuántas secuencias distintas de montar el motor existen?

87. ★★★ Con las cifras impares:

a) ¿Cuántos números diferentes de cuatro cifras distintas pueden formarse?

b) Si los ordenamos de menor a mayor, ¿cuál es el número que ocupa el puesto 75 de la lista?

c) ¿Qué lugar ocupa el número 5 719?

88. ★★★ ¿Cuántas quinielas distintas pueden hacerse si creemos que el resultado de 6 partidos será un 1, el de 5 partidos puede ser un 1 o una *X*, y en los 4 partidos restantes puede darse cualquiera de los tres signos?

89. ★★★ Dados 7 puntos tales que 3 a 3 no estén alineados, averigua:

a) ¿Cuántas rectas determinan?

b) ¿Cuántos triángulos determinan?

90. ★★★ Para jugar al póquer se utiliza una baraja de cuatro palos y cincuenta y dos cartas. Determina el número de parejas y el número de tríos totales en la baraja.

91. ★★★ Indica la cantidad de números de cinco cifras que contienen las cifras 1, 3, 5, 7 y 9, sin repetir, y que son menores que 35 000.

— ¿Y mayores que 35 000?

92. ★★★ ¿Cuántos números de cuatro cifras y múltiplos de 5 se pueden formar con las cifras 0, 1, 2, 3, 4 y 5?

93. ★★★ Marco tiene que llamar a un amigo, pero ha olvidado las 3 últimas cifras del número de teléfono. Lo que sí recuerda es que es un número par y que una de las cifras que faltan es un 7. ¿Cuántas llamadas tendrá que hacer como mínimo para asegurarse de que contactará con él?

94. ★★★ En un examen tipo test de respuesta múltiple hay 12 preguntas. Cada pregunta tiene 3 opciones de respuesta y se puede marcar una, dos o las tres opciones. Calcula de cuántas maneras diferentes podría contestarse el examen, sin dejar ninguna pregunta en blanco.

95. ★★★ Diez personas van a repartirse en dos equipos para jugar un partido de fútbol sala. Si ya se han elegido los capitanes, ¿cuántos equipos distintos se pueden formar?

MATEMÁTICAS A TU ALCANCE

PBL: Combinatoria y NBA

El deporte es una de las actividades más satisfactorias que podemos llevar a cabo en nuestro tiempo libre, tanto desde el punto de vista físico, para mantener el cuerpo en buenas condiciones, como en el plano mental, ya que tiene efectos muy beneficiosos al generar sustancias que regulan los estados de ánimos y aspectos como la concentración, la relajación o la serenidad.

Otro tema muy diferente es el deporte de alta competición, que requiere unas exigencias muy altas y que no todos podemos alcanzar. También el deporte profesional, hoy por hoy, es un espectáculo en el que si nos fijamos un poco, observamos la intervención de las matemáticas, principalmente la estadística, la probabilidad y la combinatoria. Los comentaristas deportivos y los periódicos nos ofrecen todo tipo de datos, total de partidos ganados, porcentaje de tiros encestados, balance de victorias-derrotas entre dos jugadores...

Estos datos tienen también un importante «valor empresarial», ya que son de lo que se nutren los sistemas informáticos de las empresas de apuestas.

Pero si hay un deporte en el que se «cuenta todo» y se ofrecen estadísticas de lo más variadas es la NBA (*National Basketball Association*), la principal liga de baloncesto profesional de EE. UU.

Visita los siguientes enlaces (si lo crees necesario puedes buscar información en otras webs complementarias a las que te adjuntamos):

@ http://links.edebe.com/ixm

@ http://links.edebe.com/u43t

@ http://links.edebe.com/mwfjvv

@ http://links.edebe.com/ub2w94

Responde a estas preguntas:

— ¿Cómo se organizan los partidos de liga regular entre las divisiones y las conferencias?

— ¿Cuántos partidos juega cada equipo contra otros de su misma división? ¿Y de su misma conferencia?

— ¿De cuántas maneras diferentes podrían haberse jugado las Finales de Conferencia?

— ¿Cuántos partidos, como mínimo, deberá jugar el equipo que gane el anillo de campeón? ¿Y como máximo?

Respecto a la fase final (*play-offs*) de 2016:

— ¿Cómo se organiza?

— ¿De cuántas maneras distintas podrían realizarse los emparejamientos si fuesen al azar, sin tener en cuenta el resultado de la liga regular?

— ¿Por qué crees que se establece el sistema de emparejamientos establecido en la fase final?

— En la temporada 2015-2016 un equipo ha terminado la fase regular con el mejor porcentaje de victorias de la historia de la NBA. Investiga cuál es.

Cre@ctividad: Kahn Academy

En el ámbito del aprendizaje en general y, en el de las matemáticas en particular, una de las iniciativas más interesantes y creativas de los últimos años ha sido **Khan Academy** (**https://es.khanacademy.org/**). Se trata de un proyecto educativo sin ánimo de lucro y que fue creado inicialmente en 2006 por el educador Salman Kahn del MIT.

La idea es ofrecer contenidos educativos, vídeos, ejercicios prácticos y un panel de aprendizaje personalizado que pueda complementar la formación del alumnado y el trabajo del profesorado en las aulas. Para ello, se basan, sobre todo, en los soportes digitales (a partir de la aplicación web principal se han desarrollado otras enfocadas a las *tablets* o teléfonos móviles).

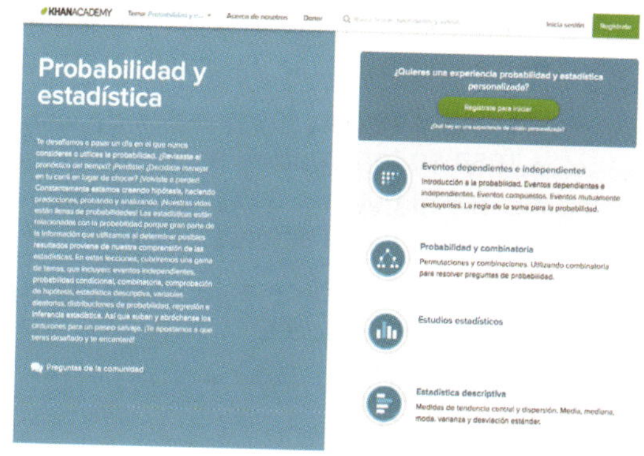

En sus inicios, únicamente tenía contenidos en inglés, pero en la actualidad están haciendo un ingente trabajo de traducción a otros idiomas, entre ellos el castellano.

Investigad si existe algún proyecto de matemáticas *online* centrado en la combinatoria y presentadlo en el aula.

Visión 360°

Podemos utilizar esta unidad como base para responder a una pregunta que seguro que te has hecho alguna vez. La cuestión es esta: de las distintas opciones que tengo para proteger la confidencialidad de mi teléfono móvil bloqueando la pantalla, ¿cuál es la más segura?

Analizaremos tres opciones: el código **PIN,** la **contraseña** y el **patrón de desbloqueo.** La opción más segura será, en principio, la que más configuraciones tenga, de modo que si alguien quisiera desbloquear nuestro teléfono, tuviese más opciones con las que probar.

- El *PIN*. Consiste en un código numérico que puede tener entre 4 y 17 dígitos, y que está asociado a la tarjeta SIM del teléfono. Como los números pueden repetirse, el número de configuraciones con cuatro cifras sería 10^4; con cinco, 10^5 y así sucesivamente. Sumando todos estos valores hasta llegar a un PIN de 17 cifras, obtenemos un total de 111 111 111 111 110 000 configuraciones.
- La *contraseña*. Puede parecer similar al PIN, pero es bastante distinta por dos motivos. El primero es que no está asociada a la tarjeta SIM, sino al propio teléfono y, en segundo lugar, puede estar compuesta por 92 caracteres disponibles, contando 10 dígitos numéricos, 30 símbolos permitidos y 52 letras (26 minúsculas y 26 mayúsculas). La única condición es que la contraseña tiene que tener, al menos, una letra. En este caso el cálculo de las configuraciones es más complejo, obteniéndose un total de 2 449 848 270 716 198 125 333 068 844 711 168 contraseñas diferentes.
- El *patrón de desbloqueo*. Es, como sabes, un rectángulo con 9 puntos en el que debemos unir, al menos, 4 de ellos para desbloquear la pantalla. El resultado de las configuraciones en este caso es de 985 824.

A partir de la información anterior: ¿cuál es la mejor forma de bloquear la pantalla de nuestro teléfono móvil? ¿Depende la seguridad de los métodos de bloqueo únicamente del número de configuraciones diferentes? La contraseña ofrece más configuraciones, pero, ¿esto garantiza su seguridad si le añadimos nuestro nombre? Si alguien mira la pantalla mientras la desbloqueamos, ¿cuál crees que es el método más sencillo de recordar? Elaborad una presentación sobre la privacidad en los móviles que responda a las preguntas anteriores y otras más que consideréis necesarias, y exponedla en clase.

Pon a prueba tus competencias

1. En una heladería, los clientes pueden elegir el tipo de barquillo, el sabor del helado y el fruto seco que desean a través de las siguientes tablas:

a) Determina cuántos tipos de helado pueden elegirse.

b) ¿Cuántos tipos de helado llevan nueces?

c) ¿Cuántos tipos de helado de cono con limón pueden elegirse?

d) Un día de verano, los helados de vainilla, chocolate y fresa se terminaron, así como las avellanas. Determina el número de tipos de helado distintos que podrían servirse ese día.

e) ¿Cuál fue, en porcentaje, la reducción de la oferta de tipos de helado?

Barquillos		
Cono	Taza	Tulipán

Frutos secos			
Nueces	Almendras	Anacardos	Avellanas

Barquillos		
Vainilla	Caramelo	Fresa
Menta	Higo	Café
Frambuesa	Mandarina	Limón
Coco	Grosella	Maracuyá
Chocolate	Pistacho	Mango

2. El código PIN está formado por cuatro cifras.

a) ¿Cuántos códigos PIN distintos pueden formarse?

b) ¿Cuántos de ellos terminan en 3?

c) ¿Cuántos de ellos tienen cifras pares y todas distintas?

d) ¿Cuántos solo contienen números primos?

e) El código PIN de la tarjeta de crédito de Pedro tiene la primera cifra par, la segunda impar, la tercera es un cuadrado perfecto y la cuarta, un número primo. Determina cuántas posibilidades existen para el código PIN de la tarjeta de crédito de Pedro.

f) Pedro ha leído que, en el cajero automático, para pedir socorro en caso de robo, se debe marcar el código PIN al revés, pero su amiga Carmen le ha dicho que es un bulo porque no tendría ningún efecto con los números capicúas, por ejemplo, 1 551.

¿Cuánto códigos PIN son capicúas?

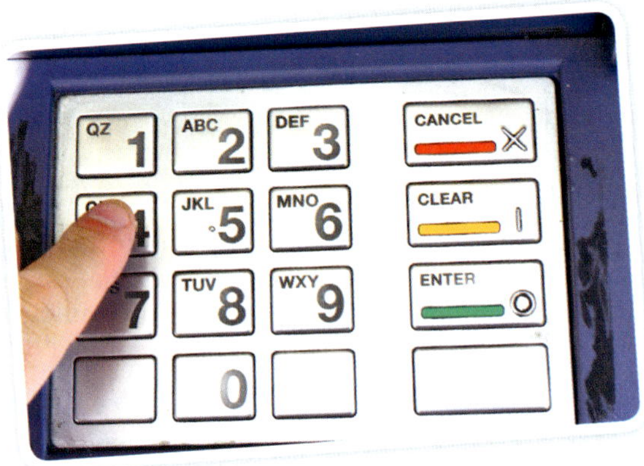

3. Santiago va todos los días de la semana de su casa al centro educativo, pero siempre por caminos diferentes, los más cortos posibles. Por ejemplo, el último lunes fue por el camino coloreado:

a) Representa en tu cuaderno otros dos caminos distintos que Santiago puede tomar.

b) ¿De cuántas formas distintas puede ir de casa al centro educativo?

c) Algunos días, pasa por la panadería. ¿Cuántos caminos hay de su casa a la panadería?

d) ¿Y de la panadería hasta el centro educativo?

e) ¿Cuántos caminos hay entre la casa y el centro educativo pasando por la panadería?

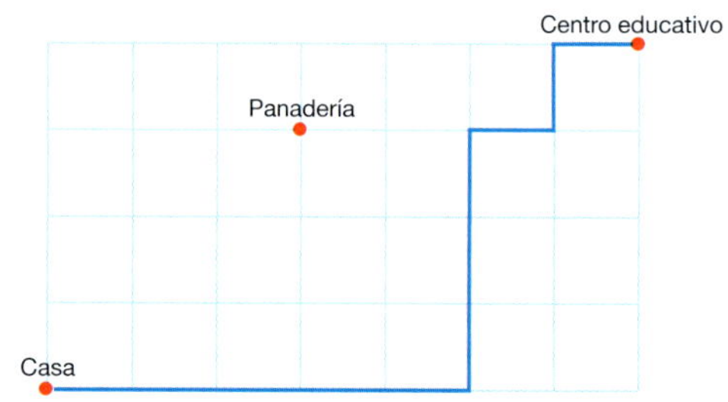

4. En un espectáculo aéreo se ejecutan figuras como la de la imagen.

a) ¿De cuántas formas distintas pueden colocarse los 9 pilotos en los 9 aviones?

b) ¿De cuántas formas distintas pueden colocarse los 9 pilotos en los 3 aviones que están en la segunda fila?

c) ¿Y en las cinco primeras posiciones?

5. Un equipo de voleibol juega con 6 jugadores y dispone de otros 6 suplentes.

a) Teniendo en cuenta los suplentes, ¿de cuántas formas distintas es posible formar un equipo de 6 jugadores principales?

b) Después de elegidos los 6 jugadores que van a disputar el partido, ¿de cuántas formas distintas pueden colocarse en el campo?

c) ¿De cuántas formas distintas pueden colocarse 3 jugadores en la zona de ataque?

d) Cuando se pierde el saque, los 6 jugadores tienen que rotar su posición en el campo en el sentido de las agujas del reloj. Escribe la posición de cada uno de los jugadores en el campo después de la rotación.

e) ¿Alguna vez los jugadores 1 y 3 están en la misma columna?

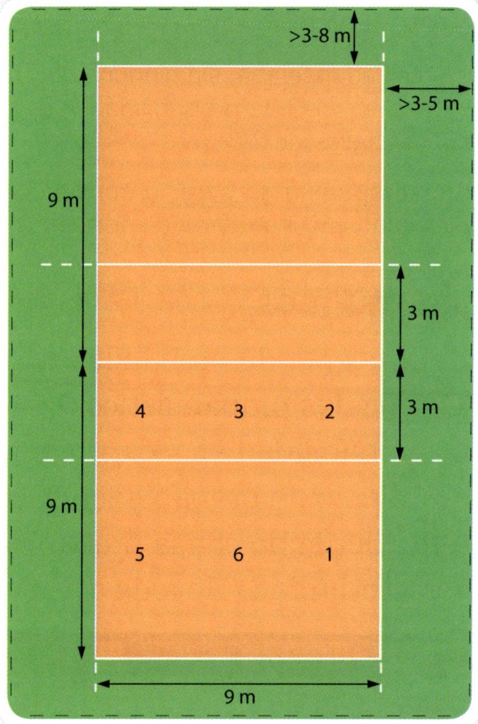

Reflexiona

Diario de aprendizaje

— ¿Cuál crees que es la utilidad de los diagramas en árbol y las tablas de contingencia en el recuento de casos de sucesos?

— ¿Sabes diferenciar las diferentes situaciones que se presentan a la hora de contar casos de diferentes situaciones?

— ¿Has tenido dificultades con alguna de las técnicas de recuento presentadas? ¿Cómo las has resuelto?

— ¿Has conseguido sistematizar las pautas de resolución de problemas de combinatoria?

13 ESTADÍSTICA Y PROBABILIDAD

Probabilidad

Marilyn vos Savant está inscrita en *El Libro Guinness de los Récords* como la persona viva con mayor coeficiente intelectual *(IQ).* Si se consideran genios las personas con un IQ a partir de 150, Marilyn alcanza los 228 puntos.

Prueba de su genialidad es una anécdota de cuando trabajaba en la revista *Parade* en la que escribía una columna titulada *Pregúntale a Marilyn*. Un lector le planteó una cuestión referente al concurso *Monty Hall.* En él a un concursante le mostraban tres puertas. Detrás de una de ellas había un coche y detrás de las otras dos, elementos sin valor alguno. El concursante elegía una puerta y el presentador, que sabía dónde estaba el coche, le ofrecía cambiar la puerta por alguna de las dos restantes. El dilema para el concursante era si mantenía su elección o la cambiaba.

Marilyn aconsejaba, sin ninguna duda, cambiar de puerta. Argumentaba que si mantenía la puerta inicial tenía 1/3 de probabilidades de ganar, pero, que si cambiaba de puerta, la probabilidad ascendía hasta los 2/3.

Esta respuesta no pareció convencer a todos, ya que muchas personas, entre ellas reputados matemáticos, inundaron de correos la redacción de la revista quejándose del consejo de Marilyn.

CONTENIDOS

Rutina de pensamiento

PIENSO, ME INTERESA, INVESTIGO

— Completad la siguiente tabla por parejas:

Pienso	Me interesa	Investigo
¿Qué piensas que debería haber contestado Marilyn vos Savant a la pregunta del lector?	¿Podría tener razón Marilyn vos Savant?	Indaga en las fuentes que consideres necesarias sobre esta anécdota y la solución correcta a la pregunta del lector.

— Llevad a cabo una puesta en común entre toda la clase.

1. Concepto de probabilidad

1.1. Experimentos deterministas y aleatorios

Al efectuar un experimento, puede ocurrir que sepamos por adelantado el resultado que obtendremos, o al contrario, que lo desconozcamos.

Observa las siguientes situaciones.

Si lanzamos una piedra al aire, estamos seguros de que en lugar de quedar suspendida caerá.

Por lo tanto, diremos que:

> Los **experimentos deterministas** son aquellos en los que es posible predecir el resultado antes de que se realicen.

En cambio, en el experimento consistente en lanzar una moneda sobre una mesa, no es posible predecir el resultado; es decir, no es posible saber si obtendremos cara o cruz.

Por lo tanto, diremos que:

> Los **experimentos aleatorios** son aquellos en los que no es posible predecir el resultado antes de que se realicen.

Podemos considerar experimentos aleatorios formados por diversos experimentos, simultáneos o sucesivos. Así, clasificamos los **experimentos aleatorios** en *simples* y *compuestos.*

El experimento *lanzar una moneda* es un experimento simple, mientras que los experimentos *lanzar simultáneamente dos monedas* o *lanzar sucesivamente una moneda y un dado* son experimentos compuestos.

Fíjate

En general, al describir un experimento es necesario especificar qué se entiende por resultado.

Así, al lanzar una moneda nos puede interesar estudiar si sale cara o cruz, si flota o no, la distancia a la que la hemos lanzado...

No obstante, aceptaremos lanzar una moneda como descripción del experimento, si por el contexto no existe posibilidad de confusión.

Actividades

1. Indica cuáles de los siguientes experimentos son deterministas y cuáles son aleatorios:

a) *Extraer una carta de una baraja francesa y observar su color.*

b) *Extraer una bola blanca de una bolsa que contiene bolas verdes y observar su color.*

c) *Verter aceite en un recipiente con agua y observar si se disuelve.*

d) *Lanzar simultáneamente dos dados.*

e) *Levantar una ficha de dominó del montón inicial y mirar cuál es.*

f) *Determinar el tiempo que tarda un móvil, que se desplaza a velocidad constante, en recorrer una distancia.*

— Razona cuáles son compuestos.

Espacio muestral

Al llevar a cabo un experimento aleatorio no es posible predecir el resultado. Para poder estudiar estos experimentos con más detalle, tendremos que conocer primero el conjunto de todos los posibles resultados.

> El conjunto de todos los resultados posibles de un experimento aleatorio se denomina **espacio muestral** y se denota por la letra griega Ω.

Sucesos

Lo que nos interesa estudiar de un experimento aleatorio es alguno de sus posibles aspectos concretos.

> Un **suceso** es un subconjunto del espacio muestral Ω; es decir, un conjunto de posibles resultados que pueden producirse en un experimento aleatorio.

Los sucesos pueden ser:

> **Sucesos elementales,** los que están formados por un solo resultado del espacio muestral o **sucesos compuestos,** integrados por más de un resultado del espacio muestral total.

Ejemplo 1

Contamos con una moneda y un dado de quinielas. Obtén los espacios muestrales de los experimentos: *lanzar la moneda*, *lanzar el dado* y *lanzar sucesivamente la moneda y el dado*.

— En el tercer caso, señala dos posibles sucesos elementales y dos compuestos.

COMPRENSIÓN

Observamos que los dos primeros experimentos son simples y el tercero compuesto.

Llamaremos c al resultado cara, + al resultado cruz de la moneda y 1, X, 2 a los resultados posibles del dado de quinielas.

Aplicaremos los conceptos de espacio muestral y de los distintos tipos de sucesos.

RESOLUCIÓN

— Para el experimento *lanzar la moneda*:

$$A = \{c, +\}$$

— Para el experimento *lanzar el dado* de quinielas:

$$B = \{1, X, 2\}$$

— Para el espacio muestral del experimento compuesto *lanzar la moneda y el dado*, confeccionamos un diagrama en árbol:

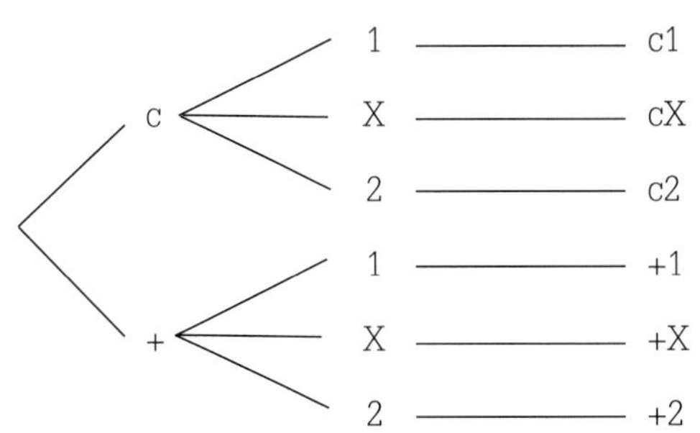

Así pues, hay seis resultados posibles y el espacio muestral es:

$$C = \{c1, cX, c2, +1, +X, +2\}$$

Como sucesos elementales podríamos citar *sacar cara y 1* ($D = \{c1\}$), o *sacar cruz y X* ($E = \{+X\}$). Como sucesos compuestos, *sacar cara* ($F = \{c1, cX, c2\}$), o *sacar 2* ($G = \{c2, +2\}$).

Actividades

2. Disponemos de una bolsa con una bola blanca, una bola negra y una bola verde. Halla y describe el espacio muestral del experimento *extraer dos bolas con devolución.*

3. Si disponemos de un dado normal del parchís, justifica si los sucesos *obtener un 5*, *obtener un 3*, *obtener un número par* y *obtener un número primo* son elementales o compuestos.

De entre todos los sucesos que podemos estudiar al realizar un experimento aleatorio, hay algunos que tienen características especiales.

A continuación, estudiaremos algunos de estos sucesos: *suceso seguro, suceso imposible, suceso contrario, sucesos compatibles* y *sucesos incompatibles,* asociados al experimento aleatorio *lanzar un dado y observar la puntuación de la cara superior.*

Suceso seguro

Consideramos el suceso *A: obtener un número menor o igual que 6,* y escribimos el conjunto de los resultados favorables de este suceso.

$$A = \{1, 2, 3, 4, 5, 6\}$$

Observa que este suceso contiene todos los resultados posibles del experimento y, por tanto, coincide con el espacio muestral. Luego, sea cual sea el resultado del experimento, este suceso ocurrirá siempre.

— El suceso que ocurre siempre cuando se realiza el experimento aleatorio se denomina **suceso seguro,** y se representa por la letra Ω**.**

Suceso imposible

Consideramos ahora el suceso *B: obtener un 0.* Este suceso no tiene ningún resultado favorable.

Se escribe:

$$B = \varnothing$$

Este suceso no contiene ningún resultado posible del experimento y, por tanto, es un conjunto vacío.

Sea cual sea el resultado del experimento, este suceso no ocurrirá nunca.

— El suceso que al realizar el experimento aleatorio no ocurre nunca se llama **suceso imposible** y se representa por el símbolo $\varnothing$**.**

Suceso contrario

Consideramos los sucesos *A: obtener un número par* y *B: obtener un número impar,* y escribimos el conjunto de los resultados favorables de cada suceso.

$$A = \{2, 4, 6\} \quad ; \quad B = \{1, 3, 5\}$$

El suceso *B* está formado por todos los resultados del experimento que no están en *A* y, por lo tanto, los sucesos *A* y *B* no pueden verificarse simultáneamente.

Además, sea cual sea el resultado del experimento, el suceso *B* se verificará si no se verifica el suceso *A*.

El **suceso contrario** a un suceso *A* es el suceso que se verifica siempre y cuando no se verifica *A*, y se representa mediante $\bar{A}$.

Sucesos compatibles

Consideramos los sucesos *A: obtener un número múltiplo de 2* y *B: obtener un número múltiplo de 3,* y escribimos el conjunto de los resultados favorables de cada suceso.

$$A = \{2, 4, 6\} \quad ; \quad B = \{3, 6\}$$

Observa que los dos sucesos tienen un resultado favorable en común, el 6; y, por lo tanto, si al efectuar el experimento obtenemos un 6, los dos sucesos se verificarán simultáneamente. Diremos que:

— Dos o más sucesos son **compatibles** si pueden verificarse simultáneamente.

Sucesos incompatibles

Consideramos ahora los sucesos *C: obtener un número divisor de 3* y *D: obtener un número mayor que 4,* y escribimos el conjunto de los resultados favorables de cada suceso.

$$C = \{1, 3\} \quad ; \quad D = \{5, 6\}$$

Los dos sucesos no tienen ningún resultado favorable en común, por lo tanto, sea cual sea el resultado del experimento estos sucesos nunca podrán verificarse simultáneamente. Diremos que:

— Dos o más sucesos son **incompatibles** si no pueden verificarse simultáneamente.

Debemos prestar mucha atención a la descripción de los sucesos, ya que, en ocasiones, un mismo suceso puede expresarse de diversas maneras. Así, por ejemplo, en el experimento *lanzar un dado*, los sucesos *obtener 5 o 6* y *obtener una puntuación mayor o igual que 5* representan el mismo suceso: $A = \{5, 6\}$.

Operaciones con sucesos

Con los sucesos de un experimento aleatorio podemos efectuar diferentes operaciones. Consideremos en el experimento aleatorio *lanzar un dado* los sucesos *A: obtener un número menor que 4*, $A = \{1, 2, 3\}$, y *B: obtener un múltiplo de 3*, $B = \{3, 6\}$.

Unión

Se denomina **unión** de los sucesos *A* y *B* al suceso formado por todos los resultados que están en *A* o en *B*. Se representa por $\boldsymbol{A \cup B}$.

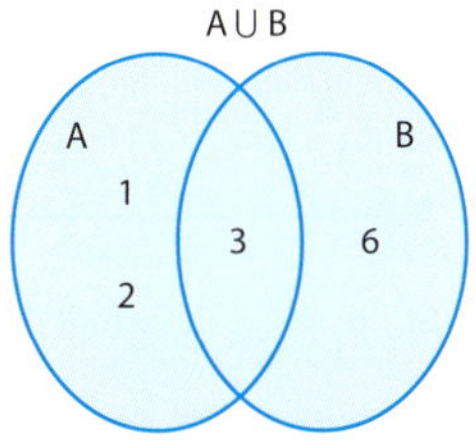

$$A \cup B = \{1, 2, 3\} \cup \{3, 6\} = \{1, 2, 3, 6\}$$

El suceso $A \cup B$ se verifica si se verifican *A* o *B*.

Intersección

Llamamos **intersección** de los sucesos *A* y *B* al suceso formado por todos los resultados que están en *A* y en *B* a la vez. Se representa por $\boldsymbol{A \cap B}$.

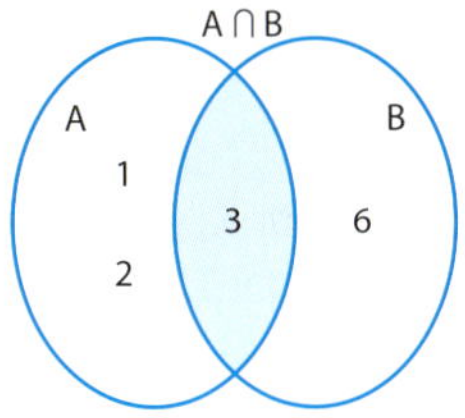

$$A \cap B = \{1, 2, 3\} \cap \{3, 6\} = \{3\}$$

El suceso $A \cap B$ se verifica si se verifican simultáneamente *A* y *B*.

Diferencia

Llamamos **diferencia** entre el suceso *A* y el suceso *B* al suceso formado por todos los resultados que están en *A* pero no en *B*. Se representa por $\boldsymbol{A - B}$.

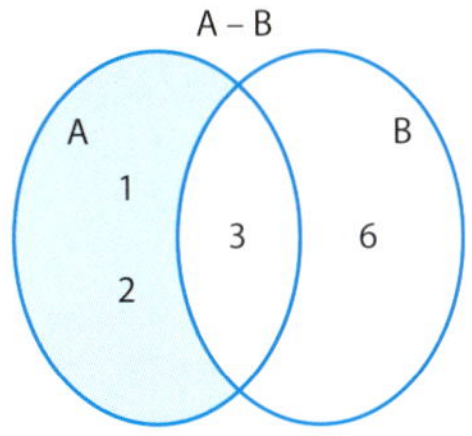

$$A - B = \{1, 2, 3\} - \{3, 6\} = \{1, 2\}$$

El suceso $A - B$ se verifica si se verifica *A* pero no se verifica *B*.

Fíjate

La representación de conjuntos resulta muy visual y permite comprobar algunas relaciones que algebraicamente suelen ser más complicadas. Por ejemplo, puedes comprobar que:

$$(A - B) \cup (A \cap B) \cup (B - A) = A \cup B$$

Actividades

4. Lanzamos un dado con forma de dodecaedro.

— Considera los sucesos *A: obtener un número par*, *B: obtener un múltiplo de 3* y *C: obtener un número mayor o igual a 7*, y describe los siguientes sucesos:

a) $A \cup B$ b) $B \cap C$ c) $C - A$ d) $A - B$

> **Fíjate**
>
> Las operaciones con sucesos cumplen, entre otras, las siguientes propiedades:
>
> - Conmutativa:
>
> $$A \cup B = B \cup A$$
> $$A \cap B = B \cap A$$
>
> - Asociativa:
>
> $$A \cup (B \cup C) = (A \cup B) \cup C$$
> $$A \cap (B \cap C) = (A \cap B) \cap C$$
>
> - Distributiva:
>
> $$A \cup (B \cap C) = (A \cup B) \cap (A \cup C)$$
> $$A \cap (B \cup C) = (A \cap B) \cup (A \cap C)$$

Complementario o contrario

Se denomina **complemento** o **contrario** del suceso A, y se representa por $\bar{A}$, al suceso formado por todos los resultados del experimento que no están en A, es decir, la diferencia $\Omega - A$.

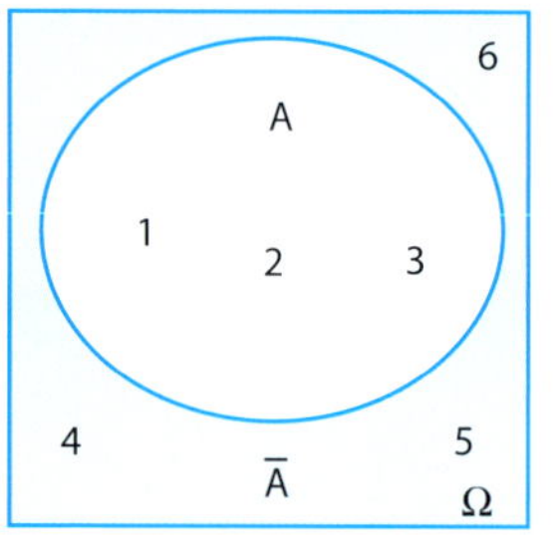

$$\bar{A} = \Omega - A = \{1, 2, 3, 4, 5, 6\} - \{1, 2, 3\} = \{4, 5, 6\}$$

El suceso $\bar{A}$ se verifica si no se verifica A.

Ejemplo 2

Extraemos una carta de una baraja española y observamos su palo. Efectúa las siguientes operaciones con estos sucesos: P: Sacar oros o copas; Q: Sacar oros, espadas o bastos *y* R: Sacar copas o bastos.

a) $Q \cup R$ *c)* $Q - P$

b) $Q \cap R$ *d)* $\bar{R}$

COMPRENSIÓN

Entendemos que el experimento consiste en elegir al azar una carta de la baraja y anotar su palo (recordemos que los palos de la baraja española son cuatro: oros, copas, espadas y bastos). Designaremos los cuatro palos por O (oros), C (copas), E (espadas) y B (bastos), por lo tanto, el espacio muestral es:

$$\Omega = \{O, C, E, B\}$$

Y los sucesos definidos en el enunciado:

$$P = \{O, C\};\ \ Q = \{O, E, B\};\ \ R = \{C, B\}$$

RESOLUCIÓN

a) $Q \cup R = \{O, E, B\} \cup \{C, B\} = \{O, C, E, B\}$

b) $Q \cap R = \{O, E, B\} \cap \{C, B\} = \{B\}$

c) $Q - P = \{O, E, B\} - \{O, C\} = \{E, B\}$

d) $\bar{R} = \Omega - R = \{O, C, E, B\} - \{C, B\} = \{O, E\}$

Actividades

5. Extraemos una carta de una baraja española y miramos el palo.

— Considera los sucesos *A: obtener una copa* y *B: obtener una figura*, y describe los siguientes sucesos:

a) $A \cap \bar{B}$ c) $A \cup B$

b) $\bar{\bar{A}}$ d) $\bar{A} \cap \bar{B}$

6. Extraemos una papeleta de una urna donde hay 25 papeletas numeradas del 1 al 25.

— Considera los sucesos *A: obtener un número primo* y *B: obtener un número tal que la suma de sus cifras sea par*, y describe los siguientes sucesos:

a) $A \cap \bar{B}$ c) $\bar{A} \cup \bar{B}$

b) $\bar{A} \cap \bar{B}$ d) $A \cup B$

1.2. Frecuencias absoluta y relativa

Sabemos que no es posible predecir el resultado de un experimento aleatorio. Sin embargo, resultaría interesante conocer si presenta algún tipo de regularidad.

Supongamos que disponemos de una bolsa que contiene 12 bolas blancas y 3 bolas rojas, y realizamos el experimento *extraer una bola, observar el color y devolverla a la bolsa.*

A continuación, analizaremos sus posibles resultados, es decir, los sucesos *A: obtener bola blanca* y *B: obtener bola roja.*

Para hacerlo, repetimos el experimento hasta 400 veces y anotamos el número de veces que ha ocurrido cada uno de los sucesos.

Realizaciones del experimento	50	100	150	200	250	300	350	400
A: obtener bola blanca	42	78	124	152	211	242	279	322
B: obtener bola roja	8	22	26	48	39	58	71	78

Los números que obtenemos son las *frecuencias absolutas* de cada uno de los sucesos. Por lo tanto:

La **frecuencia absoluta** de un suceso es el número de veces que ocurre dicho suceso al repetir un experimento aleatorio un número determinado de veces.

Sin embargo, para poder comparar resultados de un mismo suceso al aumentar el número de experiencias realizadas, necesitamos recurrir al concepto de *frecuencia relativa.*

Para hacerlo, dividimos, en cada caso, la frecuencia absoluta de cada suceso entre el número de realizaciones del experimento.

Realizaciones del experimento	50	100	150	200	250	300	350	400
A: obtener bola blanca	0,840	0,780	0,827	0,760	0,844	0,807	0,797	0,805
B: obtener bola roja	0,160	0,220	0,173	0,240	0,156	0,193	0,203	0,195

Los números que obtenemos son las frecuencias relativas de cada uno de los sucesos. Por lo tanto:

La **frecuencia relativa** de un suceso es el cociente entre su frecuencia absoluta y el número de experiencias realizadas.

$$f(A) = \frac{\textbf{Frecuencia absoluta de } A}{\textbf{Número de experiencias realizadas}}$$

Fíjate

De un modo análogo a como sucede en estadística, la frecuencia relativa puede expresarse en forma de fracción, en tanto por uno o en tanto por cien (en porcentaje).

Por lo tanto, para 400 extracciones, la frecuencia relativa del suceso *A: obtener bola blanca* puede expresarse del siguiente modo:

$$f(A) = \frac{322}{400} = 0,805 = 80,5\ \%$$

7. Al repetir distintas veces el experimento *lanzar una moneda,* hemos calculado algunas de las frecuencias del suceso *C: obtener cara* y las hemos anotado en la tabla de la derecha.

Completa la tabla con los datos que faltan.

Realizaciones del experimento	25	50		100		150
A: obtener bola blanca	13		36	49	62	
B: obtener bola roja		0,540	0,480		0,496	0,440

1.3. Definición de probabilidad

Fíjate

En general, el comportamiento de las frecuencias relativas que observamos en el experimento desarrollado en el texto es común a todos los experimentos aleatorios. Este hecho constituye un caso particular de lo que se conoce como **ley de los grandes números** y que nos permite enunciar:

Al repetir un experimento aleatorio, la **frecuencia relativa de un suceso** tiende a **estabilizarse** en torno a un determinado valor a medida que aumenta el número de realizaciones.

Decimos que es muy probable que ocurra un suceso para expresar que estamos casi seguros de que ocurrirá; y, en cambio, decimos que es muy improbable que ocurra, si creemos que no ocurrirá.

Lógicamente, existe todo un rango de valores que se corresponden con diversos grados de certeza. Sin embargo, en ocasiones, es preciso medir el grado de certeza de que ocurra un suceso, y tal medida recibe el nombre de **probabilidad.**

En matemáticas, la probabilidad de un suceso A se representa por $P(A)$ y su valor es un número comprendido entre 0 y 1.

$P(A) = 0$ Suceso imposible

$$A \longrightarrow P(A)$$
$$0 \leq P(A) \leq 1$$

$P(A) = 1$ Suceso seguro

Así, $P(A) = 0$ significa que al realizar el experimento aleatorio el suceso A no ocurrirá nunca; mientras que $P(A) = 1$ significa que el suceso A se verificará siempre. Para determinar la probabilidad de los sucesos de un experimento aleatorio, observaremos el comportamiento de sus frecuencias relativas al aumentar el número de realizaciones del experimento.

Observa en la segunda tabla de la página anterior que las frecuencias relativas de cada suceso tienden a estabilizarse en torno a un determinado valor a medida que aumenta el número de realizaciones del experimento.

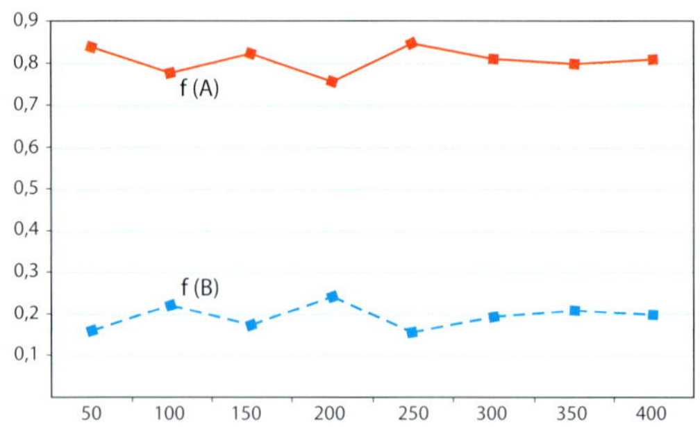

Eso se hace más evidente si representamos en un sistema de coordenadas cartesianas los valores de las frecuencias relativas en función del número de realizaciones del experimento, tal y como muestra la figura de la izquierda.

Los valores de estabilización, es decir, los valores a los que se aproximan las frecuencias relativas de los sucesos A y B, son, respectivamente, 0,8 y 0,2. Estos valores se consideran como las medidas de la posibilidad de que ocurran estos sucesos y decimos que son sus probabilidades. Por lo tanto:

> Dado un suceso A de un experimento aleatorio, llamamos **probabilidad del suceso *A*, *P(A)*,** al valor hacia el cual tienden las frecuencias relativas de A al aumentar el número de realizaciones del experimento.

Así, en el experimento aleatorio que estamos considerando podríamos decir que la probabilidad de obtener bola blanca es 0,8, es decir, $P(A) = 0,8$, y que la probabilidad de obtener bola roja es 0,2, esto es, $P(B) = 0,2$.

Actividades

8. Disponemos de una bolsa que contiene 10 bolas blancas, 5 rojas, 3 verdes y 2 negras. Después de efectuar 600 extracciones y anotar el número de veces que ha aparecido cada color, obtenemos la tabla de la derecha.

Suceso	Frecuencia absoluta
{B}	307
{R}	171
{V}	72
{N}	50

Resuelve los siguientes apartados:

a) Elabora una tabla de frecuencias relativas.

b) Determina la probabilidad de cada suceso.

2. Cálculos probabilísticos

2.1. Regla de Laplace

En muchos experimentos aleatorios puede admitirse, al menos teóricamente, que todos los resultados posibles o sucesos elementales tienen la misma probabilidad.

Una situación en que todos los sucesos elementales de un experimento aleatorio tienen la misma probabilidad se llama *situación de equiprobabilidad.*

> Cuando en un experimento aleatorio puede suponerse que los diferentes sucesos elementales tienen la misma probabilidad, diremos que estamos en una **situación de equiprobabilidad.**

Fíjate

En caso de que podamos suponer una situación de equiprobabilidad, si el espacio muestral de un experimento aleatorio está formado por n sucesos elementales, entonces la probabilidad de cada uno de ellos es $1/n$.

A continuación, aprenderemos un procedimiento que nos permitirá calcular la probabilidad de un suceso de un experimento aleatorio en una situación de equiprobabilidad, y sin tenerlo que repetir en muchas ocasiones.

En una situación de equiprobabilidad es posible calcular la probabilidad de cualquier suceso A con la denominada **regla de Laplace,** a partir de efectuar un recuento de posibilidades:

$$P(A) = \frac{\textbf{Número de resultados favorables a } A}{\textbf{Número de resultados posibles}}$$

Veamos un ejemplo de aplicación de la regla de Laplace.

Ejemplo 3

Extraemos al azar, con reemplazamiento, cuatro cartas de una baraja española. Calcula la probabilidad del suceso *A: obtener cuatro cartas de espadas.*

COMPRENSIÓN

Observa que todas las cartas de la baraja tienen la misma probabilidad de ser elegidas, por lo que estamos en una situación de equiprobabilidad.

Así pues, podemos aplicar la regla de Laplace.

Tambien debemos recordar los conceptos de combinatoria, ya que serán de aplicación en muchas situaciones de cálculo de probabilidades.

RESOLUCIÓN

El conjunto de los resultados posibles son todos los grupos de cuatro cartas que pueden formarse con las 48. No importa el orden de colocación y pueden aparecer cartas repetidas.

$$C_{48,4} = \binom{48}{4} = \frac{48 \cdot 47 \cdot 46 \cdot 45}{4!} = 194\,580$$

A continuación, determinaremos el número de resultados que forman el suceso A, que constituirán sus resultados favorables.

Sabemos que cada palo de una baraja española consta de 12 cartas. Así, el número de casos favorables del suceso *A: obtener cuatro cartas de espadas* son todos los grupos de cuatro cartas que pueden formarse con las 12 de espadas, de modo que no importa el orden de colocación, ni pueden aparecer cartas repetidas.

$$C_{12,4} = \binom{12}{4} = \frac{12 \cdot 11 \cdot 10 \cdot 9}{4!} = 495$$

Aplicando la regla de Laplace, tenemos que:

$$P(A) = \frac{495}{194\,580} = 0{,}0025$$

Luego la probabilidad de obtener cuatro cartas de espadas es 0,0025.

Propiedades de la probabilidad

La probabilidad cumple las siguientes propiedades:

1. $0 \leq P(A) \leq 1$
2. $P(\emptyset) = 0$
3. $P(\Omega) = 1$
4. $P(A_1) + P(A_2) + \ldots + P(A_n) = 1$
5. $P(A) + P(\bar{A}) = 1$

De las propiedades que se exponen en el margen de esta página, se deduce la **regla aditiva de probabilidad** que afirma que la probabilidad de un suceso cualquiera es igual a la suma de las probabilidades de sus sucesos elementales favorables.

La probabilidad de la unión de dos sucesos se calcula mediante la expresión:

$$P(A \cup B) = P(A) + P(B) - P(A \cap B)$$

En caso de que los sucesos A y B sean incompatibles:

$$P(A \cup B) = P(A) + P(B)$$

Hemos visto que la regla de Laplace solo puede utilizarse en aquellos casos en los que todos los resultados posibles del experimento tienen la misma probabilidad.

Existe un gran número de casos que, si bien en un principio no se ajustan a una situación de equiprobabilidad, con una ligera reformulación del problema se transforman a dicha situación.

Esto constituye un importante recurso para el cálculo de probabilidades, ya que siempre que sea posible será conveniente plantear los experimentos en condiciones de equiprobabilidad.

Ejemplo 4

Considera el experimento de lanzar sucesivamente dos dados y calcula la probabilidad del suceso A: *obtener 8 al sumar las puntuaciones*.

COMPRENSIÓN

Observa que en este caso, aunque lancemos los dos dados sucesivamente, si no distinguimos entre ambos dados, el espacio muestral consta de 11 casos posibles.

$$\Omega = \{2, 3, 4, 5, 6, 7, 8, 9, 10, 11, 12\}$$

Es decir, el conjunto de casos posibles son todas las sumas de las parejas de números que pueden formarse con los seis números de que consta un dado.

En la siguiente tabla se observa, sin embargo, que no todos los resultados, es decir, las sumas de las puntuaciones, tienen la misma probabilidad. Luego no podemos aplicar la regla de Laplace para calcular probabilidades.

+	1	2	3	4	5	6
1	2	3	4	5	6	7
2	3	4	5	6	7	8
3	4	5	6	7	8	9
4	5	6	7	8	9	10
5	6	7	8	9	10	11
6	7	8	9	10	11	12

En cambio, si distinguimos teóricamente entre las puntuaciones de ambos dados, estamos en una situación de equiprobabilidad con 36 casos posibles.

En efecto, la siguiente tabla muestra el conjunto de casos posibles que son todas las parejas de números que pueden formarse con los seis números de que constan los dados, de manera que importa el orden y pueden aparecer números repetidos.

	1	2	3	4	5	6
1	(1, 1)	(1, 2)	(1, 3)	(1, 4)	(1, 5)	(1, 6)
2	(2, 1)	(2, 2)	(2, 3)	(2, 4)	(2, 5)	(2, 6)
3	(3, 1)	(3, 2)	(3, 3)	(3, 4)	(3, 5)	(3, 6)
4	(4, 1)	(4, 2)	(4, 3)	(4, 4)	(4, 5)	(4, 6)
5	(5, 1)	(5, 2)	(5, 3)	(5, 4)	(5, 5)	(5, 6)
6	(6, 1)	(6, 2)	(6, 3)	(6, 4)	(6, 5)	(6, 6)

Así, el número de casos favorables es el conjunto de puntuaciones que suman ocho: (2, 6), (3, 5), (4, 4), (5, 3) y (6, 2).

RESOLUCIÓN

Puesto que en este caso estamos en una situación de equiprobabilidad, podemos aplicar la regla de Laplace:

$$P(A) = \frac{5}{36} = 0,139$$

Luego la probabilidad de obtener puntuaciones que sumen 8 con dos dados es 0,139.

Actividades

9. Considera un estuche con cuatro lápices de colores diferentes (amarillo, negro, azul y rojo). Si extraemos los lápices consecutivamente y sin devolución, ¿cuál es la probabilidad de pintar con el amarillo, el negro, el rojo y el azul por este orden?

10. De una bolsa que contiene cuatro bolas de colores diferentes (blanco, verde, lila y negro) extraemos una al azar, la devolvemos a la bolsa y extraemos otra. ¿Cuál es la probabilidad de que obtengamos dos bolas del mismo color?

11. Extraemos dos cartas de una baraja francesa (52 cartas). ¿Cuál es la probabilidad de obtener dos diamantes?

— ¿Y un diamante y una pica, en este orden?

3. Probabilidad en experimentos compuestos

El diagrama en árbol es muy útil para hallar la probabilidad de cada suceso elemental de un *experimento compuesto* a partir de las probabilidades de los sucesos elementales de los experimentos simples que lo componen.

Ejemplo 5

Halla la probabilidad de obtener dos caras al llevar a cabo el experimento aleatorio de lanzar dos monedas.

COMPRENSIÓN

Si analizamos el enunciado, deducimos que los sucesos elementales de dicho experimento aleatorio son:

$$\Omega = \{(c, c), (c, +), (+, c), (+, +)\}$$

Calcularemos la probabilidad del suceso (c, c) a partir de la regla de Laplace y con un diagrama en árbol.

RESOLUCIÓN

Dado que los cuatro sucesos son equiprobables, la probabilidad de cada uno de ellos es $\frac{1}{4} = 0,25$.

— Confeccionamos el diagrama en árbol del experimento:

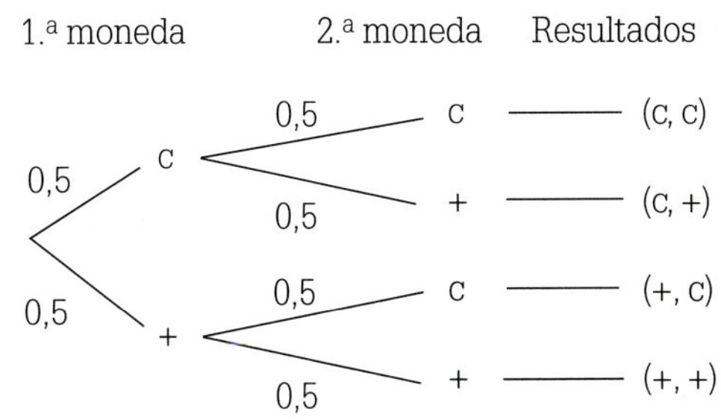

— Observamos que la probabilidad del suceso (c, c) se obtiene multiplicando las probabilidades de cada una de las ramas que llevan a cada suceso elemental.

Así, se verifica que la probabilidad del suceso *obtener dos caras* es:

$$P(c, c) = 0,5 \cdot 0,5 = 0,25$$

3.1. Sucesos dependientes e independientes

En el experimento del ejemplo anterior, el hecho de que se verifique o no el suceso C_1: *obtener cara en el primer lanzamiento* no influye en el hecho de que se verifique el suceso C_2: *obtener cara en el segundo lanzamiento,* ni viceversa. Diremos que son sucesos *independientes.*

En general, diremos que:

> La probabilidad de un suceso elemental en un experimento compuesto de sucesos independientes puede obtenerse si se multiplican las probabilidades indicadas en las ramas del árbol que llevan a él.

Por el contrario, en el experimento *extraer sucesivamente dos cartas de una baraja sin devolución,* el suceso F_1: *la primera carta es una figura* sí influye en el suceso F_2: *la segunda carta es una figura.* Estos sucesos se denominan *dependientes.*

> Dados dos sucesos A y B, asociados a un mismo experimento aleatorio, diremos que A y B son **independientes** si el hecho de que se verifique o no el suceso A no influye en el hecho de que se verifique el suceso B. En caso contrario, diremos que son **dependientes.**

Recuerda

La **unión** de dos sucesos A y B es el suceso formado por todos los resultados que están en A o en B, o en ambos, verificándose si se verifica el A o el B, o ambos. Se representa por $\boldsymbol{A \cup B}$.

La **intersección** de dos sucesos A y B es el suceso formado por todos los resultados que están a la vez en A y en B, verificándose si se verifican simultáneamente el A y el B, y se representa por $\boldsymbol{A \cap B}$.

3.2. Probabilidad en sucesos independientes

Como hemos estudiado en la página anterior, en caso de que *A* y *B* sean sucesos independientes, se cumple que:

$$P(A \cap B) = P(A) \cdot P(B)$$

Veamos algunos ejemplos de cálculos de probabilidades de sucesos independientes:

Ejemplo 6

Considera el experimento lanzar dos dados. *Calcula:*

a) La probabilidad de obtener un 1 con el primero y un 6 con el segundo.

b) La probabilidad de obtener un 6 con el primero y un 1 con el segundo.

c) La probabilidad de obtener un 1 y un 6.

COMPRENSIÓN

Dado que el lanzamiento de un dado no influye en el otro, son sucesos independientes.

RESOLUCIÓN

a) Tenemos que:

$P(1) = \dfrac{1}{6} \quad P(6) = \dfrac{1}{6}$

Por lo tanto:

$P(1, 6) = \dfrac{1}{6} \cdot \dfrac{1}{6} = \dfrac{1}{36}$

b) Se presenta la misma situación.

$P(6) = \dfrac{1}{6} \quad P(1) = \dfrac{1}{6}$

Por lo tanto:

$P(6, 1) = \dfrac{1}{6} \cdot \dfrac{1}{6} = \dfrac{1}{36}$

c) En este caso:

$P(1, 6) = \dfrac{1}{36} \quad P(6, 1) = \dfrac{1}{36}$

Por lo tanto:

$P(1 \text{ y } 6) = \dfrac{1}{36} + \dfrac{1}{36} = \dfrac{1}{18}$

Este procedimiento es especialmente interesante cuando los sucesos elementales del experimento compuesto no son equiprobables; es decir, cuando no se puede resolver el problema usando la regla de Laplace.

Ejemplo 7

Lanzamos dos veces una moneda trucada de modo que P(c) = *0,75. Halla la probabilidad del suceso* A: obtener una cara y una cruz, sin importar el orden.

COMPRENSIÓN

En este caso no puede aplicarse la regla de Laplace, porque los sucesos elementales no son equiprobables. Sin embargo, podemos calcular la probabilidad del suceso *A* utilizando el siguiente diagrama en árbol. Recuerda que:

$$P(+) = 1 - P(c) = 1 - 0{,}75 = 0{,}25$$

RESOLUCIÓN

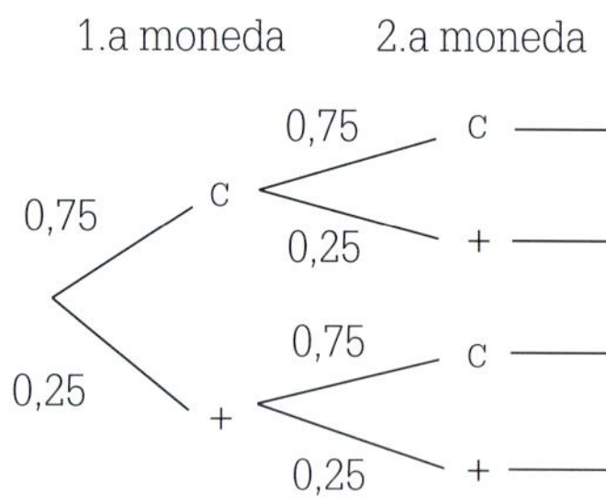

Resultados	Probabilidad
(c, c)	$0{,}75 \cdot 0{,}75 = 0{,}5625$
(c, +)	$0{,}75 \cdot 0{,}25 = 0{,}1875$
(+, c)	$0{,}25 \cdot 0{,}75 = 0{,}1875$
(+, +)	$0{,}25 \cdot 0{,}25 = 0{,}0625$

Los resultados favorables del suceso *A* son (c, +) y (+, c). La probabilidad del suceso *A* se obtiene sumando las probabilidades de dichos resultados.

$P(A) = P(c, +) + P(+, c) = 0{,}1875 + 0{,}1875 = 0{,}375$

La probabilidad de obtener una cara y una cruz sin importar el orden es 0,375.

Actividades

12. Se lanzan dos dados y nos informan de que se ha obtenido suma par. ¿Cuál es la probabilidad de que dicha suma sea mayor que 7?

13. Lanzamos dos veces un dado que tiene un 1 en tres caras, un 2 en dos de ellas y un 3 en la última. Halla la probabilidad del suceso *A: obtener dos números distintos.*

3.3. Probabilidad condicionada

En ocasiones, disponer de información previa sobre un suceso hace que varíe su probabilidad. Veámoslo mediante un ejemplo.

Ejemplo 8

En el experimento aleatorio extraer dos bolas al azar, una tras otra sin devolución y observar su color, *de una bolsa que contiene 5 bolas blancas y 3 bolas rojas, calcula la probabilidad de los sucesos*:

a) Obtener dos bolas rojas.

b) Obtener dos bolas rojas, si el color de la primera bola extraída es el rojo.

COMPRENSIÓN

Al no haber devolución de la bola, el primer suceso elemental influye en el segundo, por lo que no son independientes. Construiremos el diagrama en árbol del experimento.

RESOLUCIÓN

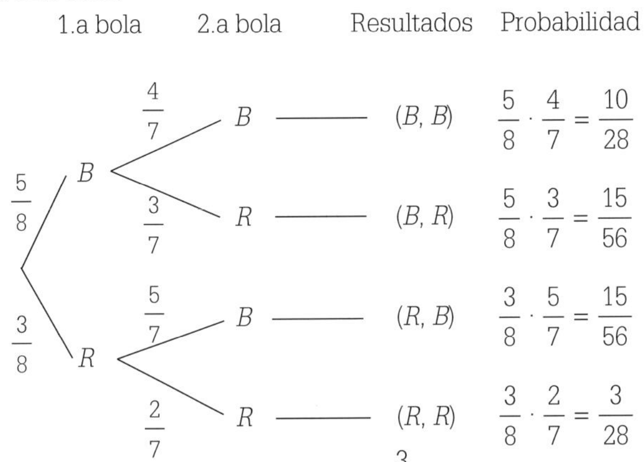

a) A partir del diagrama en árbol, podemos calcular la probabilidad del suceso *obtener dos bolas rojas,* sin ninguna otra información previa:

$$P(R,\ R) = \frac{6}{56} = \frac{3}{28}$$

b) Para calcular la probabilidad del suceso sabiendo que el color de la primera bola extraída es el rojo, consideraremos los sucesos:

R_1: la primera bola obtenida es roja.

R_2: la segunda bola obtenida es roja.

— La probabilidad de R_1 es: $P(R_1) = \frac{3}{8}$

— La probabilidad de R_2 sabiendo que la primera bola extraída es roja es $\frac{2}{7}$.

La probabilidad del suceso R_2 **condicionada** al suceso R_1, es decir, sabiendo que se ha verificado el suceso R_1, se simboliza por $P(R_2/R_1)$.

Se puede comprobar que en el ejemplo anterior se cumple:

$$P(R_2/R_1) = \frac{P(R_1 \cap R_2)}{P(R_1)}\text{; en efecto, } P(R_2/R_1) = \frac{2}{7} = \frac{\frac{3}{28}}{\frac{3}{8}}$$

Si enunciamos este resultado de forma general, tenemos que:

Dados dos sucesos A y B, tales que $P(A) \neq 0$, **la probabilidad de *B* condicionada a *A*,** $P(B/A)$, es igual al cociente:

$$\boldsymbol{P(B/A) = \frac{P(A \cap B)}{P(A)}}$$

De la probabilidad condicionada se deriva una fórmula que resulta muy útil en el cálculo de probabilidades en experimentos compuestos:

$$\boldsymbol{P(A \cap B) = P(A) \cdot P(B/A)}$$

Esta fórmula es conocida como principio de la **probabilidad compuesta.**

Puesto que la intersección de dos sucesos es conmutativa, la fórmula también puede escribirse de la siguiente forma:

$$\boldsymbol{P(B \cap A) = P(A) \cdot P(B/A)}$$

Veamos otros ejemplos de probabilidad condicionada.

Ejemplo 9

Halla la probabilidad de haber obtenido un 2 o un 5 al lanzar un dado, sabiendo que ha salido un número mayor que 3.

Consideremos los sucesos *A: obtener un número mayor que 3* y *B: obtener un 2 o un 5.*

Los resultados favorables de estos sucesos son:

$$A = \{4, 5, 6\} \qquad B = \{2, 5\}$$

Así:

$$A \cap B = \{5\}$$

Para calcular la probabilidad de dichos sucesos, podemos aplicar la regla de Laplace, ya que el experimento se realiza en condiciones de equiprobabilidad.

$$P(A) = \frac{3}{6} = \frac{1}{2} \quad ; \quad P(A \cap B) = \frac{1}{6}$$

De donde:

$$P(B/A) = \frac{P(A \cap B)}{P(A)} = \frac{\frac{1}{6}}{\frac{1}{2}} = \frac{1}{3} = 0{,}333$$

La probabilidad de haber obtenido un 2 o un 5 sabiendo que ha salido un número mayor que 3 es 0,333.

Ejemplo 10

Sean A *y* B *dos sucesos asociados a un experimento aleatorio, tales que* P(A) = *0,4;* P(B) = *0,5 y* P(A ∩ B) = *0,3.*

Calcula P(A/B) *y* P(B/A).

Aplicando la fórmula de la probabilidad condicionada:

$$P(A/B) = \frac{P(A \cap B)}{P(B)} = \frac{0{,}3}{0{,}5} = 0{,}6$$

$$P(B/A) = \frac{P(B \cap A)}{P(A)} = \frac{P(A \cap B)}{P(A)} = \frac{0{,}3}{0{,}4} = 0{,}75$$

Así, $P(A/B) = 0{,}6$ y $P(B/A) = 0{,}75$.

Ejemplo 11

En una empresa, el 35 % de los trabajadores son mujeres y el 5 % de los hombres y el 6 % de las mujeres ocupan cargos de responsabilidad.

Escogido al azar un trabajador de dicha empresa, calcula la probabilidad de que:

a) Sea un hombre.

b) Ocupe un cargo de responsabilidad sabiendo que es un hombre.

c) Ocupe un cargo de responsabilidad y sea hombre.

d) Ocupe un cargo de responsabilidad y sea mujer.

e) Ocupe un cargo de responsabilidad.

Consideramos los sucesos *M: ser mujer, H: ser hombre* y *R: ocupar un cargo de responsabilidad.*

a) A partir de los datos del enunciado, se tiene que:

$$P(M) = 0{,}35$$

Si utilizamos la propiedad del suceso contrario, tenemos que:

$$P(H) = 1 - P(M) = 1 - 0{,}35 = 0{,}65$$

b) Directamente de los datos del enunciado, tenemos:

$$P(R/H) = 0{,}05$$

c) Aplicando la fórmula de la probabilidad compuesta, obtenemos:

$$P(R \cap H) = P(H) \cdot P(R/H) = 0{,}65 \cdot 0{,}05 = 0{,}033$$

d) A partir de los datos del enunciado, se tiene que:

$$P(R/M) = 0{,}06$$

Aplicando el principio de la probabilidad compuesta, obtenemos:

$$P(R \cap M) = P(M) \cdot P(R/M) = 0{,}35 \cdot 0{,}06 = 0{,}021$$

e) $P(R) = P(R \cap H) + P(R \cap M) = 0{,}033 + 0{,}021 = 0{,}054$

Actividades

14. Sabiendo que $P(A) = 0{,}8$, $P(B) = 0{,}7$ y $P(A \cap B) = 0{,}5$, calcula $P(A/B)$ y $P(B/A)$.

Razona si los sucesos *A* y *B* son dependientes o independientes.

15. Si *A* y *B* son dos sucesos independientes tales que $P(A) = 0{,}5$ y $P(B) = 0{,}6$.

¿Cuánto vale $P(A \cap B)$?

16. En un país, el 15 % de los habitantes son universitarios. De los universitarios, el 90 % dice leer con frecuencia; de los no universitarios, solo lee con frecuencia el 50 %.

Escogido un habitante al azar, calcula la probabilidad de que:

a) Lea con frecuencia, si es universitario.

b) Lea con frecuencia y sea universitario.

c) Lea con frecuencia.

4. Cálculo de probabilidades con recursos digitales

Las hojas de cálculo nos ofrecen todas las funcionalidades que necesitamos para efectuar los cálculos de probabilidad que hemos analizado durante la unidad.

Trabajaremos con **Calc,** la hoja de cálculo de OpenOffice, y con los datos de la tabla adjunta.

En ella se muestran los resultados de una encuesta realizada a 1 000 estudiantes a los que se les ha preguntado por su sexo (hombre, H / mujer, M) y si practican o no deporte (D y $\bar{D}$, respectivamente).

A partir de los datos de la tabla, determina:

a) Probabilidad de que sea mujer una persona elegida al azar.

b) Probabilidad de que, al elegir una persona al azar, practique deporte.

c) Probabilidad de que, al elegir una persona al azar, practique deporte, sabiendo que es mujer.

d) Probabilidad de que, una persona elegida al azar, sea hombre, sabiendo que practica deporte.

	D	$\bar{D}$	Total
H	300	150	450
M	275	275	550
Total	575	425	1 000

	A	B	C	D
1		Deporte	No Deporte	Total
2	Hombre	300	150	450
3	Mujer	275	275	550
4	Total	575	425	1000
5				

En primer lugar, necesitamos tabular estos datos en Calc para poder efectuar posteriormente los cálculos. Introducimos los datos sin formato y, después, podremos aplicárselo en las opciones de **Formato>Celdas...** Podemos calcular los totales con la función **Suma()** y la opción de arrastrar las celdas desde la esquina inferior derecha.

Con los datos ya introducidos y calculados los totales, podemos hallar las probabilidades solicitadas:

a) La probabilidad de ser mujer, según la regla de Laplace, se calcula como el número de mujeres dividido entre el número total de personas; por tanto, en la celda E6 escribimos **=D3/D4.**

b) De modo similar, en la celda E7 escribimos **=B4/D4.**

c) Este caso se trata de un ejemplo de probabilidad condicionada. En la celda E8 tecleamos **=B3/D3.**

Observa que:

$$P(D/M) = \frac{P(D \cap M)}{P(M)} = \frac{\frac{275}{1000}}{\frac{550}{1000}} = \frac{275}{550} = 0,5$$

d) De nuevo es una cuestión de probabilidad condicionada que resolvemos de la misma manera. En E9 introducimos **=B2/B4.**

Igual que en el caso anterior, esta operación es equivalente a:

$$P(H/D) = \frac{P(H \cap D)}{P(D)} = \frac{\frac{300}{1000}}{\frac{575}{1000}} = \frac{300}{575} = 0,522$$

Los resultados finales se muestran en la tabla del margen.

Calc, como cualquier otra hoja de cálculo o *software* matemático en general, es una gran ayuda a la hora de trabajar con datos y efectuar cálculos, pero es fundamental tener muy presentes los conceptos de probabilidad que estemos aplicando.

	A	B	C	D	E
1		Deporte	No Deporte	Total	
2	Hombre	300	150	450	
3	Mujer	275	275	550	
4	Total	575	425	1000	
5					
6		P (ser mujer):			0,550
7		P (practique deporte):			0,575
8		P (practique deporte/mujer):			0,500
9		P (hombre practica deporte):			0,522

ACTIVIDADES RESUELTAS

Extraemos al azar tres cartas de una baraja española, una tras otra y sin reposición. Calcula la probabilidad del suceso *A: la primera carta es de copas y las dos siguientes son de bastos,* por dos procedimientos distintos:

a) Usando la regla de Laplace.

b) Usando la generalización del principio de la probabilidad compuesta para tres sucesos:

$$P(A \cap B \cap C) = P(A) \cdot P(B/A) \cdot P(C/A \cap B)$$

Comprender

— ¿Entiendes todo lo que dice el enunciado?

— ¿Distingues las distintas situaciones que plantea?

— ¿Tenemos suficiente información?

Leyendo detenidamente el enunciado, deducimos que los sucesos elementales son equiprobables y que se trata de un problema de probabilidad compuesta.

Planificar

— Para el primer apartado, hay que calcular el número de casos favorables y posibles para aplicar la regla de Laplace.

— Se aplica la regla generalizada del principio de la probabilidad compuesta a este experimento.

Tanto el número de casos favorables como el de casos posibles se obtienen como variaciones ordinarias.

Para la probabilidad compuesta, solo es necesario aplicar directamente las premisas del enunciado.

Ejecutar el plan

— Realizamos las acciones planificadas y operamos.

a) Casos favorables: $V_{12,1} \cdot V_{12,2} = 12 \cdot 12 \cdot 11 = 1\,584$

Casos posibles: $V_{48,3} = 48 \cdot 47 \cdot 46 = 103\,776$

Aplicando la regla de Laplace: $P(A) = \dfrac{1\,584}{103\,776}$

b) Sean los sucesos C_1: *la primera carta es de copas,* B_2: *la segunda carta es de bastos* y B_3: *la tercera carta es de bastos,* y aplicamos la fórmula del enunciado:

$$A = C_1 \cap B_2 \cap B_3$$

$$P(A) = P(C_1 \cap B_2 \cap B_3) = P(C_1) \cdot P(B_2/C_1) \cdot P(B_3/C_1 \cap B_2) =$$

$$= \frac{12}{48} \cdot \frac{12}{47} \cdot \frac{11}{46} = \frac{1\,584}{103\,776}$$

Revisar

— Comprobamos si se verifica el mismo resultado por ambos métodos.

Efectivamente, los resultados coinciden, ya que ambos procedimientos son equivalentes.

Ambos métodos presentan dificultad similar por lo que no tenemos argumentos de preferencia de uno frente al otro.

Por otro lado, hemos conseguido extender la expresión de la probabilidad compuesta a tres sucesos y podríamos hacerlo con un número indeterminado de estos.

Actividades

17. Extraemos tres bolas al azar, una tras otra y sin reposición, de un bombo que contiene 15 bolas blancas, 25 verdes y 16 negras. Halla, mediante los procedimientos indicados en la actividad resuelta, la probabilidad de los siguientes sucesos:

a) La primera es blanca; la segunda, verde, y la tercera, negra.

b) Son una de cada color.

18. En el experimento aleatorio *lanzar un dado y una moneda,* consideramos los sucesos *N: obtener un número primo en el dado* y *C: obtener cara en la moneda.*

Calcula $P(N \cap C)$.

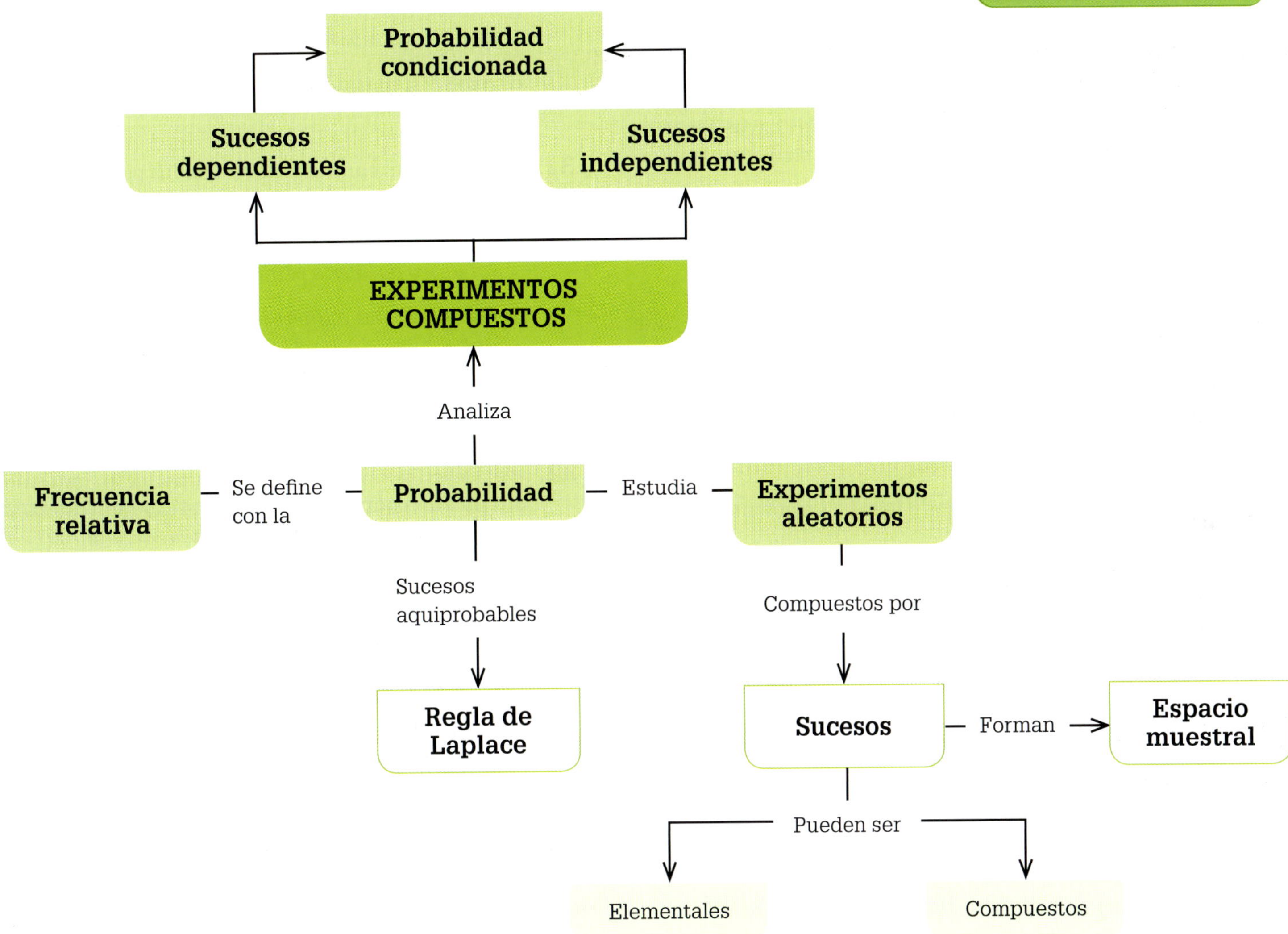

Actividades finales

Nota: Puedes solucionar muchas de estas actividades con los conocimientos que ya tienes de la hoja de cálculo Calc o con la de GeoGebra. Puedes utilizar el programa directamente o elaborarlas en tu cuaderno y comprobarlas posteriormente con el *software.*

Concepto de probabilidad

19. ★☆☆ El experimento *lanzar una moneda*, ¿es siempre aleatorio? Razona tu respuesta.

20. ★☆☆ ¿Qué clase de experimento es *extraer al azar dos cartas de una baraja francesa y observar de qué color son*?

21. ★★☆ Si en el experimento anterior las dos cartas se extraen una tras otra y sin reposición, determina el número de sucesos elementales posibles.

22. ★★☆ En el experimento *lanzar tres monedas*, ¿cómo son los sucesos *A: obtener al menos una cara* y *B: obtener al menos una cruz*?

23. ★☆☆ Al realizar el experimento *lanzar un dado* 50 veces, obtenemos un 5 en 12 ocasiones. ¿Cuál es la frecuencia relativa del suceso *obtener un 5*?

24. ★☆☆ Define *suceso seguro, suceso imposible, suceso contrario, sucesos compatibles, sucesos incompatibles, sucesos dependientes* y *sucesos independientes;* y cita ejemplos de cada caso.

Actividades finales

25. ★☆☆ Dos sucesos contrarios, ¿son siempre incompatibles? Y dos sucesos incompatibles, ¿son siempre contrarios? Razona tus respuestas.

26. ★☆☆ Describe experimentos aleatorios cuyos espacios muestrales se correspondan con los siguientes apartados:

a) $\Omega = \{1, 2, 3, 4, 5, 6\}$

b) $\Omega = \{1, X, 2\}$

c) Ω = {(cara, oros), (cara, copas), (cara, espadas), (cara, bastos), (cruz, oros), (cruz, copas), (cruz, espadas), (cruz, bastos)}

27. ★★☆ Sean A y B dos sucesos asociados a un mismo experimento aleatorio, tales que $P(A) = 0{,}2$ y $P(B) = 0{,}6$.

Razona si son verdaderas o falsas las siguientes afirmaciones:

a) Es de esperar que A se verifique un 20 % de las veces que se realice el experimento.

b) Es más probable que se verifique A que B.

c) A y B no son sucesos contrarios.

d) A es un suceso imposible, pero B no es un suceso seguro.

28. ★☆☆ Razona si estos experimentos son aleatorios o deterministas:

a) *Dejar caer una chincheta y mirar si cae de lado o con la punta hacia arriba.*

b) *Seleccionar al azar un ficha de dominó y mirar si es o no un doble.*

c) *Mezclar dos compuestos químicos determinados y observar si reaccionan o no.*

29. ★★☆ Describe el espacio muestral de los siguientes experimentos aleatorios:

a) *Mirar el número de una bola extraída al azar de un bombo que contiene bolas numeradas del 1 al 25.*

b) *Observar las caras superiores obtenidas al lanzar un dado con forma de dodecaedro y una moneda.*

c) *Anotar el sexo de un bebé elegido al azar entre los que han nacido en cierto hospital.*

30. ★★☆ Razona cuántos sucesos elementales componen el espacio muestral de cada uno de los siguientes experimentos aleatorios:

a) *Lanzar, sucesivamente, cinco dados y dos monedas.*

b) *Extraer, una tras otra y sin reposición, cinco cartas de una baraja española.*

c) *Extraer simultáneamente cuatro cartas de una baraja española.*

31. ★★☆ Escribe el conjunto de resultados posibles que forman estos sucesos:

a) *A: obtener número par al extraer la primera bola en un sorteo de lotería primitiva.*

b) *B: obtener tres números pares al lanzar tres veces un dado.*

c) *C: obtener dos figuras al extraer, sucesivamente y sin reposición, dos cartas de una baraja española.*

32. ★☆☆ Describe un suceso seguro, un suceso imposible y dos sucesos contrarios, asociados al experimento *extraer una bola al azar entre 100 numeradas del 1 al 100.*

33. ★★☆ Un grupo de 10 caballos pastan en el campo. Su dueño quiere elegir a siete de ellos para cambiarles las herraduras. Calcula el número de sucesos elementales que forman el espacio muestral.

34. ★★☆ Considera el experimento de retirar 2 bolas de una bolsa que contiene 3 bolas negras y 2 bolas blancas. Determina y describe el espacio muestral.

Cálculos probabilísticos

35. ★☆☆ ¿En qué situaciones puede aplicarse la regla de Laplace?

36. ★☆☆ En el experimento aleatorio *lanzar dos dados simultáneamente,* ordena de menor a mayor las probabilidades de que al sumar las puntuaciones de ambos se obtenga:

a) Un número menor que 7.

b) Un número mayor que 2.

c) Un múltiplo de 2.

d) Un divisor de 12.

37. ★★☆ Un dado está trucado de forma que todos los números pares tienen igual probabilidad de salir, todos los números impares también, y cada número par tiene doble probabilidad de salir que un número impar. Halla la probabilidad de los sucesos *A: obtener un número mayor que 2* y *B: obtener un número que no sea primo.*

38. ★★☆ En un concurso de televisión, para elegir el tema de cada pregunta, se lanzan dos dados. Si el producto de las puntuaciones es inferior a 11, la pregunta es de cine, y si es superior a 11, es de teatro. ¿Qué es más probable que salgan, preguntas de cine o de teatro?

39. ★★☆ Cogemos 4 rotuladores de una caja que contiene 5 rotuladores azules y 4 rojos. Halla la probabilidad de que al menos uno de los rotuladores sea rojo.

40. ★★☆ En una bolsa hay 6 bolas blancas, 4 bolas negras y un número desconocido de bolas rojas. Sabiendo que en el experimento *sacar una bola* la probabilidad del suceso *obtener una bola que no sea roja* es 0,5, calcula cuántas bolas rojas hay en la bolsa.

41. ★★☆ De una urna que contiene 75 bolas blancas y 225 negras extraemos una bola al azar. Calcula la probabilidad de que la bola extraída sea blanca.

42. ★★☆ Se extrae una carta de una baraja española. Halla la probabilidad de que no salga una figura.

43. ★★☆ En un determinado experimento aleatorio solo son posibles cuatro sucesos elementales A, B, C y D. Si sabemos que $P(A) = P(B) = P(C)$ y $P(D) = 2 \cdot P(A)$, ¿cuánto vale $P(D)$?

44. ★★☆ Cogemos al azar una ficha de un dominó y sumamos los puntos. Halla la probabilidad de que:

a) La suma de puntos sea 8.

b) La suma de puntos sea un cuadrado perfecto.

45. ★★☆ Considera el experimento *extraer una detrás de otra y con devolución dos cartas de una baraja francesa de 52 cartas.* Calcula la probabilidad del suceso *A: obtener primero un as y después un 2.*

46. ★★☆ Considera el experimento *extraer, una tras otra y sin devolución, tres cartas de una baraja francesa* que consta de 52 cartas. Calcula la probabilidad de los sucesos *A: obtener tres cartas de corazones, B: la primera carta es de picas y las otras dos de tréboles* y *C: las tres cartas son de distinto palo.*

47. ★★☆ Resuelve de nuevo la actividad anterior suponiendo ahora que, después de cada extracción, se devuelve la carta extraída.

48. ★★☆ Una de las pruebas de una oposición consiste en la exposición de un tema entre dos elegidos al azar. El temario consta de 60 temas y un opositor ha estudiado 50. Determina con la ayuda de un diagrama en árbol las probabilidades de cada uno de los siguientes sucesos:

a) *Saber los dos temas.*

b) *Saber un único tema.*

c) *No saber ningún tema.*

49. ★★☆ Los 29 alumnos de una clase de 4.º de ESO han participado en un sorteo cuyo premio es una calculadora gráfica. Se han utilizado papeletas con las cifras de 0 a 9 para las unidades y con las cifras de 0 a 2 para las decenas.

a) ¿Cuál es la probabilidad de que el número premiado sea un cuadrado?

b) ¿Y de que ninguno de los alumnos gane la calculadora?

50. ★★☆ Marta ha comprado una begonia y un geranio, y quiere plantarlos en macetas. Dispone de una maceta de plástico, una de terracota y otra de fibra de vidrio. Construye el diagrama en árbol y calcula la probabilidad de que Marta elija colocar el geranio en una maceta que no sea de terracota.

51. ★★★ Considera el experimento de lanzar cuatro monedas sucesivamente. Calcula la probabilidad de:

a) *Obtener solo una cara en alguno de los dos primeros lanzamientos.*

b) *Obtener como mínimo una cara en los dos últimos lanzamientos.*

c) *Obtener tres cruces.*

d) *Obtener dos resultados iguales, en el primero y último lanzamiento.*

52. ★★★ Considera el experimento de escoger un número entre 1 y 10 000 y calcula la probabilidad de que empiece y termine con la misma cifra.

53. ★★★ Un experimento aleatorio está compuesto por 5 sucesos elementales A, B, C, D y E. Si la probabilidad de A es la mitad que la probabilidad de B, la probabilidad de B es la mitad que la probabilidad de C, y así sucesivamente, calcula $P(A)$, $P(B)$, $P(C)$, $P(D)$ y $P(E)$.

54. ★★★ En un aula se ha hecho un estudio para ver cuánto tiempo tardan los alumnos y alumnas en detectar errores de cálculo. A todos se les ha entregado el mismo problema resuelto y se les ha asegurado que contenía un único fallo. Pasados 2 minutos, el 74 % de los participantes lo habían encontrado; pasados 4 minutos, el 74 % de los que aún quedaban, etc. ¿Cuánto tiempo tendría que pasar para que la probabilidad de éxito fuera del 95 %?

55. ★★☆ En grupos, recopilad las propiedades de la probabilidad y aplicad la **técnica cooperativa** *TGT.*

— Elaborad fichas con las preguntas necesarias para la comprensión del tema.

— Intercambiad las fichas entre los distintos grupos.

— Elegid tres fichas y responded a las preguntas.

Actividades finales

Probabilidad en experimentos compuestos

56. ★☆☆ Explica qué quiere decir que la posibilidad de un suceso A está condicionada a un suceso B. Relaciónalo con los sucesos dependientes e independientes. Pon un ejemplo.

57. ★☆☆ Sabiendo que $P(A/B) = 0{,}4$ y $P(B/A) = 0{,}5$, calcula el cociente $\frac{P(A)}{P(B)}$.

58. ★★☆ Considera el experimento *lanzar un dado y dos monedas.* Representa los diferentes sucesos elementales mediante un diagrama en árbol y, a partir de él, calcula la probabilidad de los sucesos A*: obtener un número mayor que 4 y dos caras* y B*: obtener una cara y una cruz, sin que importe el orden.*

59. ★★☆ Consideramos dos urnas, la primera que contiene dos bolas blancas y tres rojas y la segunda una bola blanca y cuatro rojas.

Lanzamos una moneda y, si sale cara, elegimos al azar una bola de la primera urna; mientras que si sale cruz, elegimos al azar una bola de la segunda urna. Calcula la probabilidad de:

a) *Obtener bola roja.*

b) *Obtener bola roja, si se ha obtenido cara.*

c) *Obtener bola roja, si se ha obtenido cruz.*

60. ★★☆ De una bolsa que contiene 9 bolas, numeradas del 1 al 9, extraemos una bola. Si es par, cogemos un bolígrafo de la caja A, y si es impar, cogemos un bolígrafo de la caja B.

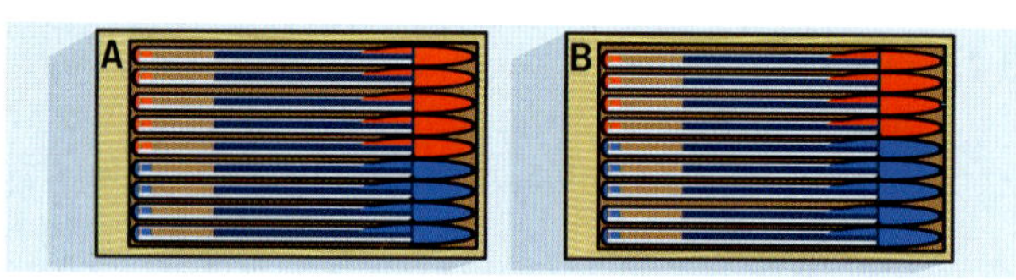

Elabora un diagrama en árbol y calcula la probabilidad de coger un bolígrafo rojo.

61. ★★☆ El 35 % de los habitantes de una ciudad acude al cine habitualmente. Y de estos, el 40 % asiste al teatro con regularidad.

Si escogemos un habitante al azar de dicha ciudad, ¿cuál es la probabilidad de que vaya al cine habitualmente y al teatro con regularidad?

62. ★★☆ En la sala de espera de un aeropuerto se encuentran 25 personas de las que 3 son pilotos de avión. En un determinado momento abandonan la sala 6 personas. ¿Cuál es la probabilidad de que dos de las personas que han abandonado la sala sean pilotos?

63. ★★☆ Observa la siguiente ruleta:

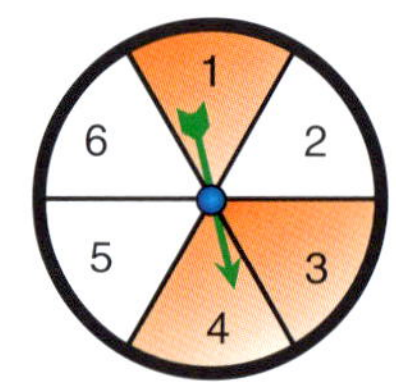

Halla las probabilidades de estos sucesos:

a) Obtener un número menor que 3 sabiendo que la flecha se ha detenido en un sector rojo.

b) Obtener un número par sabiendo que la flecha se ha detenido en un sector blanco.

64. ★★☆ En un polideportivo se entrenan 500 deportistas, de los que 125 practican baloncesto. Sabiendo que 50 de los que practican baloncesto y 175 de los restantes practican fútbol, calcula la probabilidad de que escogido uno de los deportistas al azar:

a) Practique baloncesto.

b) Practique fútbol, sabiendo que practica baloncesto.

c) Practique fútbol y baloncesto.

d) Practique fútbol y no baloncesto.

e) Practique fútbol.

65. ★★☆ Dos equipos de baloncesto P y Q deben jugar 4 partidos. Son equipos de potencial muy semejante, por lo que en cada partido la probabilidad de ganar o perder es del 50 %. Construye un diagrama en árbol y halla las siguientes probabilidades:

a) El equipo Q gana los 4 partidos.

b) El equipo Q pierde los 4 partidos.

c) El equipo Q únicamente gana 1 partido.

d) El equipo Q gana 2 partidos y pierde 2 partidos.

66. ★★☆ Sean A y B dos sucesos de un experimento aleatorio tales que $P(A) = 0{,}3$, $P(B) = 0{,}4$ y $P(B/A) = 0{,}6$. Calcula $P(A \cap B)$ y $P(A/B)$.

67. ★★☆ Formad equipos y buscad información sobre las apariciones de los distintos números en los sorteos de la lotería primitiva.

¿Cuál es la probabilidad del número que ha salido con mayor frecuencia? ¿Y del que menos ha salido?

Puedes informarte en la página **http://links.edebe.com/5zzr42.**

68. ★★★ Esta expresión se conoce como teorema de Bayes:

$$P(A/B) = \frac{P(A) \cdot P(B/A)}{P(A) \cdot P(B/A) + P(\overline{A}) \cdot P(B/\overline{A})}$$

Confecciona los diagramas en árbol necesarios y emplea la expresión anterior para solucionar las siguientes actividades:

a) El 35 % de los turistas que visitan cierta ciudad son europeos. Del total de los turistas, el 80 % de los europeos y el 90 % de los restantes visitan la catedral de la ciudad. Si escogemos uno de los turistas al azar y sabemos que ha visitado la catedral, ¿cuál es la probabilidad de que sea europeo?

b) A una fiesta acuden 55 chicas y 65 chicos, y a 45 de las chicas y a 40 de los chicos les gusta bailar. Halla la probabilidad de que, escogida una persona al azar sea chica, sabiendo que le gusta bailar.

c) En ciertas elecciones políticas, el 38 % de la población votó al partido *A*. Y se conoce además que el 75 % de los que votaron al partido *A* y el 60 % de los que no lo hicieron son favorables a cierto cambio en el sistema de enseñanza del país. Escogido uno de los habitantes al azar, calcula la probabilidad de que haya votado al partido *A*, sabiendo que es favorable a dicho cambio.

69. ★★★ La cuarta parte de los libros de una librería son de segunda mano. Por otro lado, una tercera parte de los libros de primera mano y tres cuartas partes de los de segunda mano están de oferta. Calcula la probabilidad de escoger un libro al azar y que:

a) Sea de primera mano.

b) Sea de segunda mano y esté de oferta.

c) No esté de oferta.

70. ★★★ En una urna hay 10 bolas azules y 10 bolas rojas. ¿Cuántas bolas se tendrían que añadir para que la probabilidad de sacar 2 bolas rojas, sin devolverlas, sea del 35 %?

71. ★★★ Demuestra la siguiente igualdad:

$$P(A \cap B) \cdot P(A / \overline{B}) + P(A \cap \overline{B}) \cdot P(A / B) =$$

$$= P(A / B) \cdot P(A / \overline{B})$$

72. ★★★ Una tienda del sector de la automoción suministra neumáticos para coches y motocicletas, de tal forma que los neumáticos de motocicletas representan un 42 % del total. Del total de neumáticos para coches se ha calculado que un 3 % son defectuosos, y este porcentaje se eleva al 6 % en los de las motos.

Calcula:

a) La probabilidad de que una rueda escogida al azar sea defectuosa.

b) La probabilidad de que una rueda defectuosa sea de un coche y la probabilidad de que corresponda a una moto.

c) La probabilidad de que una motocicleta a la que se le han suministrado las dos ruedas tenga alguna rueda defectuosa.

73. ★★★ Como se indica en el cartel que anuncia la carrera, al final de esta competición se celebrará un sorteo de dos regalos entre los participantes.

CARRERA POPULAR SAN CAPRASIO

Fecha: 12 de septiembre

Inicio: 10:00 h, desde la Ermita de San Caprasio

Inscripciones: Polideportivo municipal hasta el día 10 de septiembre

Posibilidad de dos recorridos: largo (12 km) y corto (5 km)

Sorteo de dos fantásticos premios en la línea de meta.

Si se han inscrito 100 hombres y 40 mujeres para la carrera larga y 60 hombres y 55 mujeres para la corta, calcula la probabilidad de que:

a) El primero de los regalos le toque a un hombre.

b) El primero de los regalos le toque a un participante en la carrera larga.

c) El primero de los regalos le toque a una mujer que corre la carrera corta.

d) Sabiendo que el primer regalo le ha tocado a un hombre, este sea de los que corren la carrera larga.

e) Los dos regalos toquen a dos mujeres.

MATEMÁTICAS A TU ALCANCE

PBL: Jugando con la probabilidad

Vamos a tratar un par de aplicaciones de las probabilidades que resultan muy curiosas y esclarecedoras.

La primera cuestión es: si en clase estamos 23 alumnos y la profesora, ¿cuál es la probabilidad de que dos de estas personas coincidan en el día de su cumpleaños?

La segunda es que la lotería primitiva es un juego muy popular, que informa de sus resultados en televisión en hora de máxima audiencia, pero, ¿sabrías calcular la probabilidad de que toque el premio máximo en un sorteo?

La paradoja del cumpleaños

Uno de los enunciados de este problema es: ¿cuántos integrantes hacen falta en un grupo de personas para que la probabilidad de que al menos dos de ellas cumplan años el mismo día sea mayor del 50 %?

Consulta estos enlaces:

@ http://links.edebe.com/8zz

@ http://links.edebe.com/itrc

@ http://links.edebe.com/hqk5

@ http://links.edebe.com/jffejh

— ¿Cuál es la probabilidad de que en la clase de Matemáticas al menos dos personas coincidan en la fecha de su cumpleaños?

— Si se incrementa el número de personas de un grupo, ¿esta probabilidad aumenta o disminuye?

— ¿A partir de cuántas personas la probabilidad de coincidencia de cumpleaños es prácticamente total?

— Para deducir estas respuestas, ¿has necesitado conceptos probabilísticos muy complicados o han sido suficientes con los que ya tenías?

— ¿Crees que puede aprenderse probabilidad a partir de estos «acertijos» paradójicos?

La Lotería Primitiva

Este conocido juego de azar consiste en que en cada apuesta se eligen seis números de un total de 49. Supongamos que nuestra apuesta es 2, 17, 18, 32, 42 y 47.

La probabilidad de que salga el primer número es 6/49, la del segundo 5/48 y así sucesivamente, por lo que la probabilidad de que salgan nuestros seis números es:

$$P = \frac{6}{49} \cdot \frac{5}{48} \cdot \frac{4}{47} \cdot \frac{3}{46} \cdot \frac{2}{45} \cdot \frac{1}{44} = \frac{1}{13\,983\,816}$$

A partir del resultado anterior:

— ¿Cuál es la probabilidad de ganar el máximo premio en la lotería primitiva?

— Si cada apuesta cuesta 1 €, ¿cuánto tendríamos que invertir para tener la seguridad de ganar el premio mayor?

— Si en un sorteo normal se destina a los acertantes de seis números 3 millones de euros, ¿podríamos hacer un negocio seguro con la Primitiva?

Cre@ctividad: Hoja de cálculo de GeoGebra

GeoGebra también permite efectuar cálculos probabilísticos. El sistema tiene una hoja de cálculo muy similar en su manejo a la de Calc que ya conocemos.

En el siguiente enlace puedes obtener toda la información introductoria para el manejo de la hoja de cálculo:

https://www.geogebra.org/manual/es/Hoja_de_Cálculo

Los datos de la imagen corresponden a los valores de participación o no de chicos y chicas en una actividad organizada por su centro educativo. Copia los datos en un archivo de GeoGebra y calcula las siguientes probabilidades:

a) Que sea chico y no participe en las actividades.

b) Que participe en las actividades sabiendo que es chica.

c) Que sea chica, sabiendo que participa en las actividades.

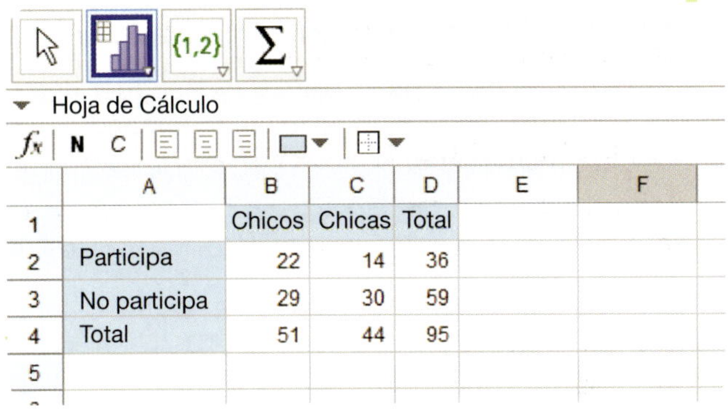
Hoja de Cálculo

	A	B	C	D	E	F
1		Chicos	Chicas	Total		
2	Participa	22	14	36		
3	No participa	29	30	59		
4	Total	51	44	95		
5						

Visión 360º

Sabemos que π es un número irracional trascendente con infinitos decimales: 3,1415926535… De hecho, a lo largo de los siglos se han dado muchas aproximaciones de él, mejores y peores, como $(2e^3 + e^8)^{\frac{1}{7}}$; $\ln\left(\frac{10691}{462}\right)$ … Vamos a conocer los métodos de Montecarlo y de Buffon para asignarle un valor a partir de conceptos probabilísticos.

A partir de los siguientes enlaces:

http://links.edebe.com/ug5i48

http://links.edebe.com/8jrh

http://links.edebe.com/hapsm

http://links.edebe.com/xsap

http://links.edebe.com/au5ssm

Constesta a estas preguntas:

- ¿Cómo se calcula π con el método de Montecarlo?
- Demuestra que, si eliges al azar un punto de un cuadrado, la probabilidad de que pertenezca al círculo inscrito es $\pi/4$. ¿Es este resultado válido para cualquier círculo inscrito en cualquier cuadrado?
- Utiliza el simulador de Montecarlo para calcular el valor de π para 10, 100, 1 000 y 10 000 intentos.
- ¿En qué consiste el método de Buffon?
- Emplea el simulador de Buffon para calcular el valor de π para 10, 100, 1 000 y 10 000 intentos.
- ¿Cuál de los dos métodos da una mejor aproximación de π?
- Busca información en las fuentes que consideres oportunas y elabora una presentación sobre los diversos métodos existentes para calcular un número enorme de cifras de π.

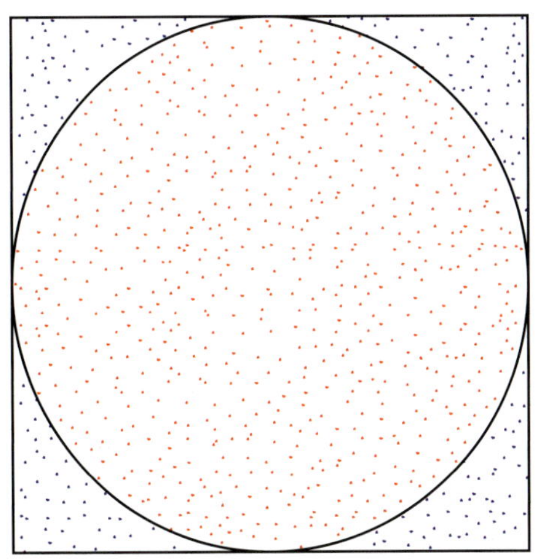

Pon a prueba tus competencias

1. Sergio suele ir a pescar al mar los domingos. Tiene 3 cañas de tres colores distintos (azul, amarilla y roja) y anzuelos de tres tamaños diferentes (n.º 2, n.º 4 y n.º 6).

a) Construye el diagrama en árbol.

b) ¿Cuántas posibilidades hay de combinar las cañas con los anzuelos?

c) Considera que Sergio elige al azar una caña y un anzuelo. Calcula la probabilidad de que elija la caña amarilla con el anzuelo n.º 2.

d) ¿Cuál es la probabilidad de que escoja una caña roja y un anzuelo de tamaño un número par?

e) Calcula la probabilidad de escoger una caña de cualquier color y un anzuelo de tamaño que no sea un número primo.

2. Sergio pescó sardinas y jureles, machos y hembras, como se muestra en la siguiente tabla:

	Machos	**Hembras**
Sardinas	15	12
Jureles	7	16

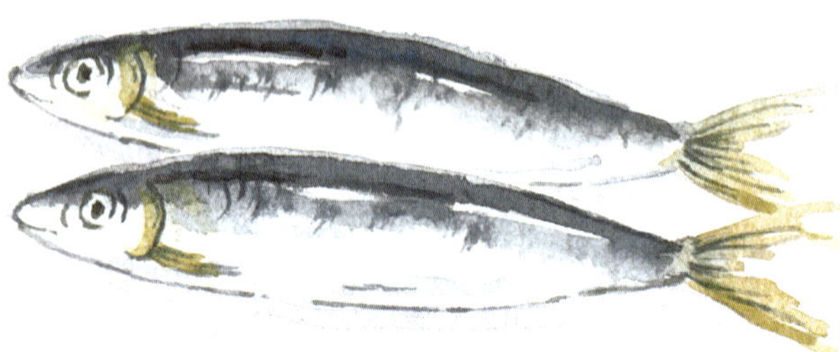

a) Determina el número total de peces que ha pescado Sergio.

b) ¿Cuántos jureles ha pescado?

c) Sergio coge al azar una pez de los que ha pescado. ¿Cuál es la probabilidad de que sea un jurel hembra?

d) ¿Y de que sea una sardina macho?

e) ¿Cuál es la probabilidad de que pesque una hembra?

3. En una caja hay gomas de borrar de distintos colores: 4 azules, 7 verdes, 8 rosas y 11 naranjas. Considera el experimento aleatorio de retirar 5 gomas de borrar consecutivamente y sin devolución a la caja.

a) ¿Cuál es la probabilidad de que sean todas verdes?

b) Determina la probabilidad de que sean todas naranjas.

c) ¿Cuál es la probabilidad de que sean todas azules?

d) Calcula la probabilidad de que sean 2 azules y 3 rosas.

e) Calcula la probabilidad de que sea 1 verde y 4 naranjas.

4. Mariel salió de la estación de metro de Lexington Ave (A) y fue hasta Central Park (B), en Nueva York (EE. UU.). En el mapa, a escala 1:5 000, se muestran los distintos recorridos que Mariel puede seguir para llegar hasta Central Park.

a) ¿Cuántos caminos distintos hay entre la estación de metro y Central Park?

b) ¿Cuántos caminos distintos hay entre la estación de metro y Roosevelt House (C)?

c) ¿Cuántos caminos distintos hay entre Roosevelt House y Central Park?

d) Calcula la probabilidad de que Mariel vaya hasta Central Park pasando primero por Roosevelt House.

e) ¿Cuál es el camino más corto? ¿Cuánto mide en metros?

5. En un juego de azar, cada jugador lanza, por turnos, dos dados, uno de color negro y otro rojo, y se multiplican sus valores. Cada jugador va acumulando la suma del valor obtenido en cada lanzamiento y gana quien obtenga antes 100 o más puntos.

a) Calcula la probabilidad de obtener 8 en un lanzamiento.

b) ¿Cuál es la probabilidad de obtener 12 en un lanzamiento?

c) ¿Y la de obtener un cuadrado?

d) Determina la probabilidad de obtener un número par de puntos en un lanzamiento.

e) Un jugador ganó una partida lanzando tres veces los 2 dados. ¿Cuántas y cuáles son las posibilidades de los resultados de esos lanzamientos?

Reflexiona

Diario de aprendizaje

— ¿Entiendes los conceptos relacionados con la probabilidad?

— ¿Identificas las situaciones en las que puede aplicarse la regla de Laplace? ¿Eres consciente de su utilidad?

— ¿Has ampliado tus conocimientos con la probabilidad compuesta y condicionada? ¿Sabrías explicar situaciones cotidianas en las que se presentan?

Historia de la estadística aplicada a las ciencias sociales

El origen de la palabra *estadística* es «Estado» y se debe a que una de las funciones que tenían los gobiernos de los Estados era establecer registros de población, nacimientos, defunciones, producciones, necesidades alimentarias, parcelaciones... El hecho de generar registros de todo tipo, su cifrado y su tratamiento para obtener datos, información y conclusiones sobre la ciudadanía, se han hecho patentes desde el origen de las primeras sociedades avanzadas.

Por esta generalidad en los procedimientos, es difícil establecer algún punto de origen, más o menos concreto, de la estadística (se han encontrado diversos tipos de anotaciones, símbolos y lo que parece ser algún tipo de gráficas en pinturas rupestres en cuevas y en pieles de animales). No obstante, podemos citar algunos hitos concretos conocidos:

- En la isla de Cerdeña se han descubierto grabados prehistóricos que parecen representar algún tipo de registro sobre personas, ganado y caza.
- Sobre el año 3 000 a. C., los babilonios usaban unas pequeñas tablillas de arcilla en las que contabilizaban datos de producción agrícola, compras y ventas en su sistema de trueque.
- Los egipcios, mucho antes de construir sus pirámides, ya tenían importantes registros de censos, movimientos de poblaciones, producciones agrícolas, cabezas de ganado... Incluso una de sus diosas estaba asociada a estas actividades: Safnkit, diosa de los libros y las cuentas.
- En la misma Biblia, uno de los libros más antiguos perteneciente al Pentateuco se llama Números y narra el censo que hizo Moisés después de la salida de Egipto.
- China y Roma fueron civilizaciones muy avanzadas en este campo, y llevaron a cabo profusas recogidas de datos para la utilización por sus gobiernos. En Roma existía la figura del censor, cuya misión era controlar el número de habitantes y sus movimientos.
- Estados posteriores ya en la Edad Media realizaron estudios estadísticos completos. Cabe citar el registro de las propiedades y de los bienes de la Iglesia que encargó Carlomagno debido a lo vasto de su imperio y a la creciente riqueza atesorada por esta. Los Reyes Católicos ordenaron a Alonso de Quintanilla, en 1482, el recuento de los hogares de Castilla como herramienta de conocimiento para las posteriores decisiones que debieran tomar en temas de poblamiento.

A partir del siglo XVI se empieza a consolidar la base matemática y formal de la estadística y la mayoría de los científicos de referencia trataban el tema con diversos enfoques (Carnano, Galileo, Pascal, Fermat, Huygens, Jakob Bernoulli, Lagrange, Laplace, Gauss, Thomas Bayes, Cauchy, Poisson) y ya más recientemente Fisher, Kolmogorov y Pearson.

En la actualidad, las ciencias sociales, es decir, las ciencias enfocadas a la descripción, la comprensión, la explicación y la transformación de la realidad social a través de un proceso de estudio sistemático, utilizan la estadística, en todas sus ramas, como una de sus herramientas principales. Esto se debe a que los datos que se necesitan en sus investigaciones no pueden obtenerse de la propia naturaleza ni se pueden establecer axiomas de partida, como sucede en las ciencias puras.

Los estudios de mercado

¿Te has planteado alguna vez estas preguntas?

- ¿Quién y cómo decide la gama de colores que saca al mercado un nuevo modelo de automóvil?
- De todos los nuevos sabores de yogur que se fabrican, ¿por qué solo algunos salen al mercado?
- ¿Los diseñadores de los perfumes desarrollan los que a ellos mismos, unilateralmente, les parecen atractivos?
- ¿Los embalajes de los productos se deciden de cualquier manera?
- ¿Cómo se efectúan las previsiones electorales?

Nada de lo anterior se hace de un modo improvisado y se decide unilateralmente por una persona o incluso un grupo o comité basándose en conocimientos, creencias o percepciones propias.

Todas ellas son decisiones empresariales, las cuales, en caso de no ser acertadas, pueden provocar un fuerte perjuicio a las corporaciones. Para tratar de minimizar los riesgos en las decisiones estratégicas de las empresas, se llevan a cabo **estudios de mercado** previos. Podríamos definirlos como los procedimientos más o menos sistemáticos de acumulación, tratamiento y análisis de datos e información cualitativa acerca de los posibles clientes, competidores, entorno y mercado de un tema concreto (preferencias de color de los consumidores, entorno en el que queremos situar un negocio, grado de competencia…).

Generalmente, se diferencian dos grandes bloques de herramientas utilizadas en los estudios de mercado: **métodos cuantitativos** y **métodos cualitativos** (lo más frecuente es que un estudio de mercado comprenda la utilización de ambos métodos).

Los métodos cuantitativos son aquellos que permiten trabajar con los datos de manera numérica. Se engloban en el ámbito general de la estadística. Como ejemplos más conocidos podemos citar las encuestas (con las que se obtienen datos primarios) o el análisis de datos de otras fuentes (datos secundarios) como el Instituto Nacional de Estadística, INE, o Eurostat.

Por el contrario la investigación cualitativa, como indica su propia denominación, tiene como objetivo la descripción de las cualidades de un fenómeno. No se trata de probar o medir las características determinadas, sino de descubrir tantas de estas como sean necesarias. Ejemplos de estos métodos son las sesiones de grupos, los paneles de expertos, el método Delphi, las entrevistas en profundidad...

Actividades

1. La conjunción de la estadística con otras disciplinas ha dado lugar a ramas específicas del conocimiento. Investiga en qué consiste, por ejemplo, la econometría.
2. Entrad en la web de Eurostat: **http://ec.europa.eu/eurostat**, y confeccionad, en grupos, una lista sobre los datos concretos que podemos obtener en los siguientes ámbitos: economía y finanzas, industria, transporte, población, ciencia y tecnología.
   - ¿Qué criterios de ordenación utiliza?

Evaluación de competencias

1. Esta tabla recoge el consumo de energía en kilovatios del aire acondicionado de una casa según la temperatura registrada a lo largo de una semana:

	L	M	M	J	V	S	D
Temperatura (°C)	22	24	25	20	26	25	22
Consumo (kW)	4,2	4,3	4,7	4	4,9	4,7	4,3

a) Calcula la temperatura media registrada durante la semana y el consumo medio del aire acondicionado.

b) Determina las desviaciones típicas.

c) Calcula la covarianza.

d) Determina el coeficiente de Pearson e interpreta el resultado.

e) Determina la ecuación de la recta de regresión de Y sobre X, y represéntala gráficamente.

f) Si un día se ha registrado una temperatura de 30 °C, ¿cuál ha sido el consumo de energía del aire acondicionado?

2. En un aparcamiento hay 5 plazas. Los propietarios tienen 5 coches, de 5 modelos distintos: dos azules, dos rojos y uno blanco.

a) ¿De cuántas formas es posible aparcar los 5 coches?

b) ¿De cuántas formas es posible aparcar los 5 coches, sabiendo que en la tercera plaza hay un coche blanco?

c) ¿De cuántas formas es posible aparcar los 5 coches, sabiendo que los coches azules están aparcados en los extremos?

d) ¿De cuántas formas es posible aparcar los 5 coches, sabiendo los dos coches azules están aparcados uno al lado del otro?

e) ¿Y sabiendo que también los coches rojos están aparcados uno al lado del otro?

3. Víctor tiene 80 canicas, pequeñas y grandes, cuyos colores son el verde, el rojo y el azul. Un 40 % de las canicas son grandes; un 62,5 %, pequeñas y un 37,5 % de las canicas grandes son rojas. También se sabe que 12 de las canicas pequeñas son verdes.

a) ¿Cuántas canicas pequeñas hay?

b) ¿Cuántas canicas pequeñas son rojas?¿Y cuántas son azules?

c) ¿Cuántas canicas grandes de color rojo hay?

Si escogemos una canica al azar:

d) Calcula la probabilidad de que la canica sea pequeña.

e) Calcula la probabilidad, expresada en porcentaje, de que la canica sea grande y roja.

4. María ha escrito un número de dos cifras diferentes, formado con los dígitos del número 3915.

a) ¿Cuál es la probabilidad de que haya escrito un número acabado en 9?

b) ¿Cuál es la probabilidad de que haya escrito un número que empiece por 1?

c) ¿Cuál es la probabilidad de que haya escrito un número impar?

d) ¿Cuál es la probabilidad de que haya escrito el número 35?

5. Las temperaturas medias mensuales, en grados Celsius, de dos ciudades durante los nueve primeros meses de un año se muestran en esta tabla:

	En.	Feb.	Mar.	Abr.	May.	Jun.	Jul.	Ago.	Sep.
Ciudad A	2,7	3,6	8,1	12,3	16,5	22,1	25,7	28,9	22,6
Ciudad B	8,4	10,5	12,6	14,6	17,1	18,6	22,7	24,9	21,1

a) Construye un gráfico comparativo superponiendo los gráficos evolutivos correspondientes a las dos ciudades.

b) Describe cuándo es más elevada la temperatura en la ciudad A y cuándo en la ciudad B.

c) Explica en qué meses hay una mayor y una menor diferencia de temperatura.

d) Calcula la media aritmética de las temperaturas medias de cada una de las dos ciudades.

- ¿Cuál de las dos ciudades es, por término medio, más cálida?
- En este caso, ¿resultaría útil comparar las dos ciudades tomando la moda como parámetro de centralización? Justifica tu respuesta.

e) Calcula la desviación típica de las temperaturas medias de cada una de las dos ciudades.

- ¿En cuál de las dos ciudades han variado más las temperaturas?

6. En una clase se han recogido datos de los hábitos de lectura de los alumnos en el último año.

Libros leídos	[0, 1]	[2, 4]	[5, 7]	[8, 10]
Alumnos	6	9	5	2

a) Representa la información en un gráfico.

b) Calcula la media, la moda y la mediana.

c) Calcula la desviación media, la varianza y la desviación típica.

7. Considera el experimento *extraer 2 cartas de una baraja española,* y calcula la probabilidad de:

a) *Obtener una pareja de ases.*

b) *Obtener 2 cartas con el mismo número.*

Escribe los resultados en forma de porcentaje.

1. Describe el espacio muestral de estos experimentos aleatorios:

a) *Lanzar tres dados y anotar la suma de los puntos obtenidos.*

b) *Mirar el número de dos bolas extraídas al azar de una bolsa y numeradas del 1 al 10.*

2. Calcula los parámetros de centralización y los parámetros de dispersión de los datos que recoge la siguiente tabla, que corresponde a las notas de los alumnos de una clase de Matemáticas:

Notas	[1, 3)	[3, 5)	[5, 7)	[7, 9)
n_i	3	10	24	2

3. Describe el grado, el sentido y el tipo de correlación correspondientes a cada uno de estos diagramas de dispersión:

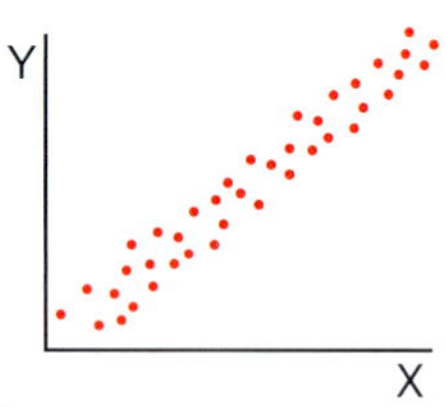

a

b

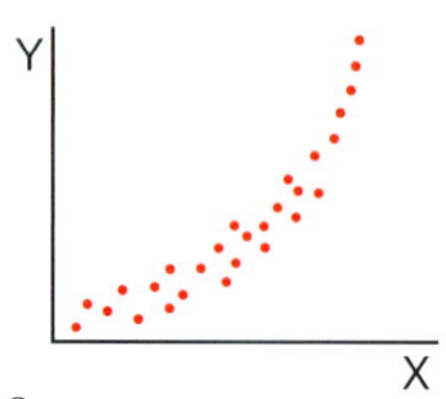

c

4. Construye la tabla de doble entrada de estos datos correspondientes a esta distribución, y representa el diagrama de barras tridimensionales y el diagrama de dispersión o nube de puntos:

(7, 6), (3, 4), (7, 5), (4, 6), (7, 5), (6, 7), (4, 6), (7, 5), (8, 9), (4, 6), (3, 4), (9, 5), (3, 4), (5, 6), (7, 5), (7, 5), (7, 5), (8, 9), (4, 6), (9, 5), (6, 8), (4, 3), (6, 9), (5, 4), (6, 7), (3, 4), (8, 9), (5, 4), (8, 3), (7, 6)

— ¿Existe dependencia funcional entre estos pares de valores?

5. Si en el menú de un restaurante es posible elegir entre 3 primeros platos (verdura, sopa o arroz), 2 segundos (carne o pescado) y 2 postres (fruta o helado), ¿cuántos menús diferentes pueden escogerse?

— Haz el diagrama en árbol correspondiente.

6. La plantilla de un equipo de fútbol está compuesta por 25 jugadores: 6 delanteros, 7 centrocampistas, 9 defensas y 3 porteros. Si escogemos un jugador al azar:

a) ¿Qué probabilidad hay de que sea un defensa?

b) ¿Cuál es la probabilidad de que no sea un portero?

c) ¿Cuál es la probabilidad de que sea un delantero o un centrocampista?

7. La siguiente tabla muestra el número de horas semanales dedicadas a la práctica de un deporte *(X)* y el número de horas semanales dedicadas a ver la televisión *(Y)* de siete de los integrantes de un grupo de amigos:

X	2	2	3	2	4	5	5
Y	5	4	4	5	3	2	3

a) Dibuja el diagrama de barras.

b) Dibuja el diagrama de dispersión. Si existe correlación lineal entre ambas variables, calcula el coeficiente de Pearson.

c) Suponiendo que un octavo componente del grupo de amigos dedique 6 horas a la práctica deportiva, ¿cuántas horas cabe esperar que dedique a ver la televisión?

8. ¿De cuántas maneras puede constituirse una comisión de cinco alumnos entre los 30 de la clase?

9. En un sorteo en que participan cinco personas, se conceden dos premios distintos. ¿De cuántas maneras pueden repartirse los premios si una misma persona no puede recibir los dos premios?

10. Un matrimonio tiene cuatro descendientes. ¿De cuántas maneras distintas puede estar distribuida entre niños y niñas esta descendencia?

11. En una final de atletismo participan 5 atletas. ¿Cuántas clasificaciones distintas podemos tener?

12. Tenemos 5 pesos distintos de 1 kg, 2 kg, 5 kg, 7 kg y 10 kg. ¿Cuántas pesadas distintas podemos hacer con tres de estos pesos?

13. Una ONG dispone de 200 voluntarios para llevar a cabo labores humanitarias (L) o trabajos de gestión (G). El 75 % se ocupa de la realización de labores humanitarias, y el 80 % del voluntariado se dedica a una de las dos misiones indicadas.

a) ¿Qué probabilidad hay de que al elegir un voluntario de esta ONG esté dedicado a trabajar en gestión y en labores humanitarias?

b) ¿Qué probabilidad hay de encontrar en esta ONG un voluntario solo para trabajos de gestión?

14. Un estudio sobre la calidad de la alimentación de los habitantes de una zona informa de que el 68 % de la población come fruta diariamente y el 44 % toma leche. Un análisis posterior de los datos de la encuesta confirma que el 38 % de dicha población consume diariamente fruta, pero no leche.

a) Si se elige a una persona de esta población, entre las que toman leche, ¿qué probabilidad hay de que coma fruta diariamente?

b) ¿Qué probabilidad hay de que una persona de esta población coma fruta o tome leche?

15. El número de caramelos vendidos en una tienda en los últimos 16 días fueron:

14 27 11 18 14 22 10 25

15 10 13 16 23 20 16 23

Confecciona el diagrama de caja y bigotes de la distribución de datos.

16. En una fábrica de lámparas, se realiza un control diario de los productos defectuosos. Durante 30 días, se obtuvieron estos resultados:

2 5 6 0 1 4 0 1 1 7

0 0 2 4 3 1 5 0 2 5

1 7 0 1 2 0 4 7 3 1

Calcula el coeficiente de variación.

17. El número de correos electrónicos recibidos por Óscar a lo largo de una semana se representan en este diagrama de barras:

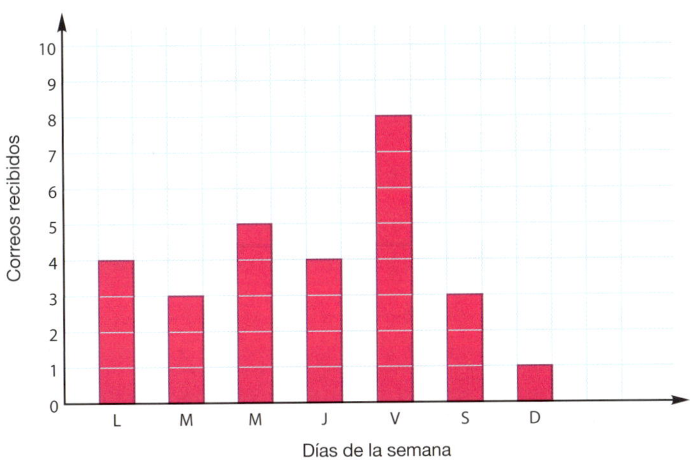

Calcula la media aritmética, la varianza, la desviación típica y el coeficiente de variación de la distribución de datos.

18. Una empresa de *software* está testeando un nuevo programa antivirus. Durante una semana, se instaló el programa en un ordenador para comprobar su eficacia. Esta tabla recoge el número de ataques sufridos por el ordenador y el número de virus bloqueados:

N.° de ataques	7	8	5	8	10	5	8
N.° de bloqueos	6	4	5	6	9	4	6

Calcula el coeficiente de correlación de Pearson de dicha distribución e interpreta el resultado.

19. Lorena quiere tejer un jersey y dispone de lana de cinco colores: verde, azul, blanco, rojo y amarillo. ¿De cuántas formas distintas puede confeccionarlo, sabiendo que las mangas son del mismo color, y que este es distinto de los empleados para tejer la parte frontal y el elemento decorativo de la prenda?

20. ¿Cuántos números impares distintos de cinco cifras pueden formarse con números primos de una cifra?

21. ¿Cuántas diagonales hay en un icoságono convexo (polígono convexo de 20 lados)?

22. Enrique tiene una caja con varias bolsitas de infusiones: siete son de manzanilla, cinco de frutos rojos y tres de menta. Si coge de la caja dos bolsitas al azar:

a) ¿Cuál es la probabilidad de que sean dos bolsitas de manzanilla?

b) ¿Y de que ninguna de ellas sea de manzanilla?

23. En una clase de 30 alumnos y alumnas de 4.° de ESO, el 10 % lee cómics y libros, y el 50 % lee libros. ¿Cuántos alumnos y alumnas leen cómics?

24. Se lanza dos veces un dado con forma de dodecaedro. Halla la probabilidad de obtener un número menor que 10 en el segundo lanzamiento, sabiendo que ha salido un número primo en el primero.

Vamos a emprender

¿Eres una persona con ilusión, proactiva y con ganas de mejorar el mundo que te rodea? ¿Te consideras curioso y creativo? ¡Entonces tienes madera de EMPRENDEDOR!

¿Y qué es un emprendedor?

Un emprendedor es una persona capaz de convertir un sueño o una idea en un proyecto real.

Emprender es una filosofía de vida. Ser emprendedor o no depende de nosotros mismos. Y, ¿cómo lo conseguimos? Con ilusión, confianza, actitud positiva y originalidad.

Un emprendedor está preocupado por mejorar el mundo que le rodea, tiene ideas nuevas, sugiere mejores formas de hacer las cosas, ayuda a los más necesitados, etc. Ser emprendedor es una actitud para afrontar retos y proyectos. Depende de nuestra constancia, esfuerzo y preparación previa.

¿Te atreves a emprender?

¿Te atreves a emprender en matemáticas para conseguir que estas sean más divertidas y útiles para las personas de tu entorno cercano? ¿Te atreves a decirles que las matemáticas están en casi el 100 % de las cosas que hacen en su día a día y que no son tan difíciles como parecen?

Si estás dispuesto a asumir los retos anteriores, este es tu proyecto. ¿Empezamos?

Proyecto: periódico matemático

Introducción

El proyecto consiste en la creación de un periódico gratuito de contenidos matemáticos para acercarlos a todos los públicos a la vez que demostráis que las matemáticas están presentes en nuestro día a día, y que no son tan difíciles como creemos.

Organizaos en equipos de trabajo de seis miembros para confeccionar el número cero del periódico en dos formatos, soporte papel y web (tipo blog), que constará de varias secciones, con la finalidad de que las matemáticas sean divertidas y asequibles para todos los lectores.

Fases

El proyecto constará de tres fases: A, B y C.

A ¿Por dónde empezamos? Concretemos las secciones de nuestro periódico

Actividad 1: Nuestro equipo editorial

En primer lugar, hay que formar los distintos equipos de trabajo. Cada uno de ellos será el responsable de una sección del periódico al que debéis poner un nombre que os guste a todos y que tenga cierta relación con las matemáticas. Asimismo, sería interesante que crearais un logo identificativo.

Es importante que concretéis las posibles secciones que tendrá el periódico, relacionadas de forma directa o indirecta con las matemáticas. De la misma forma que un periódico de información general contiene la sección de deportes, la de cultura, la de opinión, la de internacional, etc., vuestro periódico tendrá diferentes secciones. Una vez decididas cuáles vais a incluir, cada equipo elegirá una de la que será responsable.

Sugerencias de posibles secciones

Efemérides: principales hechos y descubrimientos matemáticos que han tenido lugar en el mes seleccionado.

Entrevistas: reales o ficticias a algún matemático insigne del presente o del pasado.

Pasatiempos: enigmas, ilusiones ópticas, figuras imposibles, etc.

Curiosidades: las matemáticas en... (la economía, el cine, la música, los juegos de azar, la arquitectura, el diseño, etc.).

Actividad 2: Investigación matemática

Buscad en Internet algún tema interesante sobre matemáticas en función de la sección en la que deba incluirse.

Una vez realizadas las búsquedas de las noticias, es el momento de la puesta en común. También podéis llevar a cabo una lluvia de ideas para generar nuevas noticias.

Recordad que la finalidad última del proyecto es, por una parte, comprender la importancia de las matemáticas para acercarlas a nuestros lectores y, por otra, comprobar que estas pueden ser divertidas. Por tanto, debéis redactar las noticias de forma que apetezca leerlas.

Para ello, nada mejor que el futuro lector vea su utilidad en su día a día. Las matemáticas están presentes en todo (o en casi todo lo que hacemos): pagar facturas, confeccionar presupuestos familiares, comprar en el supermercado, calcular los porcentajes de descuentos en época de rebajas o en tiendas *outlet,* comprar *online* con moneda diferente a la nuestra...

Los criterios básicos que podéis emplear para incluir una noticia en vuestro periódico pueden ser la utilidad y la simplicidad.

B ¿Cómo nos organizamos? Asumo mi propio rol en el negocio editorial

Actividad 3: Redacto mis noticias matemáticas

¿Qué información incluyen los periodistas en un artículo? Se plantean 6 preguntas básicas para redactar una noticia (en inglés se llaman las 6 Ws —o las 5 Ws y 1 H).

1. ¿Quién es el protagonista del artículo? *(Who?)*
2. ¿Qué ocurrió? *(What?)*
3. ¿Cuándo ocurrió? *(Where?)*
4. ¿Dónde ocurrió? *(When?)*
5. ¿Por qué ocurrió? *(Why?)*
6. ¿Cómo ocurrió? *(How)*

SUGERENCIAS DE REDACCIÓN

- El título de cada noticia debe ser corto y atractivo. Podéis vincularlo con alguna noticia de actualidad. Incluid el nombre del autor. El contenido ha de ser breve.
- Añadid una breve introducción que resuma el argumento y la importancia de la noticia. El artículo debe tener un hilo argumental, pasando de forma lógica de un tema a otro.
- Incorporad ilustraciones o fotografías alusivas al tema tratado que «conecten» con los lectores.
- Pensad siempre en la originalidad de las noticias.

Actividad 4: Maqueto mis noticias matemáticas

En esta etapa, los alumnos, con la ayuda de las herramientas de edición disponibles en el centro educativo, llevarán a cabo el montaje y el diseño de las páginas del periódico.

Dado que este tendrá dos formatos (papel y blog), se sugiere la confección de una maqueta base para cada uno de los formatos.

Para la elaboración del periódico en formato papel se ajustarán las noticias al espacio (4 o 6 hojas, o la extensión que se decida). Es preferible dejar la portada para el final, una vez maquetadas todas las secciones, para elegir la más impactante.

- La portada debe constar del nombre del periódico, su logo, la fecha y el número de ejemplar.
- Debajo del nombre, incluid el sumario en el que pueden aparecer una o dos noticias destacadas.
- También en la portada puede publicarse una noticia principal o alguna otra secundaria que se considere importante.

No olvidéis que el diseño y los colores empleados deben estar muy cuidados para facilitar la lectura.

Debéis ahora imprimir los ejemplares del periódico considerando que, dado que es el número cero, es gratuito para los lectores. Poneos de acuerdo en el número de ejemplares que se imprimirán. La puesta en marcha de un negocio implica una serie de costes que se habrán de asumir entre todos.

No obstante, hay que tener presente que para recuperar esa «inversión», puede buscarse alguna empresa que quiera incluir publicidad (tanto en formato papel como digital). Si lleváis a cabo una buena campaña de *marketing* entre aquellas empresas de vuestro entorno, tal vez alguna esté interesada en publicitar sus productos/servicios, de tal forma que, si editáis el número 1, ya podréis contar con estos ingresos para cubrir costes. Otra forma de recuperar la inversión es poner un precio al periódico a partir del siguiente número.

Para la elaboración del periódico en formato blog, podéis utilizar Gmail. Para ello, debéis crear previamente una cuenta. Una vez creada esta, entrad en Blogger para comenzar a trabajar. También podéis crear un blog con Gmail en WordPress.

No olvidéis, en este caso, definir las categorías sobre las que habéis escrito, así como las etiquetas o palabras clave asignadas a cada entrada al blog.

Podéis conectar también el blog con las redes sociales e incluir vídeos o *links* a páginas de interés relacionadas con las matemáticas.

C ¿Lo ponemos en práctica? Tomando decisiones para dar a conocer mi periódico

Actividad 5: Difundo mi periódico

Ahora que ya está todo preparado es el momento de distribuir los ejemplares en papel. Además de los canales a vuestro alcance (redes sociales), sería interesante visitar alguna empresa para dejar algún ejemplar que sirva de «gancho» para que en el siguiente número la empresa inserte publicidad.

También, y para dar a conocer la iniciativa en el centro educativo, repartid el periódico en otros cursos.

Actividad 6: Valoro los resultados para continuar con la iniciativa

Es importante que os paréis a reflexionar sobre la iniciativa para, a partir de aquí, continuar con la experiencia y con el siguiente número del periódico.

Para ello, llevad a cabo un análisis de los costes de la iniciativa para ver cómo vais a recuperar la inversión.

GASTOS	
Concepto:	*Importe*
Papel	______________ €
Impresión	______________ €
______________	______________ €

INGRESOS	
Concepto:	*Importe*
Publicidad	______________ €
Ventas	______________ €
______________	______________ €

Es importante a la hora de efectuar los cálculos anteriores, poner un precio al periódico. Este variará en función de los ejemplares que queramos imprimir.

Dado que es un proyecto educativo, los ingresos de la iniciativa deben coincidir con los costes de esta. En caso de que los ingresos sean superiores, deberán ser donados a una causa social.

Conclusiones

- ¿Cuál ha sido el resultado obtenido?
- ¿Qué habéis aprendido?
- ¿Qué es lo que más os ha gustado de la experiencia?
- ¿Qué haríais de forma distinta si volvierais a repetir el proyecto?
- Pensad en los tres aspectos que más os han sorprendido de la experiencia.
- ¿Pensabais que las matemáticas estaban en casi todo lo que hacemos? ¿Creíais que podían ser tan divertidas?

Con este proyecto hemos aprendido...

- Emprender es una actitud, no una profesión ni un trabajo. Emprendiendo podemos conseguir todo lo que nos propongamos, hasta que las matemáticas sean divertidas y asequibles.
- Las matemáticas nos ayudan en la vida real: en este caso, nos permiten crear nuestro propio periódico para acercar las matemáticas a todos, desarrollando un proyecto emprendedor para el que hemos empleado cálculos matemáticos y financieros.
- El dominio de las matemáticas hará mucho más fácil nuestro día a día y nos facilitará una adecuada toma de decisiones.